직업으로서의 과학자

- 독창성은 어떻게 탄생하는가? -

사카이 구니요시 지음 | 정순기 옮김

본 저서는 산업통상자원부(MOTIE)와 한국에너지기술평가원(KETEP)의
지원을 받아 출판하였습니다. (No. 20184030202130)

서 문

학문 분야를 불문하고 박사(博士) 학위를 Ph.D.(Doctor of Philosophy 의 약자)라고 하는 경우가 많다(Doctor of Science 등의 경우도 있다). 이때 philosophy(철학)란 본래 그리스어로 '지혜를 사랑한다'는 의미이다. 다시 말해 지혜를 사랑한다는 것이 모든 학문에 공통된 'philosophy(견해, 사고방식, 세계관)'인 것이다. 과학자는 독자적인 성질이 매우 강한 직업이기 때문에 '과학자의 philosophy'라고 했을 때, 십인십색(十人十色)으로 저마다 생각이 다를 것이라고 (특히 과학자는) 느낄 것이다. 그렇지만 많은 과학자들에게 공통된 사고방식이나 진리에 대한 독특한 고집이 있다는 것은 틀림없는 사실이다.

인문사회과학 분야의 연구자를 포함하여 일본의 연구자는 70만 명을 넘어서고 있다. 연구자의 수는 1980년대부터 연 2~4%의 증가 경향에 있었지만 2000년대에 들어서서 정체되는 경향을 나타내고 있다. 최근의 대학생들은 새로운 것이나 어려운 것에 도전하는 것을 일부러 피하는 경향이 있다고 많은 지식인들이 언급하고 있다. 이와 같은 풍조에 저출산이 겹치면서 미래를 짊어져야 할 젊은 연구자는 확실하게 줄어들 것으로 예상된다. 일본이 '과학기술입국'을 목표로 한다면 재능 있는 인재를 확보하여 육성하는 것이 급선무이다.

도쿄대학교 교양학부에서 강의 중에 이야기했던 내용을 중심으로 과학자라는 직업에 관하여 정리를 해보자고 생각했던 것이 본서를 저술하게 된 계기가 되었다. 나의 학생 시절을 되돌아볼 때 지금도 선명하게 기억나는 것은 과학 강의 시간에 들었던 과학자에 관한 '여담(餘談)'이다. 그러한 선인들의 일화에는 과학자의 독창성(originality)에 접하게 되는 매력과 즐거움이 있었다. 아울러 연구에 얽힌 괴로움과 즐거움을 배우는 것은 정신적으로 커다란 양식이 되었다고 생각한다. 독립행정법인의 하나인 과학기술진흥기구의 연구 프로젝트를 수행하면서 과학자라는 직업에 관하여 많은 생각을 해볼 기회를 가질 수 있었다. 그 과정에서 고심했던 내용들을 정리하여 이렇게 책으로 출판하게 되었다.

각 장의 도입 부분에서는 한 사람의 과학자에 대한 인물상과 역사적 배경에 초점을 맞추면서 그 장의 주제가 되는 말을 소개하였다. 진리에 날카롭게 파고들었던 선인들의 말에는 그 인물의 철학이 응축되어 있으며, 그 말을 통해 선인들의 깊은 통찰력 또한 엿볼 수 있다. 인용에 사용된 말은 될 수 있으면 본래의 언어로 작성된 원본을 찾아서 직접 번역하고자 최대한 노력하였다. 그 이유로서, 이를테면 원본이 독일어로 작성되었고 그러한 원본에 대한 영어 번역본이 존재할 때, 영어로 번역되어 있는 글에서는 본래의 말이 가지고 있는 뉘앙스가 상당 부분 변질되는 경우가 있기 때문이다. 인용 문헌이 외국어인 경우에는 ※1~※54의 번호를 달아서 책 말미에 출전을 기재하였다. 아울러, 일본어 인용문에 관해서는 상용한자 및 현대적인 문장으로 고쳤다. 제7장의 스페인어 번역은 츠쿠바 대학교의 미야자키 카즈오(宮崎和夫) 교수님에게, 제1장과 제8장의 프랑스어 번역은 중공신서 출판사 편집부의 군지 노리오(郡司典夫) 씨에게 부탁하였다. 노리오 씨는 본서의 구상에서부터 2년에 걸쳐 많은 도움을 주셨다. 진심으로 감사드린다.

과학은 인간이 만든 것이다. 그러나 과학자 본인에 관한 사실은 업적 그 자체와 비교하여 경시되는 경우가 많다. 강의 도중에 수백 명의 1학년 및 2학년 대학생들에게 다윈의 노년 시절 사진을 보여주며 사진 속의 인물이 누구인지를 물어본 적이 있는데, 알고 있는 학생이 불과 몇 명 되지 않는다는 사실에 크게 놀란 적이 있다. "과학을 개척한 연구자가 어떤 사람인지?"라는 것도 중요한 과학 지식의 일부라고 생각했으면 한다. 연구자의 뛰어난 개성이 없었다면 과학의 진보는 수십 년은 늦춰졌을 것임에 틀림없다. 과학자의 독창성은 과학이 진보하는 데 꼭 필요한 추진력이기도 하다.

끝으로 과학에 관한 호기심의 싹을 처음으로 길러주신 구로다 야스마사(黒田泰昌) 선생님과 고등학생 때 자신의 길을 걸어갈 수 있도록 계기를 만들어 주신 히로이 타다시(広井禎) 선생님께 깊은 감사를 드린다. 또한 본서의 원고를 훑어보고 귀중한 조언을 해주신 동경대학 물리학과의 가고시마 세이치(鹿児島誠一) 교수님, 동경대학 생물학과의 이시우라 쇼이치(石浦章一) 교수님, 중공신서 출판사 편집부의 이시카와 코우(石川昴) 씨, 중앙공론신사 교정부의 후쿠이 아키토(福井章人) 씨와 스다 히로토(須田寛人) 씨에게도 감사드린다. 부디 이 책이 과학 및 과학자에 관해서 다시금 성찰해 보는 계기가 되기를 바란다.

2006년 1월
동경 고마바에서

역자 서문

    교육자이자 연구자인 대학 교수로서의 삶을 살아가면서 마주하게 되는 다양한 고민 중에서 연구자로서의 고민에 강렬하게 사로잡혀 있던 시기가 있었다. 무엇을 연구하여 독창적인 나만의 연구 영역을 구축할지, 연구실 운영을 위한 일정 수준의 연구비를 언제까지 유지할 수 있을지, 언제까지 연구가 가능할지, 누구와 연구할지, 어떤 저널에 연구 논문을 투고할지, 대학원생은 어떻게 확보해야 할지……. 수행 중인 연구과제의 목표 달성을 위해 제출해야 하는 논문 실적에 얽매여 나 스스로 만족하지 못하는 영혼 없는 논문을 투고하는 행위가 반복되면서 연구자로서의 고민은 더욱 가중되어 갔었다.

    그러던 중 일본 출장 중에 우연히 서점에서 만나게 된 이 책은 내가 가지고 있던 고민에 대한 조언과 함께 잠시 잊고 지내던 연구자로서의 초심을 다시 생각하게 해주었다. 사람이 해주는 조언은, 특히 나를 아는 사람이 해주는 조언은 아무래도 나를 배려할 것이기에 객관성이 떨어질지 모른다. 그런데 이 책에 기술된 내용은 전혀 나를 모르는 사람이 던지는 메시지이기에 그 조언의 무게가 달리 느껴졌을지도 모르겠다. 그래서인지 이 책은 이후의 나에게 많은 것을 가르쳐주고, 일깨워주고, 잊고 있던 것을 다시금 떠올릴 수 있게 해주었다.

"초심을 소중히 여기고 싶다."

이 책의 중간 부분에 등장하는 구절이다. 이 책의 저자인 사카이 구니요시 교수는 아마도 이 구절을 빌려 초심으로 돌아가고 싶은 자신의 심정을 토로하고 있는지도 모르겠다. 누구나 마찬가지겠지만 꿈꾸고 희망하던 직업이 현실이 되었을 때, 이를테면 과학자가 되기를 꿈꾸다가 실제로 과학자가 되었을 때 가졌던 초심이 있을 것이다. 그리고 그 초심은 누구에게나 소중할 것이다. 때문에 초심에서 멀어지지 않도록 스스로를 돌아보고 점검하며 때로는 채찍질을 하며 모두 그렇게 살아가는 것은 아닐까….

"지금의 나는 진정한 연구자로 불리기에 합당한 삶을 살아가고 있는가?"

이 질문은 책을 읽어 내려가며 내 스스로에게 수도 없이 되뇌어본 말이다. 나는 책장을 넘겨가며 간헐적으로 책장 넘기기를 포기하고 멈춰야만 했다. 나 자신을 돌아볼 시간이 필요했기 때문이다. 내가 현재 하고 있는 행동 및 생각과 비슷한 이야기를 할 때에는 고개를 끄덕이며 책장을 넘기다가도 "아! 맞아 예전엔 나도 이랬었는데…"라는 생각이 들게 하는 구절에서는 책장 넘기기를 멈출 수밖에 없었다. 그런 점에서 보면 역설적이지만 이 책은 내게 적잖은 고뇌를 주기도 하였다.

연구자라는 직업을 가지고 있거나 연구자가 되어가는 과정에 있는 대학원생이 이 책을 접한다면 연구자라는 직업의 본질은 물론이고 연구자라는 직업의 매력을 더욱 크게 느낄 수 있을 것이란 생각이 들었다. 그래서 이 책을 많은 사람들에게 소개하고 싶다는 조그만 바람을 가지고 번역하여 출판하기에 이르렀다. 번역에 있어서의 부족함과 원저자의 생각을 이해하는 데 있어서의 번역본이 가지는 한계도 있겠지만, 이 책을 접하는 독자분들에게 내재되어 있는 연구자로서의 자아가 조금 더 강해졌으면 하는 기대를 가져본다.

이 책의 후반부에는 노벨상이란 어떤 상인지를 설명하는 내용과 과학 분야에서의 노벨상 수상자에 관한 내용이 기재되어 있다. 이 부분은 원서에는 수록되지 않은 내용으로 번역 과정에서 새롭게 추가한 내용이다. 노벨상 수상자와 관련해서는 수상자의 연구 업적 이외에 학사 및 석·박사 학위를 어느 대학(또는 연구소)에서 취득했는지를 기재하였다.

매년 노벨상 수상자를 결정되는 시기가 되면 어느 나라에서 수상자가 나올지에 관심이 많이 집중되며, 상대적으로 노벨상 수상자를 과학자로 키워준 대학교가 어디인지에 관한 관심은 덜한 것 같다. 나는 대학에서 학생들을 지도하며 연구자를 길러내는 사람으로서 대학이라는 토양이 한 사람의 연구자에게 주는 영향은 지대하다고 생각한다. 노벨상 수상자 배출국이라는 것도 자랑스러운 것이지만, 노벨상 수상자 배출 대학이라는 것도 역사의 한 페이지를 장식할만한 멋지고도 자부심이 느껴지는 사건일 것이다. 과학 분야에서의 노벨상 수상자 출신대학으로 우리나라의 대학 이름이 기록되는 그날을 꿈꾸어본다.

2018년 12월
신창에서

목차

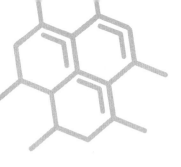

과학적 연구의 철학

- 아는 것보다 이해하는 것 -

이 세계에 관해 영원히 풀리지 않는 것은
'세계를 이해한다'는 것이다.[1]※1

알베르트 아인슈타인(Albert Einstein, 1879~1955)

제1장
과학적 연구의 철학
- 아는 것보다 이해하는 것 -

아인슈타인은 현대 우주관의 기초를 정립한 과학자로 20세기를 대표하는 이론 물리학자이다. 독일 서남부의 소도시 울름에서 태어나 뮌헨에서 자랐다. 그는 독일의 김나지움(중학교와 고등학교가 합쳐진 중등 교육기관)에 진학하였지만 학생의 개성을 무시하는 군대식 학교생활에 잘 적응하지 못하였고 결국 학교를 중퇴하였다. 이후 독학으로 공부하여 스위스의 취리히 연방 공과대학교에 재수 끝에 입학하게 된다.

어린 시절부터 수학과 물리를 좋아했던 아이슈타인은 대학에서 물리학 공부에 심취하였다고 한다. 1900년 대학을 졸업한 후에 스위스 시민권을 취득하였고 이때부터 본격적으로 이론 물리학 분야의 연구를 시작하였다. 1930년대가 되자 독일은 아돌프 히틀러(Adolf Hitler, 1889~1945)가 집권하면서 유태인 탄압이 시작되었는데, 이를 피해 1933년에 미국으로 망명하였고 이후에 귀화하여 1940년에 미국 시민권을 취득하였다.

과학사에서 '기적의 해(miracle year)'라고 불리는 1905년은 26세인 아인슈타인의 창의력이 개화한 해였다. 전자기 법칙에 의거하는 빛의 속도가 관측자*에 의존하지 않고 일정하다는 것을 기반으로 하여 「특수 상대성 이론(Theory of special relativity)」을 완성시켰고, 이러한 이론을 통해 아이작 뉴턴이 구축한 역학을 근본적으로 수정하였다.[2][3][4][5]

이 이론에 의하면 절대적인 시간의 흐름은 존재하지 않으며 거리, 시간, 운동량과 같은 물리량이 관측자에 의해 상대적으로 변할 수 있다는 혁명적인 결론이 유도된다. 이 논문은 "원본에 그 어떤 것을 더하거나 뺄 필요가 없다"라고 일컬어질 정도로 완성도가 매우 높은 논문으로 인정받고 있으며, 또한 인류 역사상 가장 아름다운 창조물의 하나로 평가 받고 있다.

특수 상대성 이론에 관한 논문을 발표한 해와 동일한 1905년에, 아인슈타인은 광양자 가설*에 관한 논문과 브라운 운동*의 과학적 원리를 최초로 설명하는 것을 통해 분자(이 경우에는 물 분자)의 존재를 실증하는 논문을 연이어 발표하였다.

아인슈타인은 여기에 만족하지 않고 그 이후 10년간은 중력과 가속도를 통합적으로 설명하는 「일반 상대성 이론」을 완성시켰다. '일반'이라는 것은 가속도가 0(zero)인 특수한 계부터 임의의 값을 가지는 일반적인 계까지 확장된다는 의미이다. 이만큼 독창적인 연구 업적을 달성한 과학자는 뉴턴 이후에 없었기 때문에, 미국의 저명한 주간지인 타임지가 '세기의 인물'이라고 아인슈타인을 절찬한 것은 너무나 당연하다고 하겠다.

상대성 이론을 설명하고 있는 서적은 셀 수 없을 정도로 많은데, 아인슈타인 본인도 일반인들을 대상으로 한 입문서를[6][7] 비롯하여 프린스턴 대학에서의 강의록을[8][9] 출판하였다. 이와 같은 책과 원저 논문에서는 창조자인 아인슈타인의 영감을 직접 느낄 수가 있다. 중간자의 존재를 예언하여 일본인 최초로 노벨상을 수상한 유카와 히

▌ 등속 직선 운동을 하고 있는 계

▌ Light quantum hypothesis
빛이 작은 알갱이로 구성되어 있어 입자와 같은 거동을 한다고 하는 가설. 이 업적으로 노벨 물리학상을 수상함.

▌ Brownian motion
영국의 식물학자인 브라운이 발견한 현상으로, 액체나 기체 속에서 꽃가루와 같은 미소 입자들이 불규칙하게 운동하는 것을 말한다.

데키(湯川秀樹, 1907~1981)는 자신이 감수한 「아인슈타인 선집」의 머리말에서 다음과 같이 언급하고 있다.

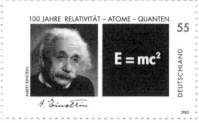

> 교과서에서는 이미 완성된 이론을 독자들이 가능한 이해하기 쉽도록 설명하는 데 중점을 두고 있다. 따라서 동일한 결론을 언급하고는 있지만, 발견자가 거기에 어떻게 도달했는지를 여실히 나타내고 있는 원저의 재미 및 가치와 비교하면 엄청난 차이가 있다. 이것은 마치 고속도로를 운전하며 느끼게 되는 즐거움과 전인미답의 땅을 탐험할 때 느끼게 되는 스릴 만점의 유쾌함, 이 둘 사이의 차이로 비유할 수 있을 만큼 큰 차이인 것이다.[10]

▌ 2005년에 독일에서 발행된 기념우표. 「상대성이론·원자양자에 관한 3개의 논문」이 발표되고 100년이 지났음을 기념하고 있다. 1946년에 촬영된 아인슈타인의 사진과 그 아래에는 아인슈타인의 자필 서명이 들어가 있고, 에너지(E)와 질량(m)의 등가식이 그려져 있다.

일본의 물리학자로 노벨 물리학상을 수상한 도모나가 신이치로(朝永振一郎, 1906~1979)는 다음과 같이 언급하고 있다.

> 책을 읽는 것도 좋지만 가능한 책에 언급된 내용의 근간이 된 논문 원본을 읽기 바란다. 원래의 논문에는 'Nascent state' 이론이 있다.[11]

▌ 1905년경의 아인슈타인

'Nascent state'는 '발생기 상태'라는 의미이다. 좋은 논문과 만나게 되는 것은 연구자에게 있어서 평생의 자산이 된다. 때문에 우수한 논문을 원본으로 한 편 읽는 것이 닥치는 대로 수백 편의 논문을 읽는 것보다 훨씬 더 나은 것이다.

본 장의 서두에서 소개한 아인슈타인의 말을 다시 등장시켜보자.

"이 세계에 관해 영원히 풀리지 않는 것은 '세계를 이해한다'는 것이다."

여기서 '세계'라는 단어는 우리가 실제로 감각을 통해 접할 수 있는 경험을 의미한다. 즉 인간의 뇌가 외계의 자연 법칙을 이해할 정도로 정교하고 치밀한 구조를 가지고 있다는 사실에 아인슈타인은 경이로움을 나타낸 것이다. 아인슈타인은 과학의 근원이 인간의 뇌 활동에 기반하고 있다는 것을 이해하고 있었다. 인간의 뇌는 우주와 자연계의 구조를 이해할 수 있는 구조로 되어 있는 것이다.

'이해한다'는 것이 뇌의 어떤 현상인지는 아직 완전히 규명되어 있지 않지만, 문법에 기초하여 문장을 이해할 때의 중추가 좌뇌의 전두엽 하부에 존재하고, 이것이 단어의 의미와 음운을 나누어 처리하고 있다는 것이 지금까지 뇌 분야에서의 연구에 의해 밝혀진 사실이다.[12] 과학적인 이해는 인간의 언어능력에 의해 규정되며 이와 관련해서는 제3장에서 다시 한 번 생각해보기로 한다.

자연계를 이해한다는 것은 과학의 근원이다. 아인슈타인이 처음으로 경험한 자연계에 대한 놀라움은 유년 시절 아버지가 선물해준 '나침반'이었다고 한다. 어렸던 아인슈타인은 흔들흔들 움직이는 나침반의 자침이 항상 북쪽을 가리키는 전자기의 '보이지 않는 힘'에 자연계의 신비로움을 느꼈음에 틀림이 없다. 자력(전자기력)과 중력을 통일된 이론으로 설명하는 것이 아인슈타인 평생의 연구 주제였던 것을 생각해보면 이러한 일화는 과연 아인슈타인

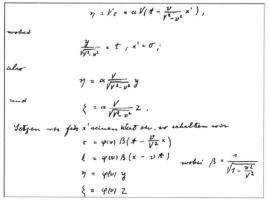

아인슈타인의 자필 원고. 1905년에 발표된 상대성 이론에 관한 논문을 아인슈타인 자신이 베껴 적은 것으로, 1944년 미국에서 경매로 나온 것이다. 여기에 기재되어 있는 내용은 시간과 공간의 로렌츠 변환을 도출한 부분이며, V는 빛의 속도를 나타내고 있다.

답다는 생각이 든다. 그리고 인간의 지성에 의해 자연계를 이해한다는 것 자체에 신비로움을 감지한 아인슈타인은 유례없는 지성의 소유자였다.

아인슈타인은 많은 격언과 경구를 남겼고 짧은 말로 사물의 본질을 깊이 파고들어 때로는 유머 있게 나타내는 것에 능숙했다. 아인슈타인은 대부분의 문장을 독일어로 썼고 영어로 발표할 때에도 항상 독일어 원고를 준비했다고 한다. 아인슈타인이 쓴 논문 이외의 기사를 모아놓은 책으로는 『나의 세계관』과[13] 『나의 노년으로부터』[14] 이렇게 두 권*이 대표적이다. 그 외에도 비서가 보관했던 것을 정리한 것과[17] 전집의 편집자가 공표한 것이 있으며, 후자는* 개정판에[20] 이어서 대폭 증보 및 개정되어 1,200개 이상의 발췌본을 모아놓은 신판이[21] 출판되었다. 아인슈타인은 자서전[13]*을 남겼으며, 셀리그가 저술한 일반인을 위한 전기와[24] 파이스가 저술한 전문적인 전기는[25] 읽어볼 가치가 있는 역작이다.

아인슈타인의 사진은 수없이 찍혔고 우편엽서와 달력은 물론 사진집도 나와 있을 정도이다.[26][27] 열차 안에서 스쳐 지나가는 사람이 아인슈타인에게 직업을 물어보았을 때 "나는 예술가의 모델입니다"라고 대답했다고 하는 일화로부터[28] 당시의 상황을 짐작해볼 수 있다.

1.1 연구자란?

'연구자'란 어떤 사람들일까? 문자 그대로는 '연구하는 사람'이지만 그것만으로는 여름방학 숙제로 자유 연구를 수행하는 초등학생까지 포함시키게 된다. 거꾸로 연구를 직업으로 하는 사람으로 한정지으면 실제로 연구 논문을 쓰고 있는 대학원생이 제외되게 된다. 이처럼 연구자의 정의는 다소 어렵다.

▌두 권 모두 영어 번역본과[15] 일본어 번역본이[16] 출판되어 있음.

▌초판으로는 독일어 판과[18] 일본어 번역본이[19] 출판되어 있음.

▌일본어 번역본이 출판되어 있음. [22][23]

일본에서 5년마다 실시하는 전국 규모의 통계조사에서는 과학 연구자를 다음과 같이 정의하고 있다.[29]

> 연구소, 시험장, 연구실 등의 연구시설에서 자연과학·인문과학·사회과학에 관한 기초적이며 이론적인 연구, 시험, 검정, 분석, 감정, 조사 등과 같이 전문적이며 과학적인 직업에 종사하는 자. 단, 대학의 연구실에서 강의를 하면서 연구 등에 종사하고 있는 자는 교원으로 분류된다.

이러한 정의의 전반부는 괜찮지만 후반부의 '단' 이후에 적혀있는 말 때문에 대학의 스태프 모두가 과학 연구자에서 제외된다. 반면에 총무성 통계국의 과학기술 연구 조사에서는 연구자를 다음과 같이 정의하고 있다.[30]

> 대학교(전문대학을 제외하고)의 교육과정을 수료한 자(또는 이와 동등 이상의 전문적 지식을 가진 자)로 특정 연구주제를 가지고 '연구'를 수행하는 자를 말한다.

이 정의에 의하면 대학원의 학생과 대학의 스태프도 연구자에 포함된다. 동일한 조사에 의한 '연구'의 정의는 다음과 같다.

> 사물·기능·현상 등에 관하여 새로운 지식을 얻기 위하여, 또는 기존 지식을 새롭게 활용하는 방법을 개척하기 위하여 행해지는 창의적인 노력 및 탐구를 말한다.

'학자'는 특정 학문 분야에 대해 연구 주제를 가진 연구자를 가리키는 일반적인 표현이며, 그중에서도 특히 자연과학을 전문으로 하는 연구자는 '과학자(scientist)'로 표현된다.

1.2 연구자라는 직업

연구자는 다른 사람이 하지 않는 것을 하고 다른 사람이 생각하지 않는 것을 생각하는 것을 목표로 하는 매우 특수한 직업이다.

나라마다 다르겠지만 일본에서는 '자(者)'가 붙는 직업을 서비스업으로 생각하는 경우가 많다. 이를테면 의사(医者), 기자(記者), 배우(役者), 기생(芸者), 역술인(易者) 같이 '자(者)'가 붙는 직업은 그 분야의 달인인 동시에 타인에게 봉사하는 것이 직업이다. 물론 범죄자(犯罪者)는 직업이 아니기 때문에 논외이다. 서비스의 기본은 상대방의 입장에 서서 상대방의 요구에 부응하는 것이므로, 학자가 해야 하는 일은 자신의 넓고 깊은 지식을 일반인들에게 일방적으로 널리 알리는 것이 아니다.

학자가 다른 직업보다도 고상하다거나 지적(知的)이라고 사람들이 말하는 것도 이상한 것이다. 연구 분야에 따라서는 다른 무엇보다도 체력을 필요로 하는 경우가 있다. 또한 가치관은 늘 상대적이기 때문에 학자에게 절대적인 가치와 특권이 있는 것도 아니다. 어디까지나 학자는 하나의 전문직에 불과한 것이다.

연구자는 질병의 원인을 규명하거나 지진과 해일이 전파되는 것을 미리 감지하여 많은 사람들이 재난에 대비할 수 있도록 도움을 주는 경우가 있다는 것을 생각하면 타인에게 봉사할 수 있는 직업이라고 분명하게 말할 수 있다. 한편으로는 제3장에서 언급하고 있는 것처럼, 연구자는 기본적으로 "타인이 판단이나 행동의 중심이 되는 기준이다"라고 해서는 성립되지 않는 직업이다. 즉, 나 자신이 판단이나 행동의 중심 기준이 되는 것이 연구자라는 직업이다. 그런 점에서 연구자라는 직업은 다른 서비스업과는 전혀 다르다.

1.3 장래의 꿈은 과학자

생명보험사가 전국의 유아와 아동 수천 명을 대상으로 하여 "어른이 되면 되고 싶은 것"을 매년 조사하고 있는데, 2002년에는 '학자'가 축구 선수나 야구 선수를 누르고 남자들의 1위였다. 나의 경우에는 "장래 꿈은 과학자가 되는 것"이라고 확신을 가지게 된 것이 중학교 1학년 때였는데, 더 어렸을 때부터 과학자가 되겠다는 꿈을 가졌더라면 매우 멋진 일이었을 것이라고 생각해 본다.

과학자가 되는 계기는 과학자가 되고 싶다고 동경하는 것만으로도 충분하다. "과학이 좋고 연구를 해보고 싶다"라는 소박한 감정보다 더 나은 동기는 없다. 그리고 과학의 지식을 자연스럽게 또는 탐욕스럽게 흡수할 수 있다면 과학자가 되기 위한 중요한 첫 걸음을 내딛었다고 말할 수 있다.

일본인 최초의 우주비행사이자 과학자인 모리 마모루(毛利衛, 1948~)는 우주에서 귀환한 직후에 다음과 같은 말을 남겼다.

> 내가 어린 시절부터 가꾸어 온 꿈이 마침내 실현되었습니다. 과학이라는 길을 선택하고 계속하여 우주에 도전을 한 것은 정말 잘한 일이라고 생각합니다.
>
> (「두둥실 1992 모리의 우주 편지」의 일부)

과학자는 이처럼 '꿈'을 계속해서 유지하고 있는 사람이기도 하다.

1.4 어떻게 하면 연구자가 될 수 있는가?

그다지 깊게 생각해보지 않고 월급쟁이 연구자가 된 사람도 현실에서는 많을 것이다. 반면에 과학자와 기술자로서 자신의 직업에 자부심을 가지고 있는 사람도 틀림없이 적지 않을 것이다.

일본의 문부과학성이 연구자를 대상으로 2002년 실시한 설문조사에서 "취직할 때 (또는 전직을 생각했을 때) 다른 직종을 선택하려고 한 적이 있습니까?"라는 문항이 있었는데, 이 질문에 대한 응답 결과가 매우 흥미롭다. 무려 절반이 넘는 수의 사람이 "그만두려고 생각하거나 고민한 적이 없었고, 취업하는데도 망설인 적이 없었다"라고 답변을 한 것이다.[29]

이 사람들은 연구자가 되고 싶다고 생각하여 실제로 연구자가 되었다는 것을 알 수 있다. 글 쓰는 것이 특기여서 작가가 되고 그림 그리는 것을 좋아하여 화가가 되는 것처럼, 연구자를 직업으로 한다는 것은 좋아하는 것을 잘하게 된다는 것이다.

알라스카의 대자연을 사진으로 찍어 주옥같은 수필을 남긴 일본의 사진작가 호시노 미치오(星野道夫, 1952~1996)는 강연 중에 다음과 같은 말을 남겼다.

> 자신이 정말로 좋아하는 것을 하고 있으면 타인이 그것을 보고 힘들겠다고 생각하더라도, 실제로 본인은 그다지 힘들다고 생각하지 않을 겁니다. 좋아하는 것을 한다는 것은 그런 것이라고 저는 생각합니다.[31]

연구자가 되고 싶다고 생각했을 때에 필요한 것은 동경하는 것을 현실화시키기 위하여 자신의 적성을 잘 아는 것이다. 이것은 "프로 야구 선수가 되고 싶다" "여배우가 되고 싶다"라는 소년, 소녀의 꿈으로부터 "자신은 이 직업이 적성에 맞다"라는 확신을 가지고 목표를 향해 나아가는 것으로 바뀌어 가는 과정이기도 하다.

대학원 면접시험에서 "연구자가 되고 싶다"고 말하는 학생에게 "자신의 적성에 맞는다고 생각합니까?"라고 물어봤더니 "대학원에 입학을 해봐야지만 알 수 있을 것 같습니다"라는 답변을 들은 적이 있다. 솔직한 답변일 수도 있겠지만, 연구자에 대한 자신의 적성은 적어도 대학원에 입학하기 전에 알아 두었으면 한다.

1.5 연구자가 된다는 것에 대한 불안

연구자 이외의 직종을 선택할 마음이 없다고 하여도 연구자가 된다는 것에 대한 불안감을 느끼지 않는 사람은 적을 것이다. 전문 연구자로서 자신이 잘 해나갈 수 있을지에 대한 불안감 이외에도, 방대한 과학 지식을 모두 흡수할 수 있을까라는 불안감은 많은 사람들이 학창시절에 느끼는 것이 아닐까 싶다.

과학이 진보함에 따라 예전의 사고방식이 수정되고 있는 것은 분명하며 새로운 지식 또한 분명하게 증가하고 있다. 특히 20세기에 이루어진 물리학과 생명과학의 진보는 자연 현상에 관한 원자와 분자 수준의 지식을 현저하게 확장시켰다. 유럽과 미국의 대학교에서 사용되는 강의 교과서는 개정될 때마다 최신 성과를 반영하기 때문에 점점 두꺼워지고 있다. 때문에 과학이 진보하면 할수록 고도의 지성과 인내력이 필요하다고 생각되는 것도 무리는 아닐 것이다.

이러한 불안감에 대한 명쾌한 해답은, '모든' 지식을 흡수할 필요는 없다는 것이다. 전문적인 연구를 시작할 때까지는 고등학교와 대학교에서 필요로 하는 지식을 가능한 흡수하고, 그 이후에 필요한 시식을 스스로 취사선택하면서 배워 가면 된다. 글을 쓰는 삭가 또한 고금동서의 명작을 모두 독파한 후가 아니면 한 줄도 쓸 수 없는 것은 아니기 때문이다.

과학 지식은 기본적으로 쌓아올리는 것이지만 학문이 진보하면 할수록 지식은 보다 잘 정리되어 앞일을 잘 예측할 수 있게 해주는 것도 사실이다. 지식의 홍수에 휩쓸리지 않고 필요충분한 지식의 체계를 만들어 가는 것이 학문의 기본이다.

학생들이 자주 물어보는 것 중의 하나는 "연구자라는 직업으로 먹

고 살 수 있습니까?"라는 매
우 현실적인 질문이다. 속
세를 초월하여 연구를 할 수
있는 것은 물론 아니다. 매
우 사치스러운 삶을 살고 싶
은 것이 아니라면 연구자라
는 직업으로 먹고 사는 데
문제가 없다는 것은 틀림없
는 사실이다. 현대의 연구자
는 청빈을 감수할 필요는 없
지만, 그렇다고 해도 텔레비

▋ 자연과학 분야의 연구자가 선택하는 직업의 예

전에 나오는 유명 연예인과 같은 고수입을 기대할 수는 없다.

자연과학 분야의 젊은 연구자가 대학 또는 대학원 이후에 선택할
수 있는 진로의 사례를 다음 그림에 나타내었다. 순수하게 학문적인
연구와 관련된 것을 '학술적(academic)'이라고 말할 수 있는데, 과학
적 연구와 관련된 직업은 학술적인 것 이외의 분야까지 확장되어 있
는 것을 알 수 있을 것이다. 그렇기 때문에 연구자의 길을 선택했을
때 설령 본업을 그만 두게 되는 상황이 발생하더라도 다른 직업으로
충분히 삶을 꾸려나갈 수 있다는 것을 알아두었으면 한다.

1.6 여성 연구자는 왜 적은 것일까?

연구자에 관해서 자주 화제가 되는 것은 여성 연구자가 적다는 것
이다. 여성 연구자가 점점 늘어나고 있는 것은 틀림없지만, 인문·사
회과학을 포함하더라도 연구자의 총 수를 점하는 여성 연구자의 비
율은 2004년 기준으로 11.6%에 머물고 있다.[30] 물리·수학 분야로
진로를 정하는 여성은 학생 단계부터 적지만 심리학이나 생물학과

같이 여성 연구자의 활약이 두드러진 분야도 있으므로 여성 연구자가 적은 것은 연구에 필요한 시간과 체력이 원인이라고는 생각하기 어렵다.

사회적·문화적인 요인과 유·소년기 때부터의 교육 배경 등이 남녀의 차이에 영향을 주었을 가능성이 제시되고 있지만, 이것이 주된 원인이라면 현대에 와서는 남녀의 차이가 급속히 해소되어야만 할 것이다. 그렇지 않다면 이상한 것이다. 여성이 연구자가 될 때에 차별이 있어서는 안 되는 것은 물론이고, 직장이 요구하는 조건 등에 여성들이 불안을 느낀다면 그 불안이 해소되도록 노력하는 것이 연구 기관의 의무이다.

남녀의 차이에 관해서 과학적인 근거를 제시하는 연구는 적지만 영국의 심리학자인 사이먼 바론-코엔(Simon Baron-Cohen, 1958~)과 그의 공동 연구자가 제시한 학설은 매우 흥미롭다. 이 학설에 의하면 여성은 타인의 마음 상태를 알아내어 적절한 감정으로 대응하려고 하는 '공감화(empathizing)' 능력이 매우 우수하다는 것이다.[32] 남성은 원인과 결과를 연결하는 법칙에 의해 사물을 분석하는 '체계화(systemizing)' 능력이 우수한 반면, 감정에 의해 흔들리는 사람의 심리를 이해하는 능력은 매우 떨어진다고 한다.

물론 이러한 차이는 많은 여성과 남성 사이에서 통계적으로 관찰되는 경향이며 개개인에 있어서는 그러한 경향이 역전되어도 이상할 것은 없다. 이와 같은 일반적인 경향에 근거하여, 물리와 수학 분야의 체계적인 사고에는 상대적으로 남성이 더욱 적합하고, 여성은 심리나 문과 분야의 감성이 상대적으로 우수하다고 말할 수 있을지도 모른다.

반면에 여성 연구자가 남성 연구자보다도 이론적이고 현실적이며 견실하다는 주장도 있다. 연구자는 이론적이어야만 하지만 논리만으로는 충분하지 않다. 남성이 여성보다는 '낭만'에 사로잡혀 모험에 빠지기 쉽고, 그로 인해 논리를 뛰어 넘어 상식을 초월하는 발견에 이르기 쉽다는 가능성은 있다. 어쨌든 서로간의 특색이 있는 여성 연구자와 남성 연구자가 공존하는 것에 의해 연구의 세계가 풍성해진다는 것은 분명한 것이다.

1.7 과학적 연구와 과학의 차이

과학자를 목표로 삼는다면 우선 과학(science)이 무엇인지를 올바르게 알 필요가 있다. Science의 어원은 라틴어로 '지식, 원리(scientia)'이며 '구분하는(scindere)' 것과 관계가 있다.

과학에서 '이해한다'라고 하는 경우에는 대상이 되는 자연 현상을 구분하여 이해하고 있다는 것이다. 즉, '여기까지는 이해가 된다, 여기부터는 이해가 안 된다'라는 경계선을 긋고, 이해가 되는 부분을 조금씩 늘려 가는 것이 과학적 연구라고 말할 수 있다. 그러나 대상이 복잡한 경우에는 보통의 수단으로는 안 된다. 수수께끼는 수수께끼를 부르고 이해하려고 하지만 오히려 이해되지 않는 것이 훨씬 많다는 현실에 직면하는 경우도 많다.

과학이 구분*하는 것이라고 했을 때, 그렇다면 연구의 대상을 나눈 후에 잘 정리하는 것에 의해 과학적 연구는 종료되는 것인가라고 질문한다면 그런 것은 아니다. 오히려 분류한다는 것은 과학적 연구의 시작이지 끝이 아니다. 과학은 언제나 한 발 더 나아간 설명을 필요로 한다.

> ▌일정한 기준에 따라 전체를 몇 개로 갈라 나눔.

예컨대 많은 수의 나비를 모아놓았다고 가정을 해보자. 우선 도감과 대조하면서 나비의 이름을 조사하고, 색과 형태로 분류하여, 서식지와 채집 시간을 정확하게 기록하면 나비에 대한 경험적 지식의 깊이는 매우 깊어질 것이다. 그러나 이것만으로는 나비 수집가와 차이가 없다. 단순한 수집가에서 과학자로 탈피할 수 있을지의 여부는 그 이후의 분석에 달려있다.

┃ 예컨대 날개에 붙어있는
비늘 모양의 가루.

나비들이 공통으로 가지고 있는 고유한 성질*을 찾아서 그것이 어떤 법칙에 의해 다양하게 변하는지를 고찰하는 것, 그것이야말로 분석이다. 다양성의 근저에 있는 법칙을 발견하기 위해서는 대상의 본질을 파악하는 분석력이 필요하다.

다시 말해, 과학적 연구를 한 마디로 표현하면 '자연 법칙의 규명'이나 다름없다. 그 어떤 표현도 이 표현을 대신할 수는 없을 것이다. 미국의 물리학자로 노벨 물리학상을 수상한 리처드 필립스 파인만(Richard Phillips Feynman, 1918~1988)은 과학적 연구를 다음과 같이 명쾌하게 표현하였다.

> 자연을 이해하려고 할 때 취할 수 있는 한 가지 방법은 신(神)이 체스와 같은 게임을 하고 있다고 상상해보는 것입니다. 그 이유는 그러한 관측자의 시점이어야 게임의 규칙 또는 말이 움직이는 규칙이 무엇인지를 이해할 수 있기 때문입니다.[33]※2

이처럼 자연계의 규칙, 다시 말해 자연 법칙을 '이해하는' 것이 과학적 연구이다. 과학이 무엇인지에 관하여 사전에서는 "과학이란 체계적이며 경험적으로 실증 가능한 지식으로 물리학·화학·생물학 등의 자연과학이 전형적인 과학으로 간주되며, 경제학·법학 등의 사회과학, 심리학·언어학 등의 인문과학도 있다"라고 정의하고 있다. 틀림없이 과학 그 자체는 '체계적이고 경험적으로 실증 가능한 지식'이지만, 과학적 연구는 지식을 넘어선 그 다음을 '이해한다'는 영역에 있다. 그렇기 때문에 과학적 연구는 과학이라는 지식 체계와 명확하게 구별하여 생각할 필요가 있다.

또한 서두에서 소개한 아인슈타인의 말과 같이 이 세계를 '이해한다'는 확신이 있는지 없는지에 따라서 학문에 대한 마음가짐도 크게 변할 수 있다. 때문에 학창시절에 '이해한다'는 경험을 가능한 많이 쌓아 두는 것이 중요하다. 이해가 되었을 때에는 표현하기 어려운 그 어떤 종류의 상쾌함과 감동을 느끼는 경우가 많다. 이것은 수학이나 물리 문제가 잘 풀렸을 때와 같이 이해가 되면 확신의 정도가 큰 상태로 이해가 된다. 다시 말해 '이해했다는 것은 100% 이해한다'라는 감각이다. 이해가 된 내용과 지식이 아니라 '이해했다'는 경험의 축적이야말로 그 후에 진행되는 과학적 연구의 피가 되고 살이 되는 것이다. '지식보다 이해' 다시 말해 '아는 것보다 이해하는 것'이 과학적 연구의 철학인 것이다.

1.8 우연과 필연

아인슈타인이 남긴 다음 말은 많은 사람들이 의외라고 생각할지도 모르겠다.

> 과학적 연구는 인간의 행동을 포함하여 모든 일들이 자연 법칙에 의해 결정된다는 가정에 근거하고 있습니다.[21]*3

바꾸어 말하면, 자유 의지에 의해 우연히 일어나고 있는 것처럼 생각되는 인간의 행동도 실제로는 자연 법칙에 의해 필연적으로 결정되어 있다고 과학에서는 가정하고 있다. 따라서 이와 같은 내용을 전제로 하는 심리학은 과학이지만 전제로 하지 않는 심리학은 과학이라고 말할 수 없게 되는 것이다. 현대 심리학이 이처럼 양면성을 가지고 있는 것은 인간의 행동을 포함한 마음의 작용이 과학에 의해 아직도 완전하게 규명되어 있지 않기 때문이다.

프랑스의 분자생물학자로 노벨 생리학·의학상을 수상한 자크 뤼시앵 모노(Jacques Lucien Monod, 1910~1976)는 『우연과 필연』이라는 저서에서 다음과 같이 기술하고 있다.

> 과학적 방법의 기초는 자연이 객관적인 존재라는 원칙에 있다. 즉, 모든 현상을 목적과 원인의 관점에서 생각하면 안 된다. 이를테면 '(조물주의) 계획'을 해석하는 것에 의해 '진실'의 인식에 도달할 수 있다고 생각하는 것을 철두철미하게 거부하자는 것이다.[34][35] ※4

이러한 뜻에 따르자면 '높은 곳에 있는 잎사귀를 먹기 위한 목적으로 기린의 목이 길어졌다'라든지 '사회적인 의사소통을 목적으로 인간의 언어가 탄생했다'라는 부류의 진화와 관련된 학설은, 문제가 되는 현상을 목적으로부터 해석하려고 하기 때문에 얼마나 비과학적인지를 알 수 있을 것이다. 과학적으로 정말 어려운 문제는 인간의 행동과 주관적인 마음의 작용을 과학의 힘을 이용하여 어떻게 '객관적'으로 규명할 수 있는지에 관한 것이다.[35]

1.9 과학과 비과학의 경계

많은 사람들은 과학이 올바른 사실만을 쌓아올려 왔다고 생각할지 모르겠지만 그것은 진실이 아니다. 실제로는 사실이 부족한 곳을 '과학적 가설'로 보완하면서 만들어낸 구조물이 과학인 것이다. 과학은 미숙한 것이기 때문에 본래 반드시 사용되어야만 하는 골조가 결여되어 있을지도 모르는 것이다. 새로운 발견에 의한 혁명적인 흔들림이 한번이라도 도래한다면 언제 무너져 내려도 이상하지 않을 정도이다.

그렇기 때문에 '과학이 무엇인지'를 알기 위해서는 거꾸로 '무엇이 과학이 아닌지'를 이해하는 것도 중요하다. 과학이 합리적이라는 것은 너무나도 명백하므로 이치에 맞지 않는 미신은 과학이 아니다.

그렇다면 점술과 심령술에 관해서는 어떨까?

점술은 맞지 않는 경우가 있기 때문에 비과학적이라고 하는 것이 아니다. 일기예보의 경우에는 언제나 정확하게 예측할 수 있다고는 할 수 없지만 과학적인 방법에 근거를 두고 있다. 아울러 귀신이나 하늘을 나는 원반형 미확인 비행물체의 존재는 과학적으로 증명되어 있는 것이 아니며, 반대로 '귀신이 존재하지 않는다' 라는 것을 증명하는 것도 어려운 일이다. 언제 어디에 나타날지도 모르는 귀신을 철저하게 찾아내는 것은 불가능하기 때문에, 결국에는 발견되지 않았다 하더라도 '귀신이 존재하지 않는다' 라고 결론을 내릴 수는 없는 것이다.

오스트리아 태생의 영국 철학자인 칼 레이먼드 포퍼(Karl Raimund Popper, 1902~1994)는 과학과 비과학을 구분하기 위하여 다음과 같은 방법을 제안하였다. 반증*이 가능한 이론은 과학적이고 반증이 불가능한 주장은 비과학적이라고 간주한다.[36] 검증이 가능한지 아닌지는 묻지 않는다.

▌잘못된 것을 증명하는 것.

본래 어떠한 이론을 뒷받침하는 사실이 존재한다 하더라도, 우연히 그 상황에 맞는 특별한 사례가 있었던 것일 수도 있기 때문에 그 이론을 증명했다고는 할 수 없다. 게다가 어떤 법칙이 성립되는 조건을 조사한다 하더라도 모든 조건을 테스트하는 것은 어렵다. 오히려 과학의 진보에 의해 기존의 이론이 잘못되었다고 밝혀지면서 수정되는 과정이 훨씬 '과학적' 이라고 말할 수 있다.

반면에, 비과학적인 가설은 검증도 반증도 할 수 없기 때문에 그것을 받아들이기 위해서는 무조건적으로 믿을 수밖에 없다. 과학과 비과학의 경계를 결정하는 이 기준은 '반증 불가능' 이라고 불리고 있다. 반증이 가능한지 불가능한지가 과학적인 근거가 된다는 것은 매우 역설적이어서 흥미롭기까지 하다.

예를 들면, '모든 까마귀는 검다' 라는 가설은 한 마리라도 하얀

까마귀를 발견하면 반증되기 때문에 과학적이다. 그러나 '귀신'이 존재하는 것은 검증도 반증도 불가능하기 때문에 그 존재를 믿는다는 것은 비과학적이다. 거꾸로 '귀신은 존재하지 않는다'라고 주장하는 것은 어디선가 귀신이 발견되면 반증되기 때문에 보다 과학적이라고 말할 수 있게 된다. 한편, '분자는 존재하지 않는다'라는 가설은 하나의 분자를 계측장치로 관측하는 것에 의해 이미 반증되어 있으며, 분자가 존재한다는 것은 과학적인 사실이다.

1.10 과학은 어떻게 진보하는가?

과학 지식은 경험에 의한 근거를 필요로 하지 않는 수학의 공리와 같은 '선험적(priori) 지식'과 경험을 근거로 하고 있기에 반증 가능한 '귀납적(posteriori) 지식'으로 크게 구분할 수 있다. 예컨대 '에너지 보존의 법칙'은 전자의 선험적 지식에 속하고, '바람이 불면 통장수가 돈을 번다'*는 것은 '귀납적 지식'이라 할 수 있다.

여기서 반증 가능한 귀납적 지식만 과학적이라고 인정한다면 조금은 극단적이다. 그렇게 된다면 간단하게 증명되거나 또는 철회되거나 하는 이론만이 '과학적'이라는 것이 되어, 과연 과학은 진보할까라는 의문이 생기기 때문이다.

과학 이론의 발전이라는 관점에서 미국의 과학사학자이자 과학철학자인 토머스 새뮤얼 쿤(Thomas Samuel Kuhn, 1922~1996)은 다음과 같은 의견을 제시하였다. 그는 어느 일정 기간을 대표할 수 있는 과학 이론*을 '패러다임'이라고 명명하고, 이것이 새로운 패러다임*으로 급격하게 바뀌는 과정을 통해 과학이 진보한다는 것을 풍부한 예를 근거로 하여 주장했다.[37]

과학의 기초를 둘러싼 이와 같은 생각은 인식에 관한 철학과 밀접한 관계가 있으며 많은 논쟁을 불러일으켜 왔다. 그 중에서도 인식이 경험에 기반을 두고 있다는 것을 중시한 데이비드 흄(David Hume, 1711~1776)의 경험론과 루트비히 요제프 요한 비트겐슈타인(Ludwig Josef Johann Wittgenstein, 1889~1951)의 사상은, 객관적인 실재가 인식된다는 실재론의 입장을 취한 포퍼를 비롯하여 인식은 주체와 객체의 상대적인 관계에 불과하다는 상대주의를 주장한 쿤 등에게 지대한 영향을 주었다고 알려져 있다.

1.11 과학이란 의심하는 것

이처럼 과학적 가설은 검증과 반증을 반복하면서 발전해 간다. 과학에 있어서 가설의 역할이 매우 크다는 것은 프랑스의 수학자이자 물리학자인 쥘 앙리 푸앵카레(Jules-Henri Poincare, 1854~1912)가 분명하게 언급하고 있는 부분이기도 하다.[38]

그러나 과학자가 언급하는 설이 언제나 가설의 형태를 취하고 있는 것은 아니다. 과학자의 단순한 발상 및 예측은 어디까지나 의견에 불과하며 과학적인 가설과는 다르다. 과학자는 가설과 의견을 제대로 구분하여 언급할 필요가 있지만, 일반인은 그와 같은 구분을 잘 모르기 때문에 양자를 혼동함으로 인해 오해가 생기기 쉽다. 과학적 가설에 대해서는 그것이 올바른지 아닌지를 먼저 의심해 보는 것이 과학적 사고의 첫 걸음이다. 가설을 이해하지 못하고 그대로 받아들이기만 해서는 과학의 시작은 없다고 해도 과언이 아닐 것이다.

일본의 과학자이자 문필가인 데라다 도라히코(寺田寅彦, 1878~1935)는 "물리학은 다른 과학과 마찬가지로 지식을 배우는 것인 동시에 또한 의문을 배우는 것이다. 의문을 가지기 때문에 왜 그런지를 알고, 알고 있기 때문에 의문을 던진다. (중략) 의문을 가지는 것은 지식의 근본이다. 제대로 잘 의문을 던지는 사람은 제대로 잘 아는 사람이다"[39]라고 언급하고 있다. 나아가 "참으로 두려운 것은 권위가 아니라 줏대 없이 남의 말에 따르는 무비판적인 군중의 심리인 것이다"라고도 언급하였다.

> 연구직에 종사하려고 하는 사람이 잊어서는 안 되는 것은, 진정한 과학을 배우는 것뿐만 아니라 주관적인 의견 없이 남의 말에 따르려는 마음을 베어 내버리는 것이다. 바꾸어 말하면 애써 어깃장을 놓는 것이다. 다른 사람이 뭐라고 하여도 자신이 납득할 때까지는 이해되지 않는 상태에서 결코 받아들이지 않는 것이다. 이와 같은 어깃장을 놓는 성질이 없었다면 과학의 진보라는 것은 어떻게 되었을 것인가?[39]

▌프랑스어 원문은 je pense, donc je suis

"나는 생각한다. 고로 나는 존재한다"*라는 말은 프랑스의 물리학자·철학자·해석기하학자인 르네 데카르트(Rene Descartes, 1596~1650)가 언급한 것인데, 이 말은 "나는 의문을 가진다, 고로 나는 존재한다."라고 해석하는 것이 실제의 의미에 가깝다.[40] 이것은 곧 의문을 던지고 있는 '나'의 존재를 의심할 수 없다는 것이다.

단, 자신의 의견을 "나는 생각한다, 고로 참되다"라고 간주해 버린다면 과학자로서는 끝장이다. 과학에 있어서 실증성(實證性)이야말로 생명이며, 이것을 상실한다는 것은 과학을 포기하는 것과 동일하다. 아울러 위험하므로 경계해야 하는 것은 일반 사람들에게 자신의 생각을 말하고 있는 동안에 가설과 의견의 경계에 대한 감각이 마비되어 버리는 것이다. 그 때문에 과학자가 기술한 에세이 중에도 너무나 무책임한 의견이 들어있는 것이다.

일반인용으로 출판된 과학 서적을 읽을 때에는 그 서적의 저자가 어느 정도의 과학적 양심에 따라 기술하였는지를 꿰뚫어 볼 수 있는 능력이 필요하다. 과학적 엄밀함에 대한 감각에는 어떠한 증거가 있는지, 왜 다른 설로는 설명이 안 되는 것인지 등과 같이, 가설과 의견을 구분하기 위해 비판적으로 생각하는 것에 의해서 과학적 사고

능력은 길러지는 것이다. 과학을 이해하기 위해서는 그와 같은 사고의 축적이 중요하다.

1.12 '이해한다'는 것은 어떤 것일까?

'이해한다'는 과정에는 적어도 두 개의 서로 다른 형태가 있다. 한 가지는 설명의 과정을 의식적이고도 합리적으로 더듬어 찾아 가서 결론에 도달하는 경우이다. 또 다른 한 가지는 거의 순간적으로 "이렇게 하면 잘될 것이다!"라는 직감(번뜩이는 영감)이 작용하는 경우이다. 이것을 바둑에 비유하면, 전자는 상대방이 둔 수의 의미를 해석하고 일어날 변화를 머릿속으로 추리하여 최선의 수를 선택하는 과정인 '수 읽기'에, 후자는 논리적 이유는 결여된 '첫 느낌'에 비유할 수 있다. [41]

'유레카(eureka)'*라는 말이 있는데 이것은 후자에 속하는 좋은 사례이다. 그리스의 아르키메데스는 왕관을 부수지 않고 왕관의 소재로 사용된 금의 순도를 측정하는 방법을 찾아내지 못해 난감한 상황이었다. 그런데 목욕탕의 욕조에 들어가 있을 때, 넘쳐흐르는 물로부터 해결책을 깨닫고 너무도 기쁜 나머지 옷도 걸치지 않은 채로 거리에 뛰어나와 '유레카!'를 외쳤다고 전해지고 있다. 그렇다면 아르키메데스는 왜 그렇게 흥분했던 것일까?

아르키메데스는 왕관을 물에 담그고, 그로 인해 증가된 물의 양을 측량하면 된다는 것을 깨달았을 것이다. 왕관의 무게를 증가한 만큼의 물의 무게로 나누면 왕관의 비중을 알 수 있다. 이 값이 순금으로 구한 일정한 값의 비중(19.3)보다 작다면 금을 다른 금속으로 몰래 바꿔치기 했다는 나쁜 짓이 드러나게 되는 것이다. 금의 비중은 은·구리·철 등의 값싼 금속보다도 두 배 정도 크기 때문에 비중의 차이를 검출하는 것이 용이하다.

▌그리스어로 '내가 발견했다'는 의미.

이와 같이 금의 순도를 측정하는 방법은 물에 적시는 것이 문제만 되지 않는다면 충분히 실용적이며, 화학 조성을 확인하기 위하여 현대의 과학자들이 사용하는 고도의 분석 장치는 필요하지 않다. 아르키메데스는 훌륭한 과학자였다.

이러한 '번뜩이는 영감'의 구조적 원리는 뇌과학에서 아직도 대부분이 규명되어 있지 않기 때문에 의식적인 사고와 어떻게 다른지 아직도 이해되지 않고 있다. 의식에 반영되고 있지 않을 뿐이지 뇌에서는 방대한 양의 계산이 수행되고 있을지도 모른다.

1.13 자연계의 퍼즐을 풀다

자연계의 구조와 원리를 이해한다는 것은 자연계의 본질적인 '이면'을 규명하는 것이나 다름없다. 그러나 자연계의 불가사의가 아무리 복잡하고 어려워 보여도 그 이면은 놀라울 정도로 단순한 것일지도 모른다.

미국의 생물학자로 노벨 생리학·의학상을 수상한 토머스 헌트 모건(Thomas Hunt Morgan, 1866~1945)은 『유전의 물질적 기초』라는 제목을 붙인 저서의 서두에서 다음과 같이 언급하고 있다.

> 유전의 기본적인 모습이 이 정도까지 단순하다는 것을 이해했다는 것은, 결국에는 우리들에게 자연계의 본질에 접근할 수 있다는 한결같은 희망을 부여하는 동시에 우리들이 힘을 낼 수 있도록 격려해 준다. 반복하여 들어왔던 자연계의 이해할 수 없는 현상이 우리들의 무지에 의한 환상에 불과하다는 것을 다시 한 번 알게 되었다.[42]※5

아무리 어려운 문제라 해도 일단 풀리고 나면 간단하게 생각된다. 문제가 어려워 보이는 것은 '무지에 의한 환상'인 것이다. 다시 말해 과학은 '자연계의 퍼즐'을 푸는 것이다. "나는 신(神)의 퍼즐을 풀고 싶다"[43]는 것은 과학자의 순수한 꿈이기도 하다.

인간이 만들어 낸 퍼즐 또한 자연계의 퍼즐과 공통된 요소를 가지고 있다. 목제품인 '퍼즐 상자'*의 제작 분야에서 새로운 경지를 개척한 일본의 카메이 아키오(亀井明夫, 1948~)의 작품은, 상자를 열기 위하여 필요한 손의 힘뿐만 아니라 중력·원심력·자력 등을 교묘하게 살린 발상의 신선함, 마무리의 아름다움, 퍼즐의 즐거움이 삼위일체로 되어 있다. 나아가 인간의 심리를 거꾸로 이용한 속임수를 설치해 놓은 경우도 있다. 내가 처음 접했을 때 충격적이었던 '반전형'이라는 작품의 해설을 제작자의 허락을 얻어서 소개한다.

▌비밀 상자 또는 속임수 상자로도 불림.

> 여는 방법을 알아내지 못하는 한, 요행수로 우연히 열리는 경우는 없습니다. (중략) 매우 어려운 퍼즐 상자도 분명히 있지만, '손'과 '머리'와 '시간'을 사용하여 노력하면 가능할 것입니다. 적어도 열 수 있다는 가능성만큼은 있는 것입니다. 그렇지만 '반전형'은 노력해도 소용이 없습니다. '번뜩이는 영감'이 필요합니다. 영감이 떠오르지 않으면 평생이 걸려도 열리지 않을 것입니다. (중략) '어렵다'라고 할 때에는 두 가지의 의미가 있습니다. '여하튼 손이 많이 가야하고 복잡하며 까다롭다'는 것과 '간단하지만 알아차리지 못하는 것'입니다. 당신은 이 두 가지 중에서 어느 쪽을 선호하십니까?[44]

자연계의 퍼즐도 우연한 요행수에 의해 풀리는 경우는 극히 드물다. 번뜩이는 영감이 없으면 일생을 걸고도 풀 수 없는 수수께끼가 자연계에는 아직도 많이 잠들어 있음에 틀림없다.

1.14 이해되지 않는 것을 이해한다

대학 교수로 재직하면서 가장 곤란한 것이, '이해되지 않는다'라는 학생의 반응이다. 구체적으로 'ㅇㅇ가 이해되지 않는다'라고 말해주면 그것에 관해 더욱 상세하게 설명해줄 수 있는데, 대부분의 경우에는 그렇지가 않다. 그래서 "어디가 이해되지 않습니까?" 라고 물어도 '어디가 이해되지 않는 것인지 자신도 모르겠다' 라든지, 때로는 '그냥 왠지' 라는 답변이 되돌아오는 경우가 있다. 이렇게 되면 선문답이 되어 버린다.

역설적이라고 할 수 있는데 '무지(無知)를 안다' 라는 말처럼 '무엇을 모르겠는지를 안다' 는 것도 사실은 매우 중요한 진보인 것이다. 그리고 자신이 이해하는 것과 타인을 이해시키는 것과의 사이에는 큰 차이가 있다는 것도 알아 둘 필요가 있다. 전자는 연구로, 후자는 교육이라는 말로 표현하는 것이 가능한데, 이와 같은 연구와 교육의 차이에 관해서는 제7장에서 생각해보기로 한다.

학회에서 진행되는 강연에서는 발표자에게 '왠지 이해가 되지 않습니다' 라는 막연한 질문은 하기 어려운 긴장감이 감돈다. 질문을 하는 측도 답변을 하는 측도 진검승부이기 때문이다. 구체적으로 질문을 하여, 매우 훌륭한 대답이 되돌아 왔을 경우에는 '잘 알겠습니다' 라고 받아들였으면 한다. 내 연구실의 학생이 학회에서 발표한 후에 모 교수로부터 받은 질문에 제대로 답변하지 못한 적이 있었다. 그러자 질문을 했던 그 교수가 "답변이 잘 이해되지 않았습니다" 라고 말했다. '이해되지 않았습니다' 라는 감상을 듣는 것도 '이해가 되었습니다' 라는 감상과 마찬가지로 연구자에게는 도움이 된다.

아울러, 수학을 잘 모르기 때문에 과학이 어렵고 이해되지 않는다고 한탄할 것도 아니다. 아인슈타인은 여중생에게서 받은 편지에 대한 답장에서 다음과 같이 말하고 있다.

> 수학 때문에 힘들다는 것을 걱정하면 안 됩니다. 내가 수학 때문에 더 힘들었던 것이 분명하기 때문에.[17]*6

1.15 연구는 인간의 드라마

대학에서 강의를 한 후에 과학자의 이름을 묻는 시험 문제를 출제한 적이 있었다. 과학적 발견의 내용을 제시한 후에 그러한 발견을 한 과학자가 누구인지를 물어본 것인데, 학생들에게서 큰 불만이 터져 나왔었다. 혹독하고 냉엄한 입시 공부의 탓인지 '사람의 이름' 이라고 하면 역사 문제로 생각해버리는 것 같다. 발견의 내용을 제대로 이해하고만 있다면 따로 사람의 이름을 외우지 않아도 괜찮다는 의견이 학생들로부터 속출했다. 나에게는 이것이 조금 놀라왔다. 연구자의 이름은 '외운다' 는 것보다 '자연스럽게 외워지는 것' 이라고 생각하고 있었기 때문이다.

역학에서 운동방정식을 배울 때에 '뉴턴' 이라는 이름은 정말로 몰라도 좋을 것일까. 「상대성 이론」의 내용을 모르더라도 아인슈타인의 이름을 알고 있는 사람은 많지만, 아인슈타인이 발견했다는 것은 모르면서 상대성 이론에 관한 내용을 알고 있는 사람이 있을까?

인간이 없는 곳에서는 발견도 그 어떤 것도 없다. 연구자들 사이에서는 '무엇이 발견되었는가?' 와 같은 정도로 '누가 그것을 발견했는가?' 라는 것이 언제나 화제이다.

옥스퍼드 대학 출판사에서 출간된 『세계 과학자 사전』[45][46]의 서문은 다음과 같이 시작한다.

> 과학은 지식을 창출하기 위한 방법과 시스템 및 기술이며, 때로는 개인과는 관계없는 것이라고 간주된다. 그러나 과학은 매우 인간적인 것이다. 과학 이야기는 진실을 발견한 개인의 이야기인 것이다.[45]*7

또한 천 명이 넘는 과학자에 관한 대사전[47][48]을 단지 혼자서 저술한 사람이 있는데, 그는 바로 러시아 태생으로 과학소설 분야의 거

■ '아지모프'라고 표기된
경우가 많지만, 원저의 마
지막 부분에 이름의 올바
른 발음이 나와 있다.

장인 아이작 아지모흐(Isaac Asimov, 1920~1992)*이다. 이 사전에는 가히 초인적이라고 할 수 있는 아지모흐의 신속한 집필 능력이 유감없이 발휘되어 있다. 이 사전에 쏟아 부은 정열의 근원이 무엇이었는지는 서문에 쓰여 있는 다음 한 절의 문장으로 분명하게 알 수 있다.

> 과학 지식은 훌륭하지만 오류를 범하기 쉬운 많은 인간들의 지성이 고생 끝에 쌓아 올린 성과이다.[47]*8

■ 원저는 영어.[50]

이 사전은 내가 고등학생일 때 물리 선생님의 권유에 의해 몹시 열중하여 읽었던 기억이 있다. 그 직전에 읽고 있었던 책은 러시아 태생의 조지 가모프(George Gamow, 1904~1968)가 저술한 『물리의 전기[49]*』이었는데, 이 책 또한 걸작 중의 걸작이었다. 아지모흐의 사전과 마찬가지로 이 책에는 물리학자들이 어떤 생각을 했었는지, 그들이 체험했던 가슴 설레는 발견의 순간 등이 흥미로운 에피소드와 함께 생생하게 묘사되어 있다. 문과를 지망하는 고등학생도 틀림없이 소설처럼 즐겁게 읽을 수 있을 것이다.

과학에서의 연구는 인간이 창출해 온 하나의 장대한 드라마인 것이다.

참고문헌

1. A. Einstein, Aus meinen späten Jabren, Ullstein Materialien (1986)

2. A. Einstein, "Zur Elektrodynamik bewegter Körper", Annalen der Physik, 17, 891–921 (1905)

3. A・アインシュタイン（中村誠太郎訳）『運動している物体の電気力学について』『アインシュタイン選集1―特殊相対性理論・量子論・ブラウン運動』共立出版 19–47 (1971)

4. A・アインシュタイン（内山龍雄訳・解説）『相対性理論』岩波文庫 (1988)

5. A・P・フレンチ（編）（柿内賢信他訳）『アインシュタイン―科学者として・人間として』培風館 (1981)

6. A. Einsten, Über die spezielle and die aligemeine Relatibitätstheorie, Springer Verlag (1988)

7. A・アインシュタイン（金子務訳）『特殊および一般相対性理論について』白揚社 (2004)

8. A. Einstein, Grundzüge der Relatibitätstheorie, Springer Verlag (1990)

9. A・アインシュタイン（矢野健太郎訳）『相対論の意味』岩波書店 (1938)

10. A・アインシュタイン（内山龍雄訳編）『アインシュタイン選集2: 一般相対性理論および統一場『理論』共立出版 (1970)

11. 伊藤大介（編）『追想 朝永振一郎』中央公論社 (1981)

12. K L. Sakai, "Language acquisition and brain development", Science, 310, 813–819 (2005)

13. P. A. Schlpp, Ed., Albert Einstein: Philosopher–Sciensis, Open Court (1969)

14. A. Einstein (Herausgegeben von C. Seelig), Mein Weltbild, Ulstein Materialien (1984)

15. A. Einstein (New translations and revisions by S. Bargmann), Ideas and Opinions, Crown Publishers (1934)

16. A・アインシュタイン（井上健，中村誠太郎訳編）『アインシュタイン選集3: アインシュタインとその思想』共立出版 (1972)

17. H. Dukas and B. Hoffmann, Eds., Albert Einstein: The Human Side–New Glimpses from his Archives, Princeton University Press (1979)

18. A. Calaprice, Ed. (Betrenuung der deutschen Ausgabe und Übersetzungen von A. Ehlers), Einstein sagt: Zitate, Eingfälle, Gedanken, Piper Verlag (1999)

19. A. カラプリス (編) (林一訳)『アインシュタインは語る』大月書店 (1997)

20. A. Calaprice, Ed., The Expanded Quotable Einstein, Princeton University Press (2000)

21. A. Calaprice, Ed., The New Quotable Einstein, Princeton University Press (2005)

22. A・アインシュタイン (中村誠太郎, 五十嵐正敬訳)『自伝ノート』東京図書 (1978)

23. A・アインシュタイン他 (金子務編訳)『未知への旅立ちーアインシュタイン新自伝ノート』小学館 (1991)

24. C・ゼーリッヒ (広重徹訳)『アインシュタインの生涯』東京図書 (1974)

25. A・バイス (西島和彦監訳)『神は老獪にして…ーアインシュタインの人と学問』産業図書 (1987)

26. A. Einstein, Einstets: A Portrait, Pomegranate Artbooks (1984)

27. A. Einstein, Essential Eintein, Pomegranate Artbooks (1995)

28. B. Hoffmann (with the collaboration of H. Dukas), Albert Einstein: Creator and Rebel, Viking Press (1972)

29. 文部科学省 (編)『平成5年版 科学技術白書』独立行政法人国立印刷局 (2003)

30. 文部科学省 (編)『平成7年版 科学技術白書』独立行政法人国立印刷局 (2005)

31. 星野道夫『魔法のことばー星野道夫講演集』スイッチ・パブリッシング (2003)

32. S. Baron-Cohen, R. C. Knickmeyer and M. K. Belmonte, "Sex differences in the brain: Implications for explaining autism", Science, 310,819−823(2005)

33. J. Robbins, Ed., The Pleasure of Finding Things Out−The Best Short Works of Richard P. Feynman, Penguin Books (2001)

34. J. Monod, Le hasard et la nécessité−Essai sur la philosophie naturelle de la biologie moderne, Édition du Seuil (1970)

35. 酒井邦嘉『心にいどむ認知脳科学ー記憶と意識の統一論』岩波書店 (1997)

36. K. Popper, The Logic of Scientific Discovery, Routledge (2002)

37. T・クーン (中山茂訳)『科学革命の構造』みすず書房 (1971)

38. H・ポアンカレ (河野伊三郎訳)『科学と仮説』岩波文庫 (1959)

39. 寺田寅彦『寺田寅彦全集 文学 第一巻ー随筆』岩波書店 (1930)

40. R・デカルト (野田文夫他訳)『方法序説ほか』中公クラシックス (2001)

41. 島朗 (編著)『読みの技法』河出書房新社 (1999)

42. T. H. Morgan, The Physical Basis of Heredity, J. B. Lippincort (1919)

43. NHKアインシュタイン・プロジェクト (編)『アインシュタイン・ドキュメントー私は神のパズルを解きたい』哲学書房 (1992)

44. 亀井明夫『KARAKURI箱—亀井明夫作品集』安兵衛 (1993)

45. R. Porter and M. Ogilvie, Eds., The Biographical Dictionary of Scientist, Third Edition, Oxford University Press (2000)

46. D・アボット（編）(伊東俊太郎日本語版監修)『世界科学者事典(全六巻，別巻・総索引』原書房 (1985-1987)

47. I. Asimoy, Atmovy Biographical Encyclopedia of Science and Technology − The Lives and Achievemens of 1195 Great Scientists from Ancient Times to the Present Chronologically Arranged, New Revised Edition, Doubleday (1972)

48. I・アシモフ (皆川義雄訳)『科学技術 人名事典』共立出版 (1971)

49. G・ガモフ(鎮目恭夫訳)『ガモフ全集10 物理の伝記』白揚社 (1962)

50. G. Gamow, The Great Physicists from Galited to Einstein (republication of "The Biograpys Phystes"), Dover Publications (1988)

제 2 장

모방에서 창조로

- 과학에 왕도는 없다 -

세상 사람들이 나를 어떻게 보고 있는지 나는 모릅니다.
나 자신에게 비춰진 나는, 바닷가에서 놀다가 가끔씩 조그만 조약돌과
예쁜 조개를 발견하고는 즐거워하는 어린아이라고밖에 생각되지 않습니다.
그러나 그러고 있는 동안에도 거대한 진리의 바다는
전혀 발견되지 않은 채로 내 앞에 펼쳐져 있던 것입니다.[1]※9

아이작 뉴턴(Isaac Newton, 1642~1726)

제2장
모방에서 창조로
– 과학에 왕도는 없다 –

 뉴턴은 자연과학의 기초를 구축한 과학자로 근대의 우주관을 창조하였다. 거의 같은 시대에 독일의 작곡가이자 오르간 연주자인 요한 제바스티안 바흐(Johann Sebastian Bach, 1685~1750)가 음악에서 달성한 것과 동등의 위업을 뉴턴은 과학에서 달성하였다. 역학의 기초를 구축한 이탈리아의 위대한 과학자인 갈릴레오 갈릴레이가 1642년에 사망했는데, 기이하게도 같은 해인 1642년의 크리스마스에 뉴턴은 영국 동부의 작은 마을 울즈소프에서 태어났다. 그래서 후세 사람들은 신께서 한 명의 천재 과학자를 데리고 가면서 또 다른 천재 과학자를 세상에 보내주었다고 말하고 있다.

 뉴턴은 『자연 철학의 수학적 원리(Philosophae Naturalis Principia Mathematica, 1687)』를 라틴어로 저술하였다. 제목에 포함된 '원리'로 인해 이 책은 『프린키피아(Principia)』로 불리고 있다. 이 책을 통해 뉴턴은 우주가 예측 가능한 보편적인 법칙에 따라 움직인다는 것을 밝혔다.

■ 크리스티스(Christie's)
1766년 12월 5일에 영국
런던에서 제임스 크리스티
에 의해서 창설된 상장 경
매 회사이다.

■ 1726년의 최종 제3판에
근거를 두고 있고, 일본어
번역본도[2][3] 출판되어 있
음.

이 책의 초판은 1998년에 있었던 크리스티스* 경매에서 321,000달
러에 낙찰될 정도로 '과학의 원전(元典)'으로 불리기에 손색이 없다.
또한 앤드류 모테(Andrew Motte)에 의해 『프린키피아』의 영어 번역
본*이 처음으로 출판된 이후에, 놀랍게도 270년 만에 새로운 번역본
이 출판되었다.[4]

이것은 미국의 과학사학자인 아이롬 버나드 코엔(Ierome Bernard
Cohen, 1914~2003)과 그의 동료들이 15년이라는 세월에 걸쳐 완성시킨
것으로 예사롭지 않은 비장한 집념의 결정체이다.

게다가 뉴턴은 빛의 스펙트럼과 반사·굴절을 시작으로 하여 빛에
관한 현상을 여러 개 발견하여 『광학(Optics), 1704』이라는 대작으
로 정리하여 출판하였다.[5][6] 『광학』의 초판은 영어판으로 발간되었
으며 2년 후에는 라틴어판도 출간되었다. 우리는 이 책의 서두에서
뉴턴의 강한 의지를 엿볼 수 있다.

■ 아이작 뉴턴 (1689)

이 책에 대한 나의 구상은 빛의 성질을 가설에 의해 설명
하는 것이 아니라 이성과 실험에 의해 문제를 제기하고 증
명하는 것이다.[7]*10

1703년에 발표된 최종판(제4판)의 중판(重版)에
는[7] 아인슈타인이 서문을 작성하였다. 여기에
그 내용의 일부를 소개한다.

그는 실험가, 이론가, 기계공 그리고 문장의 작성과 관련해서
는 예술가의 속성까지도 겸비하고 있었다.[7]*11

뉴턴이 저술한 이 두 가지의 서적에 의해 역학과 광학이라는 물리
학의 두 분야가 확립되었다. 뉴턴과 아인슈타인이 과학계의 쌍벽인

것은 분명하며, 물리학의 역사로부터 보더라도 둘 사이에는 역학과 광학의 양대 학문 분야에서 매우 밀접한 관계가 있다.

뉴턴 역학이 탄생한지 200년 이상이 지나서 처음으로 그 근본 원리가 수정되었으며, 그와 같은 수정을 이끈 것은 아인슈타인의 상대성 이론이었다. 또한 뉴턴은 빛이 '입자'로서 거동한다고 간주하며 다양한 빛의 현상을 설명하였지만, 동시대의 물리학자 로버트 훅(Robert Hooke, 1635~1703)은 빛이 '파동'이라고 주장하면서 이를 둘러싼 과학자들의 격렬한 논쟁이 있었다. 19세기에 들어와서 영국의 물리학자인 토머스 영(Thomas Young, 1773~1829)에 의해 실시된 이중 슬릿 실험을 통해 빛의 간섭 현상이 관찰되었으며, 이 실험 결과는 빛이 입자임을 부정하는 강력한 증거였다. 따라서 19세기는 「파동설」이 우위를 점하게 되며 뉴턴의 「입자설」은 원숭이도 나무에서 떨어질 때가 있다고 비유될 정도로 과학자들에게 인정받지 못하였다.

그러나 20세기에 이르러 아인슈타인이 제창한 광양자 가설이 계기가 되어, 빛은 입자의 성질과 파동의 성질을 겸비하고 있다는 상보성(이중성)이 과학자들의 지지를 얻게 되었으며 관련 이론이 확립되었다. 뉴턴의 역학을 수정한 것에 대해 아인슈타인은 노년에 저술한 자서전에서 다음과 같이 언급하고 있다.

> 뉴턴이여~ 나를 용서해 주십시오. 당신은 당신의 시대에서 최고의 사고력과 창의력을 가진 사람만이 겨우 가능했던 유일한 길을 발견한 것입니다. 당신이 창조한 개념은 물리학에 대한 우리들의 사고방식을 지금도 여전히 주도하고 있습니다.(8)※12

이쯤에서 뉴턴의 독창성을 이해하기 위하여 프리즘 실험에 관하여 살펴보기로 한다. 태양빛이 프리즘의 유리를 통과하면 여러 색으로 나뉜다. 이 현상을 주의 깊게 관찰하면 유리 내부의 굴절률이 빛의 파장*에 따라 달라지는 것을 알 수 있다. 문제는 그 다음에 있다.

프리즘을 사용하지 않더라도 비슷한 색을 볼 수는 없는 것일까? 그렇다! '무지개'이다. 무지개를 잘 관찰해보면 바깥 측에 조금 옅은 무지개가 보이는 경우가 있다. 이렇게 이중으로 무지개가 보이는 경우에, 각각의 무지개 색 배열이 정확히 거꾸로 되어있다는 것을 알고 있는가?

뉴턴은 자신의 저서 『광학』에서 왜 무지개가 보이는지를 명확하게 설명하고 있다. 게다가 '이중 무지개'에서의 색 배열에 관한 수수께끼까지도 단숨에 설명하였다. 비가 갠 후에 대기 중에 남아있던 작은 빗방울 하나하나가 프리즘으로서 기능을 하는 것이라 뉴턴은 생각했던 것 같다(아래 그림에 나타냄). 그렇게 하여 빗방울에서의 반사 방향이 두 종류로 존재한다는 것을 알 수 있었을 것이다.

이와 같은 뉴턴의 생각은 올바른 것이다. 이처럼 하늘에서 관찰되

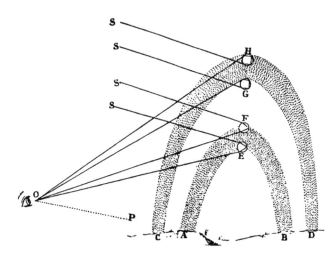

▌무지개에 관한 뉴턴의 설명. 태양으로부터의 평행광선 (S)가 공기 중의 빗물방울 (E~H) 중에서 굴절 및 반사하여 눈 (O)에 도달된 결과로, 동심원 형상으로, A로부터 B의 주무지개와 C로부터 D까지의 부무지개가 보인다. 자색 빛이 적색 빛보다 굴절률이 크기 때문에 E와 H가 자색으로, F와 G가 적색으로 보이며, 주무지개와 부무지개로 무지개 색깔이 늘어서는 순서가 거꾸로 된다는 것을 설명할 수 있다.[7]

는 현상과 프리즘 실험 사이에 유사성이 있다는 발상의 유연함은 정말이지 뉴턴답다. 하늘과 땅을 연결하는 창의력은 '만유인력'에서 시작하여 여기서도 유감없이 발휘되고 있는 것이다.

이와 같은 뉴턴의 창조적 업적은 많은 사람들에게 영향을 주었지만 막상 뉴턴 자신은 늘 고독했다. 뉴턴은 과학과 신학 모두를 믿었지만 인간은 믿지 않았던 것 같다. 『프린키피아』의 출판을 도와주었고 뉴턴의 만유인력 법칙을 기반으로 '핼리 혜성'의 출현을 예측했던 에드먼드 핼리(Edmond Halley, 1656~1742)와 같이 뉴턴을 열렬히 지지하는 과학자가 있기도 했지만, 뉴턴은 당시 지인들과의 과학적 논쟁으로 인해 더욱 더 고독해져만 갔다.

독일의 철학자이자 수학자인 고트프리트 빌헬름 라이프니츠(Gottfried Wilhelm Leibniz, 1646~1716)는 영국의 뉴턴보다 시기적으로 조금 늦게 미적분학을 구축했지만 뉴턴보다 먼저 발표함으로 인해 뉴턴의 노여움을 사게 되며, 이로 인해 독일과 영국 간 국가적 규모의 선취권 분쟁이 벌어지게 된다. 영국의 자연철학자이자 박물학자인 로버트 훅(Robert Hooke, 1635~1703)과 뉴턴 사이에도 논쟁뿐만 아니라 발견에 대한 선취권 분쟁 등 상당한 불화가 있었다고 알려져 있다.[9] 훅은 현미경으로 코르크*를 관찰하여 '세포(cell)'라는 기본 단위를 발견한 것으로도 유명하며 생물학의 기초와 관련된 연구 업적을 남겼다.

본 장의 서두에서 소개한 뉴턴의 말은 뉴턴이 죽기 직전에 남긴 말이라고 전해지고 있다. 많은 자연의 원리를 규명한 거장이 남긴 겸허한 말인 만큼 더욱 감회가 깊다. 뉴턴은 광대하고도 심오한 진리의 존재를 마음속에 확실하게 간직하고 있었을 거라고 생각된다. 당시의 과학은 진리라는 거대한 바다로 이제 막 배를 저어 나가던 상황이었으며, 지금과 비교하여 과학에 의해 규명된 것보다도 규명되지 않은 것이 압도적으로 많았던 상황이었다.

❙ 포도주나 샴페인 병마개로 제작되기도 하는 코르크나무의 겉껍질과 속껍질 사이의 두꺼운 껍질 층.

뉴턴은 케임브리지 대학 시절에 유클리드의 『원론(原論)』*과 데카르트의 '기하학'을 접한 후에, 심오한 수학의 세계에 매료되었다. 이러한 학업의 시간이 없었다면 뉴턴의 창조적인 업적도 없었을 것이다. 일본의 수학자인 후지와라 마사히코(藤原正彦, 1943~)는 다음과 같이 언급하고 있다.

> 어떠한 천재라 하더라도 무에서 유를 창조할 수는 없다. 반드시 견본이 필요하다. 인간의 머리는 그렇게 토대가 되어있다. 인류 최고의 지식인인 뉴턴에게 있어서도 그렇다. (중략) 역학에 관해서는 세 가지의 운동법칙 중 두 가지가 갈릴레이의 것이며, 천문학에 있어서는 22년에 걸친 초인적 관측과 믿을 수 없는 통찰력에 의해 케플러가 발견한 행성운동법칙 세 가지가 있다. 독립적인 세 분야(수학, 역학, 천문학)에서 각각 얻어진 모든 성과를 완전무결한 유기체로 통일시킨 것이 『프린키피아』이다.[10]

이처럼 뛰어난 창조력도 모방이 없이는 성립되지 않는다. 그러나 모방만으로는 결코 과학이 될 수 없다. 과학이란 새로운 지식을 창조하는 것이라는 것이 너무나도 명백하기 때문이다.

2.1 어떻게 연구해야 하는가?

연구자를 목표로 하고 있는 많은 사람들은 '무엇을(What) 연구해야 하는가?'가 가장 중요하다고 생각할지 모른다. 그러나 나는 그 전에 '어떻게(How) 연구해야 하는가?'라는 문제의식이 보다 더 중요하다고 생각한다.

과학적인 발상과 사고 및 문제를 발견하는 센스를 포함하여 이론적인 수법과 실험적인 손기술에서 볼 수 있는 기본적인 요점은 모든 분야에 공통된 것이다. 그런 의미에서 '어떻게 연구해야 하는가?'라는 생각과 방법론을 확고하게 몸에 익혀두면 어떤 분야의 연구라

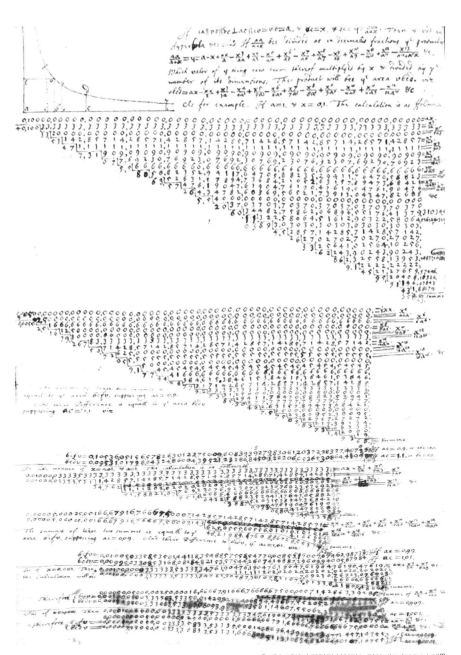

■ 대수 계산과 관련된 아이작 뉴턴의 메모 (1665년 경)[1]

도 가능하게 된다.

거꾸로 '무엇을 연구해야 하는가?' 만을 중시하게 되면, 어떤 특정 분야의 지식을 쌓은 후에 연구 분야가 바뀌게 되었을 때, 대다수의 연구자들은 처음부터 다시 해야만 할 것 같은 생각에 사로잡히게 된다. 그로 인해 새로운 발상과 타 분야로부터의 지식을 받아들이는 것에 주저하게 되며 동일 분야에만 안주해버릴지도 모른다. 때문에 먼저 'HOW'를 충분히 체득한 후에 'WHAT'을 생각하는 편이 더 좋다.

대학과 대학원에서 시작한 연구가 그 후 평생에 걸쳐 하게 되는 일의 연구 분야와 일치하게 된다면 큰 행운이겠지만 그렇지 않다 하더라도 실망할 것은 없다. 그 과정에서 '어떻게 연구해야 하는가?'를 배울 수가 있었다면 그것은 연구자에게 내재된 최대의 자산이 될 것임에 틀림없기 때문이다.

2.2 처음에는 모방, 그런 후에 창조

'어떻게 연구해야 하는가?'를 다르게 표현하면 모방의 단계이다. 그리고 '무엇을 연구해야 하는가?'는 창조의 단계에 해당한다. 이미 언급한 바와 같이 그 순서가 중요하다. 처음에는 모방, 그런 후에 창조이다.

폭넓게 과학 지식을 흡수하여 연구의 수단과 사고방식을 확실하게 모방한 후에 전문적인 분야에서 창조적인 연구를 수행하는 것이 바람직하다. 단, 모방을 한다 하더라도 수동적으로 정보에 접하는 것만으로는 자기 것이 되지 않는다. 자신이 흡수하기 쉽도록 알기 쉽게 설명할 필요가 있으며, 그러기 위해서는 역시 자기 나름대로 생각해야만 한다.

대학에서 강의 내용을 일방적으로 설명하는 것은 학생들을 수동적으로 만드는 것뿐이므로, 될 수 있으면 나는 학생에게 질문을 던져서 강의 중에 학생들이 생각할 수 있게끔 하고 있다. 그런데 학생에게 질문을 하면 앵무새처럼 같은 질문이 되돌아오는 경우가 종종 있다.

예를 들어, "페이너의 법칙(Fechner's law)이라는 것이 알려져 있습니다. 이 법칙에 의하면 감각으로 느끼는 크기는 자극 강도의 대수에 비례한다고 합니다. 그렇다면 이것은 어떤 경우에 도움이 됩니까?"라고 질문을 했더니, "그 말씀은 페이너의 법칙이 어떤 경우에 도움이 되는지를 의미하시는 것입니까?"라고 거꾸로 학생으로부터 반격을 당한 적이 있다. 거의 반사적으로 질문의 주도권을 빼앗고 나서, 그럼에도 생각하려고 하는 것처럼 보이지 않는 것이 그저 신기할 뿐이다. 질문을 확인하여 질문자에게 공을 되던지고 난 후에는 단지 상대가 어떻게 나오는지를 기다릴 뿐이다. 실제로 "그렇게 질문한 것입니다"라고 말하면 판에 박은 듯이 끝까지 잠자코 침묵을 지킨다. 답변을 할 때에도 "○○ 아닙니까?"라고 질문조로 되돌아오는 경우가 너무 많다. 너무나도 버릇없고 무례한 행동으로 보일지도 모르겠지만 이게 요즘 풍조이다.

언제나 수동적으로 기다리고만 있는 모방으로는 그 내용을 잘 흡수할 수가 없다. 앵무새가 내용을 이해하지 않은 채로 같은 구절을 반복하는 것과 같은 것이다. 반사적인 앵무새를 그만두고 지혜를 작동시켜야만 한다. "빛의 강도와 소리의 크기에 감각의 크기가 직접 비례하게 되면 곧바로 포화가 되어서 자연환경에 존재하는 넓은 범위의 자극에 대하여 적절히 대응할 수가 없습니다. 직접 비례가 아닌, 대수에 비례함으로 인해 동물이 환경에 적응하는 데 도움이 되고 있다고 생각합니다"라고 말하듯이, 자신의 생각을 확실히 말할 수 있도록 되었으면 한다. 그렇게 하면 새로운 지식이 확실하게 자신의 것이 된다.

일반적인 과학 교육을 받았다고 했을 때, 모방에서 창조로 이행하는 단계는 대학을 졸업하는 시기부터 대학원에 걸쳐서 찾아온다. 최신의 과학 잡지를 읽었을 때 '무엇이 새롭게 이해되었는지'와 '무엇이 아직 이해되지 않고 있는지'가 머릿속에 들어오게 되는 시기이기도 하다. 자신의 힘으로 무엇인가 새로운 최첨단 연구를 해보고 싶어지기도 하는데, 실제로 연구를 시작해 보면 어려움과 동시에 보람도 느끼게 된다. 이것은 창조적인 능력이 고조되어 새로운 발견을 할 준비가 갖추어지고 있다는 증거이기도 하다. 또한 '즐거워하고 있는 어린아이'인 동시에 '진리의 거대한 바다'로 노를 저어가며 꿈에 부풀어있는 시기이기도 하다.

2.3 연구의 시작은 모방으로부터

뉴턴을 포함하여 어떤 과학자라도 시작이 학생인 것에는 변함이 없다. 학생 시절에 가장 중요한 것은 과학적 연구에 필요한 '기초 학력'*을 몸에 익히는 것이다. 스포츠에 비유한다면 특정 종목에 필요한 근력 트레이닝에 앞서 갖추어야 하는 '기초 체력'에 해당된다.

▌학교교육 등의 학습이나 훈련에 의하여 획득한 지적(知的) 적응능력.

과학의 기초 학력을 습득하기 위해서는 초등학교의 고학년부터 중·고등학교를 거쳐 대학교까지 10년이 넘는 긴 기간이 필요하다. 처음에는 수동적인 학습에서 시작하여 점차 자주적인 학습으로 이행되어 가는 것이 그 기간 동안에 일어나는 변화이다. 물론 처음부터 자기주도적인 공부가 가능한 사람도 있지만 수동적인 학습을 전혀 받지 않은 경우는 드물다.

이 시기에 가장 중요한 것은 과학 지식뿐만 아니라 그 방법과 사고방식을 포함하여 '모방'하는 것이다. 모방의 대상이 되는 주제가 그 후의 연구에 반드시 직결될 필요가 있는 것은 아니다. 대학의 학부 시절 때에는 내 스스로의 흥미에 의해 아인슈타인의 일반상대성

이론을 공부했는데, 현재 나의 전문 분야인 언어뇌과학과는 전혀 관계가 없더라도 자연계의 진리 중 하나에 접할 수가 있었기에 좋은 경험이었다고 생각한다.

의과대학의 생리학 교실에서 뇌과학을 배웠을 때에는 인간이 만든 전자기기와 컴퓨터의 작동 원리를 이해하지 못하고서는 자연이 만든 뇌의 원리는 결코 이해할 수 없다고 배웠다. 이것은 전자회로와 프로그램 제작을 통해 제어시스템의 기본 원리를 충분히 배우고, 뇌의 단순화된 모델로서 우선 컴퓨터를 모방하는 것이 뇌과학의 기초가 된다는 것이다.

창조를 위한 모방을 계속하는 한 과학자는 학문 앞에서 영원히 학생이다.

> 미국의 어느 만찬장에서 그는 (아인슈타인으로 추정됨) 18세 소녀의 옆자리에 앉아 있었다. 둘 사이의 대화는 잘 이어지지 않았는데, 그런 와중에 소녀가 질문을 했다. "당신의 진짜 직업은 무엇입니까?" 그러자 "나는 물리학 공부를 하고 있습니다."라고 백발의 과학자는 대답하였다. "그 연세에 아직도 물리학을 공부하고 계신다고요!"라고 소녀는 놀라서 눈을 휘둥그렇게 뜨면서 말했다. "저는 일 년 전에 끝마쳤는데요."[11]

2.4 언어에 있어서의 모방과 창조

창조성은 언어와 마찬가지로 인간만이 갖추고 있는 능력이다. 언어에 사용되는 단어는 모방에 의해 외울 수밖에 없다. 그러나 문법에 따라 단어로부터 문장을 만드는 과정은 창조적이다.[12] 이것은 앵무새나 원숭이와 같이 흉내 내는 것으로는 결코 몸에 익힐 수 없는 능력인 것이다.

미국의 언어학자인 노암 촘스키(Noam Chomsky, 1928~)는 모방에 기반을 둔 학습 및 기억의 작용 원리와 구조만으로는 인간의 언어능력이 설명되지 않는다는 것을 일관되게 주장해 왔다. 자극과 반응을 결부시키는 것만으로 행동 전체를 설명하려고 하는 심리학의 행동주의는 인간의 언어능력에서 나타나는 창조성을 전혀 설명할 수가 없는 것이다.

촘스키의 학설에 의하면, 인간의 독특한 능력은 '재귀적(再歸的) 계산'에 있다.[13] 재귀적 계산이란 임의의 수에 1을 더하고, 그 결과에 다시 1을 더하고, 그 결과에 또 다시 1을 더하고……, 이런 방식으로 얼마든지 큰 수를 만들 수 있는 계산이다. '마트료시카'라고 불리는 러시아의 전통 목각 인형이 있다. 이 인형 안에는 크기가 다른 여러 개의 인형이 중복해서 들어있는데, 이 인형처럼 크기가 바뀌어도 동일한 구조와 법칙이 재귀적 계산에는 나타나는 것이다. 수학적으로는 한 가지 조작의 반복에 의해 나타나는 기하학적 구조를 '프랙탈(Fractal)'이라고 부르며, 대수적인 구조는 '재규격화군(Renormalization group)'에 의해 기술된다.[14]

인간의 언어는 분명히 그와 같은 성질을 가지고 있다. 실제로 문장으로부터 단어와 의미를 제거한 후에 남는 골격 부분은 가지를 치는 나무처럼 프랙탈 구조를 취하고 있다. 언어가 창조력 입문의 근원일 가능성이 있는 것이다.

2.5 음악에 있어서의 모방과 창조

모방으로부터 시작되는 것이 과학과 언어에 한정된 것은 아니다. 전통 예술은 물론이고, 음악, 회화, 글쓰기에 이르기까지 예술가의 개성이 꽃피기 전에 소위 '밑바닥 시절'이라고 하는 시기가 있다.

작곡가 베토벤은 자신이 태어난 도시인 본에서 습작 시절을 보냈으며 이 시기에 수많은 변주곡을 써서 남기고 있는 것도, 선인의 악곡을 주제로 하여 모방한 후에 이것을 변형시켜 가는 것에 의해 자신의 창조력을 확실하게 구현시켰던 것은 아닐까라고 추정된다.

덧붙여 말하면, 베토벤은 작곡에 대해 매우 꼼꼼하여 빈틈이 없었던 것으로 알려져 있는데, 이와 같은 그의 작곡가 기질은 대작에 몰두하기에 앞서 먼저 작은 규모의 곡을 만들어 보았던 그의 작업 방법에서도 엿볼 수가 있다. 예를 들면, 작품 61 바이올린 협주곡(1864) 이전에 작품 40과 50의 바이올린과 오케스트라를 위한 로망스(1798~1802)를 작곡하였다. 또한 제9교향곡(1818~1824)과 같이 오케스트라에 '합창'을 도입한 독창적인 시도에서도 이미 작품 80의 합창환상곡(1808~1809)에 '환희의 노래'의 바탕이 된 멜로디를 사용하였었다. 이처럼 주도면밀한 동시에 작품 1의 피아노 삼중주곡과 작품 2-1의 피아노 소나타 제1번인 초기 작품을 시작으로 작곡가로서 세상에 진출하려고 하는 베토벤의 기백이 넘쳐흐르고 있다.

음악 연주는 모방에서 창조로 이행하는 과정을 확실히 나타내는 전형적인 예술이다. 작곡가가 남긴 악보에 근거하여 그 의도와 예술성을 악기 연주를 통해 표현하기 때문에 '재현 예술'이라고 불린다. 많은 연주가가 확립된 스타일을 모방하여 악보에 충실하게 연주하는 것으로부터 연습은 시작된다. 이것을 어떻게 창조적인 연주로 만들어 갈지는 음악가 한 사람 한 사람 개인의 주제이다. 개성적인 표현을 너무나도 중시한 나머지 '연주가는 자신의 악보를 가져야만 한다'는 풍조 아래서 지휘자의 독단에 의해 원본에는 없는 부분이 추가되는 경우도 과거에는 있었다.

음악이 친숙하지 않은 사람은 출판사에 따라 악보가 크게 다르다는 사실에 틀림없이 놀랄 것이다. 주법 기호와 강약 기호는 물론이고 음표마저 다른 경우도 적지 않다. 악보라 하더라도 작곡가의 자필 악보부터 시작하여 복사 악보, 초판 악보, 개정 악보, 파트 악보에 이르기까지 많은 종류가 있으므로 어떤 버전을 선택하는가에 따라 분명한 차이가 나타난다. 게다가 악보를 교정하는 사람이 원본의 불완전한 부분을 보완하거나 연주에 필요한 지시를 추가하거나 하면 상황은 더욱 복잡해진다. 개정 악보에서는 초판 악보에 존재하는 오류가 수정되기도 하지만 한편으로는 새로운 오류가 추가될 위험성도 있다. 일본의 대형 출판사에서 출간된 악보에 'Adagio'*라는 표기가 잘못 기재되어 전혀 반대의 의미인 'Agitato'*로 기재되어 있는 것이 발견된 경우도 있다.

최근 음악학적 연구의 진보로 인해 자필 악보와 초판 악보는 물론이고 작곡가의 교정 기록 등 복수의 자료를 구사하여 원곡 판의 악보를 만들 수 있게 된 것은 굉장한 일이다. 여기에 덧붙여 최근에 대유행인 고전 악기 연주에 의해 클래식 음악을 가능한 한 당시의 악기와 연주법으로 충실하게 재현하는 것이 가능해졌다. 이와 같은 충실한 모방에 의해 귀에 익은 명곡이 신선한 음향을 되찾으며 새로운 창조의 세계를 개척해 나가고 있는 중이다.

2.6 만유인력의 창조적 발상

만유인력을 예로 들어 과학에 있어서의 창조적 발상에 관해서 생각해보기로 하자. 뉴턴이 정원에서 사색에 잠겨 있다가 나무에서 사과가 떨어지는 것을 보고 만유인력을 발견했다는 일화는 너무도 유명하다. 그러나 사과뿐만 아니라 물체가 지면에 떨어지는 것은 당연한 것이다. 아주 먼 옛날부터 지상의 물체에 아래쪽으로 향하는 힘이 작용하고 있다는 것은 널리 알려져 있었음에 틀림없다. 그렇다면 왜 '나무에서 사과가 떨어진 것'이 뉴턴에게 결정적이었던 것일까?

아마도 뉴턴은 달이 왜 지구로 떨어져 내리지 않는가를 생각하고 있었기에, 실제로는 달도 사과와 마찬가지로 지구가 끌어당겨 떨어지고 있다는 것을 깨달았을 것이라고 추정된다. 달이 지구에 떨어져 내려 충돌하지 않는 이유는 지표에 평행한 방향으로 속도를 가지기

∥ Adagio
음악에서 '천천히' '매우 느리게'를 뜻하는 빠르기 말. 안단테와 라르고 사이의 느린 빠르기를 이르는 말이다. 또 이 느린 빠르기로 쓰여진 소나타나 교향곡 등의 느린 악장도 아다지오라고 한다.

∥ Agitato
음악에서 악곡을 격하게 급속히 연주할 것을 지시하는 말. 원말은 이탈리아어로 '격하게' '급속히' '흥분해서'의 뜻이다.

때문이다.

힘껏 공을 던지면 멀리 날아간다. 물론 투포환 선수가 던진다면 훨씬 멀리 날아갈 것이다. 대포를 사용하여 공을 수평으로 쏘면 지면에 거의 스칠 정도로 아슬아슬하게 날아가다가 어느 순간 지면에 떨어질 것이다. 그런데 지구는 둥글다. 적당한 초속으로 공을 쏘아 올리면 지상에 떨어지지 않고 지구 둘레를 계속해서 회전하지 않을까? 그렇게 되면 동일하게 원형의 궤도를 그리고 있는 달도 역시 지구가 끌어당기고 있는 것이라 할 수 있다. 이것이 만유인력이다.

▌1702년의 뉴턴

이와 같이 하늘과 땅을 묶는 발상은 인간이 체험했던 가장 신비적인 하늘의 계시 중 하나이지 않았을까. 제1장의 서두에서 소개한 아인슈타인의 말도 이와 같은 계시와 관련되어 있다고 생각된다.

이쯤에서 응용문제를 하나 내어본다. 우주왕복선의 내부가 무중력이라는 것은 텔레비전의 영상을 통해 널리 알려져 있는 사실이다. 그렇다면 우주왕복선의 내부는 왜 무중력인 것일까?

이 글을 읽고 있는 독자는 혹시라도 우주왕복선이 비행하고 있는 곳이 우주공간이기 때문에 우주왕복선의 내부가 무중력이라 생각하고 있는 건 아닌지 모르겠다. 실제로 우주왕복선이 움직이고 있는 곳은 기껏해야 180~700km 정도의 상공이다. 그쯤의 고도에 작용하는 지구의 인력은 지상에 작용하는 중력의 95~80% 정도이므로 결코 '무중력'이라고 말할 수 없다.

그렇기에 무중력 상태인 것은 우주왕복선의 외부가 아닌 내부라는 것을 알 수 있다. 다음과 같은 '사고(思考) 실험'*이 이해에 도움이 될 것이다. 만약 승강기를 매달고 있는 줄이 끊어져서 승강기가 자

▌사물의 실체나 개념을 이해하기 위해 어떤 상황을 가정하고, 그 상황 속에서 특정 주체가 어떻게 행동하는지에 대해 기술하는 방식.

61

유낙하하기 시작하면 승강기 안에 있는 모든 물체는 승강기와 같은 속도로 낙하하게 된다. 이때 승강기 안에 있는 사람은 갑자기 무중력 상태가 된 것처럼 느끼게 되는 것이다.

우주왕복선의 내부도 자유낙하하고 있는 승강기와 동일한 이유로 무중력 상태가 되는 것이며 우주왕복선도 실제로는 지구에 떨어지고 있는 것이다. 우주왕복선이 지구에 충돌하지 않는 실제 이유는 지표면과 평행인 방향으로 속도를 가지기 때문이며, 이건 달이 지구에 떨어져 내리지 않는 이유와 동일한 것이다.

2.7 선두를 목표로 하여

스포츠 세계에서는 세계 신기록이 계속되어 경신되고 있는데, 이것은 매우 놀라운 일이다. 인간의 몸은 수십 년간 그렇게 진화될 리가 없는데 선배들이 필사적으로 도전하여 수립한 신기록을 그 후배 선수들이 어떻게 그렇게 경신할 수 있는 것일까? 기록 경신과 함께 선두를 목표로 하는 사람들은 모두 초인인 것일까?

그 한 가지 이유로 스포츠 의학(과학)이 최근에 크게 진보했다는 것이 거론되고 있다. 선수가 최상의 컨디션을 유지할 수 있도록 코칭스태프*는 최선을 다해 선수를 관리하며 지도를 한다. 물론 근육증강제와 흥분제 등의 약물을 사용하는 도핑은 부정행위로서 엄격히 금지되어 있기 때문에 어디까지나 자연스럽게 훈련을 조금씩 쌓아가는 수밖에 없다.

이걸 모방하여 코칭스태프가 연구팀에 참가하여 매일 매일의 식사 메뉴까지도 신경써준다면 연구자도 사람들이 깜짝 놀랄만한 새로운 발견을 할 수 있을지 모른다. 실제로 그런 코칭스태프가 연구자의 가족 중에 있다면 그건 행운이라고 할 수 있다. 최첨단의 과학적 연구에 있어서도 선인들이 필사적으로 한계에 도전하여 달성한

▌감독과 코치 외에 트레이너, 건강관리사, 영양사, 심리치료사 등.

발견을 그 뒤를 잇는 연구자들이 뛰어넘고 있기 때문에, 운동선수가 매일 매일의 훈련을 통해 근력을 유지하는 것과 마찬가지로 연구자들도 연구자로서의 두뇌력과 체력을 쇠퇴시켜서는 안 된다. 연구실의 지도자는 코치와 동일한 역할을 하고 있는 것이기에, 연구한다는 것은 선두를 목표로 하여 마치 이인삼각(二人三脚) 경기처럼 함께 전진하는 것이라 할 수 있다.

내가 가장 좋아하는 말은 '궁극(窮極)'이다. 궁극이란 사물을 끝까지 깊이 연구하여 정점에 도달한다는 의미이다. 궁극의 이론은 일체의 군더더기가 없으며 보편적인 설명이 가능하게끔 하는 이론이다. 궁극의 연구는 선두를 목표로 하여 가능한 데까지 전력을 다해보자는 것이다. 여기에는 어중간하게 포기하거나 타협하려고 하지 않는다는 엄격함은 물론이고 본질이 가진 깊이와 높이가 있다.

생활 속 모든 면에서 궁극을 지향한다는 것은 애당초 성사되지 않을 무리한 일이다. 그러나 연구나 취미와 같이 극히 한정된 세계에서는 시도해볼 만한 가치와 의미가 있으며 보람도 있다. 문제는 어느 방향으로 궁극을 지향할지이다. 예술이 궁극의 아름다움을 완성시키려고 하듯이 연구는 궁극의 진리를 밝혀내는 것이 목표이다. 할 수 있는 최선을 다하고 미지 문제의 본질을 규명하려고 노력하는 것이다. 과학적 연구의 발전은 선두를 목표로 하는 연구자 개인이 궁극을 지향하는 것에 달려 있다.

2.8 연구에 왕도는 없다

이공계의 교육과정에는 실험 실습과 이론적인 문제를 푸는 연습이 상당한 시간을 점하고 있다. 그렇다면 인문계 환경에서 자란 학생이 새로운 결심을 하고 과학적 연구를 목표로 하는 것은 가능한 것일까?

고등학교부터 대학원까지 10년 이상의 긴 기간에 걸쳐 실시되는 과학 전문 교육과정을 단기간에 그것도 한 번에 극복할 방법이 있다면, 벌써 이공계에서 채택되었을 것임에 틀림없다. 인문계 학생이 이공계로 전과하기 위해서는 그만큼의 시간과 각오가 필요하다. 유클리드는 "기하학에 왕도는 없다"라고 말했다고 하는데, 연구에도 왕도나 지름길은 없다. 이것은 일본의 물리학자로 노벨 물리학상을 수상한 도모나가 신이치로의 말에도 잘 나타나 있다.

> 자연과학 연구에 관한 나의 경험은 모든 것에 지름길이 없다는 것을 내게 가르쳐 주었다. 하나씩 하나씩 쌓아가는 노력을 게을리 하지 않으며, 싫증내지 않고 해나가는 것이 가장 확실한 방법이며, 그것이 가장 빨리 목적에 도달하는 길임을 나는 믿고 있다.[15]

2.9 운(運)·둔(鈍)·근(根)

연구뿐만 아니라 큰 규모의 사업이 성공하기 위하여 필요한 세 가지 요소로, 일본에서는 옛날부터 '운(運)·둔(鈍)·근(根)'이 전해져오고 있다.[16] 과학자의 전기를 읽으면 그 사람의 인품에 대한 운·둔·근을 엿볼 수 있다.

'운'이란 행운(기회)을 말하며 가장 마지막에 기댈 수 있는 신의 가호이기도 하다. 진인사대천명(盡人事待天命)이라는 말이 있듯이, 인간이 가지고 있는 모든 지식을 동원하여 할 수 있는 모든 노력을 다한 후에 기다리면, 거꾸로 인간의 힘이 미치지 못하는 운의 영역이 나타나게 된다. 할 수 있는 노력을 하지 않고 멍하니 기다리고만 있어서는 기회를 그냥 보내버리는 것이 고작이다. 운이 운이라는 것을 아는 것도 실력인 것이다.

'둔'이란 칼날이 잘 들지 않고 무디다는 것이다. 마지막으로 '근'

은 끈기를 말한다. 도중에 포기하지 않고 끈기를 가지고 자신이 납득할 때까지 한 가지를 계속해나가는 것도 연구자에게는 중요한 재능이다. 논문을 완성시키기까지 내가 겪었던 수많은 고생을 떠올리면 그저 "끝까지 포기하지 않을 거야!"라는 말 이외에는 달리 표현할 길이 없다. 따지고 보면 산 정상을 목표로 하는 등반이나 결승점을 목표로 하는 마라톤과 동일한 것이다.

2.10 왜 '둔'일까?

그럼 왜 '둔'이 성공으로 이어지는 것일까? 바이러스 감염에 대한 박테리아의 저항력은 잘 조절된 변화가 아닌 무작위적인 돌연변이에 의해 형성된다. 이 사실을 알아낸 공로로 노벨 생리학·의학상을 수상한 독일 출신의 미국 생물학자인 막스 루트비히 헤닝 델브릭(Max Ludwig Henning Delbrück, 1906~1981)은 '한정된 대충대충의 원리(The principle of limited sloppiness)'가 과학적 발견에 필요하다고 언급하고 있다.

> 만일 당신이 너무나도 대충대충 연구하는 사람이라면 결코 재현성이 있는 결과를 얻지 못할 것이며, 결코 결론도 내릴 수 없을 것입니다. 그러나 당신의 연구에서 대충대충 적당히 하는 부분이 극히 조금이라면, 무엇인가 당신을 놀라게 하는 결과와 마주쳤을 때에 (중략) 그것을 명확하게 하기 바랍니다.[17]※13

다시 말해, 예상외의 상황이 조금이라도 일어날 수 있도록 하는 적당한 정도의 '대충대충'이 중요하다는 것이다. 이처럼 조금은 둔하며 조금은 정신을 놓고 있는 것이 성공으로 이어지는 이유를 몇 가지 생각해 보고자 한다.

첫째, '앞으로 일어날 일이 잘 예측되지 않는 것이 좋다'는 것이다. 머리가 좋아서 앞일이 너무 잘 예측되면, 결과의 시시함과 고생할 생각으로 머릿속이 꽉 채워져 좀처럼 한 발을 내딛기가 어려워지기 때문이다.

둘째, '외고집'이다. 연구밖에는 능력이 없는 사람이 외고집으로 한 길에 매진하여 대성하기 쉽다는 것이다. 누구에게나 사용할 수 있는 시간은 한정되어 있다. 재능이 명하는 대로 소설을 쓰거나 스포츠에 열중하거나 하면서 여러 가지에 손을 대버리면 한 가지 재주에 뛰어날 틈도 없이 시간이 지나버린다. 뇌과학 분야에서 나의 은사이신 미야시타 야스시(宮下保司) 교수님은 완고히 실험실에 틀어박혀 연구하는 방식을 고수하였는데, 나도 늘 그러한 방식을 의식하고 있다.

셋째, '주변 분위기에 휩쓸리지 않는다'는 것이다. 제 떡보다 남의 떡이 더 커 보인다는 속담처럼 다른 연구실은 즐거운 것처럼 보이고 다른 사람의 연구는 잘 진행되고 있는 것처럼 보이는 경향이 있다. 아울러 과학의 세계에도 유행을 타는 것이 있다. '자신은 자신, 타인은 타인'이라고 분명하게 결론짓고, 타인의 일에는 신경 쓰지 않으며 유행을 좇는 것에 둔감해지는 것이 차분하게 자신의 일에 몰두하면서 자신의 아이디어를 마음껏 펼쳐 볼 수 있게 되는 것이다.

넷째, '느린 걸음과 딴 짓하며 시간 보내는 것을 마다하지 않는다'는 것이다. 연구를 하는 도중에는 수수하고 세련되지 않은 단순 작업이 끝없이 이어지는 경우가 있다. 연구는 결단코 효율이 전부가 아니다. 시행착오와 허탕은 연구에 필수적으로 동반되는 것이다. 연구가 순조롭게 진행되지 않으면 애써서 시작한 연구를 중도에 내던져버리고 싶은 욕구에 직면하게 된다. 그렇다고 해서 성과를 얻는 것을 최우선 목표로 하여 속도와 효율만을 추구하게 되면, 대발견의 싹이 될 만한 실마리가 우리 눈앞에 있음에도 불구하고 그냥 놓쳐버릴 수 있다는 것을 주지할 필요가 있다. 일본의 과학자이자 문필가인 데라다 도라히코(寺田寅彦, 1878~1935)는 노년에 다음과 같이 언급하고 있다.

소위 머리가 좋다는 사람은, 말하자면 걸음이 빠른 여행자와 같은 사람이다. 남보다 먼저 남이 가지 않는 곳에 갈 수 있는 대신에, 길가나 평범한 샛길에 있는 중요한 것을 간과할 우려가 있다. 머리가 나쁘고 걸음이 느린 사람이 훨씬 뒤에서 늦게 도착하여 까닭도 없이 그 중요한 보물을 주워가는 경우가 있다. (중략) 머리가 좋은 사람은 비평을 잘할 수는 있지만 실제로 행동으로 옮겨서 무언가를 하는 것에는 서툴다. 모든 행위에는 위험이 따르기 때문이다. 다치는 것을 두려워해서는 목수가 될 수 없다. 실패를 무서워하는 사람은 과학자가 될 수 없다. (중략) 자신이 똑똑하며 머리가 좋다고 생각하는 사람은 교사가 될 수는 있어도 과학자가 될 수는 없다. 과학자란 인간의 머리가 가지는 능력의 한계를 자각하면서 대자연 앞에 어리석은 자신의 알몸뚱이를 내어 놓고 그저 대자연의 직접적인 가르침만을 경청하는 각오가 있어야만 비로소 될 수 있는 것이다. 그러나 그것만으로 과학자가 될 수 없는 경우도 물론 있다. 역시 관찰과 분석 및 추리가 정확하고 빈틈이 없어야 한다는 것은 말할 필요도 없다. 다시 말해, 머리가 나쁜 동시에 머리가 좋아야만 한다는 것이다.[18]

이렇듯 일부러라도 '둔'에 충실하고 실패를 무서워하지 않는 것이 과학자에게는 필요하다. 과학이란 '미지에 대한 도전'이라고 할 수 있는 최대의 모험이기 때문이다.

2.11 연구자에게 필요한 '운·둔·근·감'

일반론으로서의 '운·둔·근'에 더해 연구자에게 필요한 '감(感)'에 관하여 이야기하고자 한다.

'감'이란 과학적 사고의 센스이며 우아한 해결책을 찾아내는 후각이라고 말할 수 있는 직감이자 '번뜩이는 영감'이다. 경험으로 뒷받침되는 직감*에 의해 난제를 해결하는 것은 연구에 있어서 최대의 묘미이다. 이러한 직감은 실제로 연구를 체험하면서 현장에서 터득할 수밖에 없으며 현장에 있지 않으면 곧바로 둔감해진다. 물론 형사의 직감 이외에도 끈질기게 잠복할 수 있는 능력과 집중하여 미행할 수 있는 능력이 필요하다.

'둔'은 설명의 과정을 의식적이고도 논리적으로 분석하여 이해를 하는 반면에 '감'은 직감적인 이해의 방식을 취한다. 99%가 땀 흘려 얻는 것이라 하더라도 나머지 1%의 직감이 필요한 것이다. '명인의 감'이라는 것도 처음부터 보고 있으면 신들린 것처럼 느껴지는 이유이다. 이와 같은 의미에서 '감'이란 미지의 어둠을 밝히는 탐조등이다. 그리고 이러한 '감'이야말로 연구자에게 필요한 궁극의 능력이기도 하다. 이와 같은 연구의 센스에 관해서는 제4장에서 더욱 심도 있게 생각해보기로 한다.

2.12 논리를 넘어선 괴로움

유전학 분야에서 나의 은사이신 호타 요시키(堀田凱樹) 교수님의 말을 소개한다.

> 과학자는 논리적이어야 하지만 논리를 쌓아 올리는 것만으로는 충분하지 않다. 착실한 준비를 한 후에, 논리를 넘어서는 신념과 실행력이 필요하며 그렇게 했을 때 비로소 행운의 여신이 미소를 짓는 것이다. (중략) 수재라는 것은 성공을 위해 필요한 것도 아니고, 성공하기 위해 수재만으로 충분한 것도 아니다.[19]

과학에 있어서 모방이란 기본적으로 쌓아올려진 논리이며 예측가능한 범위에 존재한다. 이와는 대조적으로, 과학적인 창조란 '논리를 넘어서는' 것으로 예측을 뒤집는 발견에 도달하는 것이다.

일본의 기예(技藝)에는 전통을 몸에 익힌 후에 독자적인 길을 터득하는 것을 일컫는 '수파리(守破離)*라고 하는 말이 있다. 이 말의 의미처럼 모방에 의해 지금까지의 연구를 지키면서, 그것을 파괴한 후 창조의 힘에 의해 그것으로부터 멀어지는 것이 가능하다면 '논리를 넘어선' 것이 된다.

그러나 연구자는 언제나 좋은 생각이 연이어 떠올라 가볍게 논리를 넘어설 수 있는 것이 아니다. 오히려 몹시 괴로워하거나 확신에 이르기까지 고민하는 시간이 압도적으로 길 것이다. 혁명적인 이론을 만들어 낸 아인슈타인은 노년에 다음과 같이 언급하고 있다.*

> 당신은 내가 평생을 통하여 한 일을 뒤돌아보았을 때 조용히 만족하고 있을 거라고 상상할지도 모릅니다. 그러나 저에게는 전혀 다르게 보입니다. 확고하다고 스스로 확신할 수 있는 생각은 하나도 없고, 애초부터 올바른 방향으로 나아갔던 것인지조차 저에게는 분명하지 않습니다.[20]※14

이것은 본 장의 서두에 인용한 뉴턴의 말과 비슷한 심정으로 아인슈타인이 자신의 속마음을 얘기하고 있는 것으로 보인다. 아인슈타인도 뉴턴과 마찬가지로 과학에는 더욱 진보할 여지가 있다는 확신을 가졌음에 틀림없다. 논리를 넘어선 창조의 산고(産苦)가 거기에 있는 것이다. 과학은 완성이 없는 예술이다.

▌수파리(守破離)는 불교 용어에서 건너와 무도 수행의 단계를 표현하는 말로 정착되었다. '수(守)'란 '가르침을 지킨다'라는 의미. 스승의 가르침을 받들어 정해진 원칙과 기본을 충실하게 몸에 익히는 단계를 말한다. '파(破)'는 원칙과 기본을 바탕으로 하면서도 그 틀을 깨고 자신의 개성과 능력에 의존하여 독창적인 세계를 창조해 가는 단계이다. 그렇지만 이 시기의 수련은 다분히 의식적이고 계획적이며 작위적인 수준에서 행해지는 것이 특징이다. 다음 단계인 '리(離)'는 파의 연속선상에 있지만, 그 수행이 무의식적이면서도 자연스러운 단계로 질적 비약을 이룬 상태이다. 자신도 모르게 '파(破)'를 행하되, 모든 면에서 법을 잊지 않고, 규칙을 벗어나지 않는 경지에 이름을 뜻한다. 즉 수련의 최후단계이다.

▌루마니아의 철학자이자 수학자인 마우리스 솔로빈(Maurice Solovine, 1875~1958)에게 보낸 1949년 3월 2일자 편지에서.

69

참고문헌

1. R.S. Westfall, Ed., Never at Rest-A Biography of Isaac Newton, Cambridge University Press (1980)

2. I・ニュートン (中野猿人訳・注)『プリンシピアー自然哲学の数学的原埋』講談社 (1977)

3. I・ニュートン (川辺六男責任編集)『世界の名著31 ニュートン』中央公論社 (1979)

4. I. Newton (A new translation by I. B. Cohen and A. Whitman, assisted by J. Budenz), The Principia: Mathematical Principles of Natural Philosophy, University of California Press (1999)

5. I・ニュートン (田中一朗訳)『科学の名著6ニュートン』朝日出版社 (1981)

6. I・ニュートン (島尾永康)『光学』岩波文庫 (1983)

7. Sir I. Newton, Opticks: or, A Treatise of the Reflections, Refractions, Inflections and Colours of Light, Based on the Fourth Edition London, 1730, Dover Publications (1979)

8. P. A. Schlpp, Ed., Albert Einstein: Philosopher-Scientist, Open Court (1969)

9. 中島秀人『ロバート・フックーニュートンに消された男』朝日新聞社 (1996)

10. 藤原正彦『心は孤独な数学者』新潮文庫 (2001)

11. C・ゼーリッヒ (広重徹訳)『アインシュタインの生涯』東京図書 (1974)

12. 酒井邦嘉『言語の脳科学脳はどのようにことばを生みだすか』中公新書 (2002)

13. M. D. Hauser, N. Chornsky and W. T. Firch, "The faculty of language: What is it, who has it, and how did it evolve?", Science, 298, 1369-1379 (2002)

14. 江沢洋, 渡辺敬二, 鈴木増雄, 田崎晴明『現代物理学叢書くりこみ群の方法』岩波書店 (2000)

15. 松井巻之助 (編)『回想の朝永振一郎』みすず書房 (1980)

16. 小澤征爾, 広中平祐『やわらかな心をもつーぼくたちふたりの運・鈍・根』新潮文庫 (1984)

17. E. P. Fischer and C. Lipson, Thinking about Scietace - Max Debrace and the Orgins of Motectar Biology, W. W. Norton (1988)

18. 寺田寅彦『寺田寅彦全集 文学篇 第四巻―随筆四』岩波書店 (1950)

19. 堀田凱樹『堀田凱樹が選ぶ9月の本・映像』JST News 2 (No. 6), p. 16 (2003)

20. A. Einstein, Letters to Solovine, Citadel Press (1987)

연구자의 철학

- 어떻게 자신을 연마할까? -

만약 당신 홀로 이 세상 누구와도 완전히 다르다고 한다면,
당신은 자신의 정신이 이상해졌거나 정상이 아님에 틀림없다고 생각할 것입니다.
당신이 다른 사람들과 무언가 다르다는 것을 말하고 있다는 사실에 지지 않으려면
강한 자아가 필요합니다.[1]※15

에이브럼 노암 촘스키(Avram Noam Chomsky, 1928~)

제3장
연구자의 철학
- 어떻게 자신을 연마할까? -

촘스키는 과학 발전에 큰 공헌을 한 언어학자 중의 한 명으로 현재의 인간관을 독창적으로 확립하였다. 생성문법이론 등과 같은 혁명적인 언어 이론을 통해 인간에 관한 과학으로서의 언어학을 추구하여, 인간 언어의 보편성과 특이성을 규명하였다.

또한, 촘스키는 사회평론가로서도 널리 알려져 있다. 미국 정부의 패권주의를 둘러싼 정치와 미디어에 대한 그의 통렬한 비판의 근저에는 언제나 흔들림 없는 '평화 사상'이 있었다. "될성부른 나무는 떡잎부터 알아본다"는 말이 있듯이 촘스키가 최초로 발표한 문장은 그가 열 살 때 학교 신문의 사설로 쓴 스페인 내전의 비판이라고 한다.

평화 사상 때문인지는 몰라도 촘스키가 특히 존경했던 인물은 영국의 수학자이자 철학자로 노벨 문학상을 수상하였고, 2차 세계대전 이후에 핵무기 반대 운동의 지도자가 된 버트런드 아서 윌리엄 러셀(Bertrand Arthur William Russell, 1872~1970)이었다. 촘스키의 깊은 지식과 통찰은 보통 사람은 흉내 낼 수 없는 독서량에 의해 뒷받침되며, 촘스키를 뛰어넘으려 하는 사람은 먼저 그 독서량을 능가해야만 한다고 알려져 있을 정도다.

촘스키의 저작은 언어학과 사회평론의 두 분야에 걸쳐 있으며 단행본만으로도 족히 100권을 넘는다. 촘스키 이외의 사람이 쓴 입문서로는 데이비드 콕스웰(David Cogswell)의 저서[2][3]를 추천하며, 네일 스미스(Neil Smith)가 저술한 해설서는[4] 특히 문헌 목록이 보배이다.

촘스키는 미국 펜실베이니아주의 필라델피아시에서 태어나, 히브리어 교사였던 아버지의 영향을 받아 열 살 때에 이미 언어학을 접하였다. 펜실베이니아 대학교 재학 시절에는 학문에 대한 관심을 잃을 뻔했지만, 운 좋게도 언어학자인 젤리그 사베타이 해리스(Zellig Sabbettai Harris, 1909~1992)와 만나게 된 것을 계기로 언어학과 수학에 흥미를 가지게 되었다.[1]

그 후 1956년에 박사 논문을 토대로 한 『언어 이론의 논리 구조(The Logical Structure of Linguistic Theory)』라는 500쪽이 넘는 논문을 집필하였고, 이 논문은 나중에 출판되었다.[5] 사실은 처음부터 이 논문을 책으로 출판하려 하였지만, 대학의 출판국으로부터 "이처럼 파격적인 논문은 먼저 전문 학술지에 투고해야 한다"라는 합리적인 이유에 의해 거절당했다. 그래서 대학에서 처음 강의할 때 사용하기 위하여 극히 일부분만을 정리한 소책자인 『변형생성문법의 이론(Syntactic Structures)』이 처음으로 세상에 나오게 되었다.[6] 이 책은 본문은 그대로인 상태에서 언어학자가 해설을 붙인 제2판으로 개정되었으며(2002) 반세기가 지난 현

▌촘스키(요미우리 신문사 제공)

재도 계속 이어지며 널리 읽혀지고 있다. 또한 1966년에 출판된 명저 『데카르트파 언어학[7]』도 철학자가 해설을 붙여 제2판으로 개정되었다.[8]

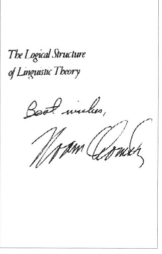

The Logical Structure of Linguistic Theory

Best wishes,

Noam Chomsky

┃촘스키의 서명

촘스키는 제한된 언어의 요소로부터 무한한 양의 글을 생산(생성)할 때의 법칙에 주목하여 '생성문법(Generative grammar)'을 제창하였다. 이러한 혁명적인 발상에 의해, 인간의 언어는 공통된 문법 법칙, 바꿔 말하면 '보편문법(Universal grammar)'에 근거하고 있다는 것을 처음으로 규명하였다. 인간의 언어처럼 다양하며 게다가 시대와 지역에 따라 끝없이 변하는 복잡한 현상으로부터 보편적인 규칙과 법칙을 발견하기 위해서는 깊은 통찰력과 비범한 독창성이 필요하다.

그러나 『문법의 구조』가 너무나도 혁신적이었던 탓일까, 일부의 언어학자에게는 받아들여지지 않았고 오히려 새롭고도 다양한 논쟁을 만들어내는 계기가 되었다. 촘스키의 이름이 단번에 세상에 알려지게 된 것은, 오히려 미국의 행동주의 심리학자인 버러스 프레더릭 스키너(Burrhus Frederic Skinner, 1904~1990)가 저술한 『언어 행동(1957)』이라는 서적에 대한 서평에[9] 의해서였다. 촘스키는 입력되는 자극과 반응(행동)의 관계만으로 심리 현상을 설명하려고 하는 행동주의를 비판하면서 언어는 그러한 방식으로 설명할 수 없다는 것을 명쾌하게 제시하였다. 실제로 언어의 조합을 바꾸는 것에 의해 얼마든지 새로운 문장을 만들어낼 수 있는 언어의 창조적인 특징을 생각하면 행동주의의 한계는 명백하다. 이로 인해 심리학에서 중심적이었던 사상은 근본적으로 재검토 되어야만 하는 상황에 몰리게 되었었다.

촘스키의 언어학은 철저하게 물리학을 모델로 하여 만들어졌고,

될 수 있는 대로 보편적인 법칙과 설명을 발견하고자 하는 것이 목표이다. 추상화(抽象化)와 이상화(理想化)를 한 단계 진전시키는 것에 의해 원 데이터(Raw data)보다도 깊은 수준으로 설명이 가능한 것은 물리학의 '정석(定石)'인 것이다. 그리고 초기 단계에서는 넓고 깊이 있는 이론이 아니라, 연구 대상을 축소하는 것에 의해 좁고 깊은 이론을 정립하는 것을 목표로 한다. 촘스키의 경우에는 주로 영어를 이용하여 이론을 만들어냈지만 결과적으로는 어떤 인간의 말에도 확실히 성립된다는 것이 확인되었다.

촘스키의 생각은 언어학과 심리학 두 분야에서 혁명을 가져왔다. 아울러, 인간이 사용하는 언어에서 문법 규칙의 범위를 수학적으로 규정함으로 인해 공학의 '자연언어처리'라고 불리는 인공지능의 분야에서도 연구 초기부터 매우 근본적인 공헌을 하고 있다.[10] 이러한 독창적인 연구 아이디어는 뇌과학을 자극하여 인간만이 가진 독특한 언어의 원리를 규명하는 '언어 뇌과학' 분야에 지대한 영향을 주고 있다.[11]

Phrase Structure:
Σ: # Sentence #
F:
1. Sentence $\to$ NP + VP
2. VP $\to$ Verb + NP
3. NP $\to \begin{Bmatrix} NP_{sing} \\ NP_{pl} \end{Bmatrix}$
4. $NP_{sing} \to T + N + \emptyset$
5. $NP_{pl} \to T + N + S$
6. T $\to$ the
7. N $\to$ man, ball, etc.
8. Verb $\to$ Aux + V
9. V $\to$ hit, take, walk, read, etc.
10. Aux $\to$ C(M)(have + en)(be + ing)
11. M $\to$ will, can, may, shall, must

∥ 촘스키의 생성문법 이론. 하나의 문장(Sentence)으로부터 구절 구조(Phrase Structure)의 법칙에 따라 단어를 생성하는 과정이 영어로 표현되어 있다. NP : 명사 구절, VP : 동사 구절, T : 관사, N : 명사, Verb, V : 동사, Aux, M : 조동사.[6]

촘스키는 자신의 학설에 안주하지 않고 항상 자신의 이론을 수정하고 확장하려고 노력해왔다. 이러한 촘스키의 노력을 확인할 수 있는 사례가 1990년대의 「최소주의 프로그램(Minimalist program)」이다.[12] 학자가 예순의 나이를 넘겨서 자신의 학설을 근본 토대부터 뒤집어엎으려고 하는 것은 매우 드문 일이다. 이것은 학자에게 있어서 거의 자살행위와 마찬가지이기 때문이다.

최소주의 프로그램이 등장하기 전까지의 생성문법 이론에서는 문장이 연이어 양분되는 것에 의해 언어의 요소가 생성되어 간다고 생각했던 반면에, 최소주의 프로그램에서는 이것과는 반대로 언어의 요소를 상호 '융합(merge)' 시키는 것에 의해 문장을 구성해 간다는 이론을 지향하고 있다. 이것은 마치 한 명의 인간이 천동설과 지동설 양자를 완성시키는 것과 같은 것이다.

본 장의 서두에 인용된 촘스키의 말은 캘리포니아 대학교 로스앤젤레스 캠퍼스의 학생들이 질문한 것에 대한 답변이며 이는 언어학과 사회평론 모두 독자성과 초연함을 지향하는 촘스키의 성격을 잘 나타내고 있다. 자신이 속한 조직이 크면 클수록 각 구성원의 '개인'보다도 그 조직의 흐름에 몸을 맡겨버리게 되고 그만큼 안주해버리기도 쉽다. 촘스키가 어떤 정치 단체에도 속하지 않고 독립적인 행보를 일관되게 유지하고 있는 것도 사실은 촘스키의 '강한 자아(Big ego)'에 기인하는 것일지 모르겠다.

새로운 연구에 대한 착상은 다른 분야에서의 발상이 도움이 되는 경우가 많다. 실제로 촘스키는 많은 시간을 자신의 전공과 다른 분야의 문헌을 읽는 데 사용하고 있다고 인터뷰에서 언급한 적이 있다. 언어학과 사회평론의 양대 분야에서 어떻게 그렇게도 방대한 일들을 수행하는 것이 가능한가라는 질문에 대해서 촘스키는 다음과 같이 대답하고 있다.

> 나는 열정적으로 일을 합니다. 다시 말해, 인간이라는 존재는 충분히 열정적이기만 한다면 정말로 많은 것을 배울 수 있습니다. (언어학과 사회평론은) 쉽지 않기 때문에 정말로 열심히 일할 필요가 있습니다.[1]※16

다시 말해, 촘스키에 있어서 왕도는 존재하지 않는다. 기술적인 면에서도 노력의 관점에서도 타인이 하지 않는 고생을 마다하지 않고 오직 연구에만 몰두하는 것이 그의 철학이다. 새로운 사물에 대한 촘스키의 호기심과 흡수력은 초인적이며 노년이 되어서도 전혀 사그라지지 않고 있다. 말 그대로 '지식의 거인'이다.

3.1 수학·물리와 인식의 관계

자연계에는 '물질-생명-마음-언어'라는 계층성이 있다.[13] 촘스키는 인간의 언어가 인간이라는 종(種)이 가지는 고유한 생물학적 능력으로서 규정된다고 생각하였고, 그와 같은 독특한 성질을 언어학을 이용하여 규명하고자 하였다.

본래 언어가 없으면 과학을 다른 사람에게 전달하는 것이 불가능하다. 또한 과학에 관한 가설을 언어 없이 생각하는 것도 불가능한 반면에, 과학과는 직접적으로 관계없는 언어의 작용도 분명히 존재한다. 그렇기 때문에 과학은 언어의 세계에 포함되어 인간의 언어능력에 의해 규정된다. 과학은 마치 자유롭게 자연계를 규명하고 있는 것처럼 생각될지도 모르지만, 사실은 그와 같은 확실한 언어의 제약 아래에서 성립되고 있는 것이다. 실제로 개인 수준에서의 과학 능력에도 언어의 운용능력과 논리적 사고능력이 관련되어 있다.

그런데 인간의 뇌와 언어는 자연계의 물리법칙이 지배하는 물리 세계에 포함되므로 그림 A와 같이, 우리들의 '인식 세계'도 물리 세계 중에 포함되게 된다. 물리세계의 바깥에는 '수학 세계'가 펼쳐져 있다. 실제로 모든 물리 세계는 수학을 이용하여 논리적으로 기술할 수 있다. 물리 세계의 시간과 공간은 4차원의 '리만(Riemannian) 공간'*이라고 생각되어지고 있지만, 수학에서는 어떠한 고차원도 (무한 차원까지도) 설정하는 것이 가능하므로 물리 세계를 초월하는 수학 세계는 분명히 존재한다.

그렇다면 어떻게 우리는 물리 세계의 바깥에 순수한 수학 세계가

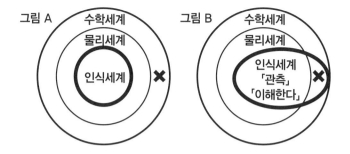

있다는 것까지 (그림 A에서 ×로 표시된 곳) 알 수 있는 것일까? 바꾸어 말해, 인간의 인식 세계는 틀림없이 자연계의 안쪽 깊숙한 곳에 내장된 형태로 존재할 텐데 인간은 어떻게 자연을 바깥에서 바라보는 것이 가능한 것일까? 이러한 역설을 이해하기 위해서는 인식 세계가 그림 B와 같이 물리 세계의 바깥까지 펼쳐져 있다고 생각할 수밖에 없다. 이러한 생각이 맞는지 틀리는지는 제1장의 서두에서 소개한 아인슈타인의 말처럼 영원히 알 수 없는 수수께끼일수도 있지만, 아인슈타인이 이해할 수 없다고 생각한 것은 바로 이와 같은 문제이었을지 모른다.

아울러 인식 세계와 물리 세계의 중개 역할을 하는 것은 '관측'인데 이것 또한 번거롭고도 어려운 문제를 안고 있다. 『물리학 사전(개정판)』*에도 "양자역학의 출범 이후 이미 반세기 이상이 지났지만, 아직까지 모든 사람을 납득시킬 수 있는 관측 이론은 없으며 격렬한 논쟁과 대립이 계속되고 있다"라고 기재되어 있을 정도이다. 이렇듯 인식론, 존재론, 관측 이론은 언어와 과학을 보유한 인간이 주변 세계를 어떻게 인식하고 있는가 하는 우리들 자신의 문제이기도 한 것이다.

❚ 1992년 培風館에서 출간

이처럼 끝까지 파고들어 생각해보면 과학적 사고라는 것 또한 우리들 한 사람 한 사람이 어떻게 생각하고 그것이 어떻게 타인과 공유되고 있는가라는 문제로 되돌아온다. 따라서 과학처럼 대상을 객관적으로 연구하고 있는 경우에도 거기에는 자연을 '인식'하는 방법의 하나로서 연구자의 주관과 개성이 투영되어 있는 것이다.

3.2 자신에게 철저할 것

연구자가 되는 데 있어서 가장 중요한 것은 '자신'에게 철저해지는 것이다. 과학적 연구가 아무리 여러 사람에 의한 팀워크라 하더라도 이 점만은 변하지 않는다. 일류 연구자는 강렬한 '자아'를 가지고 한결같이 자신에게 철저하다. 즉 '자신이 납득할 때까지 생각한다'는 것이다. 이것은 연구가 다른 사람 위주로는 결코 성립되지 않기 때문이다.

자신 스스로의 철저함으로 인해 과학에서 가장 중요한 '독창성'이 탄생한다. 새로운 생각, 과거의 생각들을 결합한 새로운 조합, 실험 데이터의 새로운 해석 등이 독창성의 범주에 포함된다. 연구자에게는 그와 같은 발상의 독창성이 생명이다. 독창성이 중시되는 과학의 세계에서 재탕은 통용되지 않는다. 즉, 앞서 보고된 내용을 되풀이하는 행위는 의미 있게 받아들여지지 않는다. 지금까지 보고된 적이 없는 독자적인 생각과 성과만이 의미를 가지는 것이다. 모방으로부터 창조로 이어지는 길이 있는 반면에 독창성은 언제나 모방과의 싸움을 필요로 한다.

과학 실험에서는 '재현성(再現性)'이야말로 생명이며 같은 조건에서 실험을 반복하는 한 동일한 결과가 얻어진다는 것을 대전제로 한다. '상온 핵융합'처럼 실험 결과를 재현할 수 없거나 실험을 되풀이할 때마다 다른 결과가 얻어지게 되면 법칙을 세울 수가 없다. 그 누구도 연구하지 않았던 새로운 영역에서 얻어진 세계 최초의 기술이라면 몰라도, 특정 목표 달성을 위해 여러 연구팀이 동일한 실험 장비를 사용하여 경쟁하고 있는 경우에는 연구를 통해 얻어진 새로운 실험 결과는 재현 가능하다는 전제 아래서 곧바로 다른 연구자에 의해 모방된다.

그렇지만 쉽게 모방할 수 없는 것이 한 가지 있는데 그것이 바로 연구자의 '개성'이다. 자신에게 철저하다는 것은 자기 스스로 옳고 그름을 판단하며, 온갖 권위에 굴복하지 않는다는 것이다. 아인슈타인은 22세의 나이에 이미 다음과 같은 말을 남기고 있다.

> 권위에 대한 현혹은 진리 최대의 적이다.[14]*17

3.3 자기본위

이처럼 자신에게 철저한 것은 일본의 대문호인 나쓰메 소세키(夏目 漱石, 1867~1916)가 언급한 '자기본위'와 통한다. 다음 문장은 나쓰메 소세키의 강연록에서 인용한 것이다.

> 다만 여기에 아무래도 다름 사람 위주로 생각을 해서는 도저히 성립되지 않는 직업이 있습니다. 그건 다름 아닌 과학자, 철학자, 예술가와 같은 직업으로, 이들 직업은 어째든 특별한 계층의 하나로 간주할 수밖에 없습니다. (중략) 과학자와 철학자 또는 예술가라는 부류가 직업으로서 족히 존재할 수 있는지는 의문이라 해도, 그러한 직업을 가지 사람들은 자기 자신이 판단이나 행동의 중심 기준이 된다는 의미의 자기본위가 아니면 도저히 성공하지 못한다는 것이 분명합니다. 왜냐하면 그들이 다른 사람을 기준으로 판단하거나 행동한다면 자기 자신은 없어져버리기 때문입니다. (중략) 자신의 마음에 흡족한 작품을 스스로 만드는 것이 불가능하니까 그저 남에게 받는다는 일념으로 하는 일에는 자신의 혼이 깃들 리가 없습니다. 모든 것이 빌려 쓰는 물건이 되어 자신의 혼이 머물 여지가 없어지는 것입니다.[15]

이러한 '자기본위'는 자기만 좋으면 된다는 자기 멋대로의 이기주의와는 전혀 다르다. 자신의 혼이 깃들지 않는 한 스스로 인정할 수 없다는 타협 없는 정신 그 자체인 것이다. 그리고 인간은 결국 혼자라는 진리를 깊이 통찰함으로 인해 다른 사람의 자기본위를 존중할 수 있게 된다.

또한 자기본위를 이상으로 하는 한편 나쓰메 소세키는 다음과 같은 글도 남기고 있다.*

▌1906년 2월 13일, 모리타 요네마츠(森田米松)에게 보낸 편지 중에서.

> 천하에 자기 자신 이외의 것을 신뢰하는 것보다 과감한 것은 없다. 그럼에도 불구하고 자기 자신만큼 믿음이 가지 않는 것은 없다. 어떻게 해야 하는가?[16]

창작을 할 때에 타인본위로는 왠지 불안하다. 그러나 자기본위는 훨씬 어렵다. 위 문장에서 '천하(天下)'와 '자기 자신'을 대비하여 표현한 부분에서 자기본위의 엄격함이 강하게 전해져 온다.

나쓰메 소세키는 노년에 '칙천거사(則天去私)'*라는 말을 남겼는데 이 말에서 '자신에게 철저한 후에 자신을 떠난다'라는 깊은 사고의 흔적을 엿볼 수 있다. 한편 이러한 사상은 아인슈타인이 남긴 다음 말과 통하는 면이 있다.

▌ **칙천거사(則天去私)**
역주 - '나를 버리고 하늘에 따른다'는 뜻으로 본능적인 에고이즘을 버린다는 것은 쉽지 않으나, 노년의 소세키는 그것을 실천하기 위하여 부단히 노력했다. 줄곧 인간 내면의 에고이즘에 대하여 문제를 던지던 소세키였지만, 노년에서야 그것을 극복할 수 있는 경지를 찾게 된 것이다.

> 한 인간으로서 가져야 할 진정한 가치는, 제일 먼저 어느 정도까지 자신으로부터 해방되어 있느냐는 것이고, 어떤 의미로 자신이 해방되어 있느냐라는 것에 의해 결정된다.[17]※18

3.4 고독의 괴로움

'자기본위'의 중요성을 알아차리기 위해서는 정신적인 성숙이 필요하고, 아울러 거기에 도달하는 길이 험난한 것은 처음으로 자신과 직접 마주 대할 때에 누구나가 맛보게 되는 '공포심' 때문은 아닐까?

이것은 누구도 자신을 구해주지 않는다는 '고독'이라는 처지에 대한 불안이며, 자신의 타고난 재질을 냉철하게 확인해야만 하는 것에 대한 두려움이고, '자기'라는 소위 바닥이 보이지 않는 우물을 들여다보는 것과 같은 행위에 대해 본능적으로 기피하려고 하는 감정이다. 자신의 강함을 과시하는 사람은 자신의 약함을 알려고 하지 않으며 자신과 마주 대할 때에도 눈을 감을 수밖에 없게 된다.

타인에게 자신을 인정받고 싶다는 마음은 자연스러운 소망이다. 그러나 타인의 평가라는 매우 모호한 기준에 자신의 평가를 맡겨도 괜찮은 것일까? 자신에 대한 가족의 평가는 느슨해지기 쉽고 경쟁자의 평가는 엄격해지기 쉽다. 교육 현장에도 칭찬을 통해 학생을 양육하는 교사와 질타와 격려를 통해 학생을 양육하는 교사가 있다. 그렇기 때문에 타인의 평가에 일희일비해봐야 소용없다. 자기 스스로 정말로 좋다고 생각할 수 있는 일을 남기는 것이 중요하며 평가는 그 다음이다.

냉정한 마음으로 골똘히 생각해보면 자신을 정당하게 평가할 수 있는 사람은 자기 자신밖에 없음에 틀림없다. 그러한 명백한 사실에 눈을 딴 데로 돌리지 않고 마주 바라보는 것이 중요하다. 그러나 자기본위를 일관되게 유지하는 것은 결코 쉬운 것이 아니다.

3.5 대중은 무리를 지어 모이려 한다

촘스키의 정치 비판과 미디어 비판은 권위와 다수 의견에 결코 굴복하지 않는다는 그의 강인한 자기본위를 잘 나타내고 있다. 그런데 자기본위의 생각은 '대중'의 심리와 반대되는 위치에 있다. 대중은 무리를 지어 모이려 한다. 이러한 군집(群集) 심리는 인간의 행동법칙 중 하나이다.

군중의 행동은 일반적으로 충동적이며 짧은 선전문구만으로도 선동되기 쉽다. 실제로 화재·전쟁·폭동 등을 계기로 발생하는 약탈행위와 파괴행위는 지금도 선진국과 개발도상국의 구별 없이 전 세계 도처에서 보고되고 있다. 이 사실만으로도 인간의 본성이 선(善)이라는 '성선설(性善說)'은 성립되지 않는다고 보아야 할 것이다.

무리를 지어 모이게 되면 사람들은 자기 자신이 생각할 필요가 없어진다. 행렬이 있다면 그냥 거기에 줄 서기만 하면 되는 것이다. 집단으로 행동하고 있으면 자신의 책임이 가벼워지는 것처럼 느껴진다. 그렇게 되면 책임감과 도덕이라는 제어로부터의 구속력이 약해질 것이며 "모두가 하고 있는 것인데 내가 한들 뭐가 나빠"라는 생각이 활개를 치게 된다.

전쟁은 인간에게 있어서 '절대 악(惡)'임에도 불구하고 왜 없어지지 않는 것일까. 가장 큰 이유는 국가 수준에서의 정치가 앞서 언급한 군중의 법칙을 교묘히 이용하기 때문이며, 언제나 '애국(愛國)'과 '민족자결(民族自決)'이라는 최상의 표어를 사용할 수 있기 때문일 것이다. 군대는 자신의 생각을 가지지 않고 상부의 명령에 절대적으로 복종하는 병사에 의해 조직된다. 파괴행위 및 최악의 살육행위에 있어서도 억제가 안 되며 조직 내에서는 작전을 성공한 명예로서 평가받는 것이 보증되어 있다. 이처럼 한 사람 한 사람이 이성적으로 생각할 수 없게 된 조직에는 이제 더 이상 선악을 분별해해는 능력이 없다.

미디어(매스컴) 또한 대중을 조작할 수 있는 거대한 힘을 갖고 있다. 미디어에 의한 '정보조작(情報操作)'과 '주의(主義)와 사상(思想)의 선전'은 그와 같은 전형적인 예이다. 군집심리의 동향은 패션의 유행과 닮아 있어서 언제나 이성적이라고는 말하기 어렵다. 어느 시대에도 '평화'와 '선'을 이상으로 하며 확실한 자기본위를 관철하는 이성적인 사람은 극히 적은 법이다.

3.6 독창성으로부터의 도피

젊은이가 사회인이 되기 전의 단계에 머물러 있으려고 하는 경향을 '모라토리엄(moratorium)'이라고 하는데, 대학생뿐만 아니라 대학원생에게도 이러한 경향이 나타난다. 그들 중에는 특별히 연구를 하고 싶은 것은 아니지만 사회적 책임을 지는 것을 보류할 수 있기 때문에 대학의 연장선상에서 일단 대학원에 진학하는 학생도 적지 않다. 그러나 이들 중에 공부와 연구 이외의 것에 한눈을 팔지 않고 주말에도 연구에 푹 빠져 자신의 젊음을 불태우는 학생은 적다. 연구로부터 벗어나 '잠시 쉬며 숨을 돌리기 위해' 주말의 자유 시간을 어떻게 보낼지가 많은 학생들의 관심사이다. 그렇기 때문에 학생들은 학비 문제가 해결되면 대학원에 진학하는 것을 안전한 선택지의 하나로 간주하곤 한다. 그러나 "미국이라고 해서 모든 연구자가 느긋하게 일주일에 이틀을 쉬며 연구를 하고 있다고 생각하고 있다면 그건 큰 착각이다"[18]라는 지적이 있듯이, 격렬하게 경쟁하고 있는 연구 분야에서는 토요일과 일요일도 마냥 쉬고만 있을 수는 없는 것이다.

게다가 집단에 속해 있다는 것에 안주한 채로 그 집단의 흐름에 몸을 맡김으로 인해, 자신이 정말로 무엇을 연구하고 싶은지 그리고 무엇을 해야만 하는지라는 너무나도 단순한 명제를 자신에게 들이대야 하는 것으로부터 도망칠 수가 있다. 그와 같은 이유로 많은 대학원생이 편하면서도 무리를 지어 모일 수 있는 장소를 찾게 되고 그것을 만족시키는 연구실에 집중된다. 자신이 소속된 연구실에서 잘 따라가기만 하면 적당한 휴식을 누리면서 연구인생을 즐길 수 있다는 생각을 하는 것일 것이다. 그렇지만 그러는 사이에 그들이 소중히 생각해야만 하는 독창성에 대한 감각이 마비되어 버리는 것은 아닌지 두렵다. 그들은 자신도 모르는 사이에 독창성으로부터 도피하고 있는 것은 아닐까?

자신도 하고자 마음만 먹으면 반드시 언제라도 독창성을 발휘할 수 있다는 반론이 있을 수도 있을 것이다. 그러나 '마음만 먹으면 가능하다'라고 생각하면서 실제로 하지 않는 것은 할 수 없는 것과 아무런 차이가 없다. 아이디어만으로 잠들고 있는 것을 누구도 독창적이라고는 말하지 않는다. 또한 누구라도 간단하게 할 수 있는 일을 아무리 해보아야 독창적인 일을 했다고 평가해주지 않는다. 아인슈타인의 다음 말을 되새겨보았으면 한다.

> 나에게는 많은 과학자가 목재로 된 판의 가장 얇은 곳을 찾아서, 본래 이미 얇았던 장소에 가능한 많은 구멍을 뚫고 있는 것처럼 생각됩니다.[19]※19

3.7 독창성이라는 철학

독창성의 싹은 자아에 눈을 뜸과 함께 나타난다. '모두가 학원에 가니까 나도 간다'가 아니라 갈지 안 갈지는 자신이 결정할 일이다. 대학과 전공을 선택하는 것도 자신이며, 대학에서 연구를 계속 이어갈지 취직을 할지를 결정하는 것도 자신밖에 없다. 줏대 없이 남의 의견에 따라 움직여서는 '자신을 찾는 여행'을 시작할 수가 없다.

일본의 바이올리니스트인 수와나이 아키코(諏訪内晶子, 1972~)의 인터뷰(2003) 내용 중에 "어릴 적부터 다른 사람들 모두와 같은 것은 너무 싫었고……"라는 대목에 공감이 간다. 이것은 연구자뿐만 아니라 독창성을 발휘하는 직업에 종사하는 사람이 가진 공통의 철학일 것이다. 독창적인 연구를 갈망하는 과학자라면 노벨 물리학상 수상자인 도모나가 신이치로가 남긴 다음 말을 곱씹어 볼 만하다.

만일 연구에 원칙과 같은 것이 있다고 한다면, 다른 사람이 하고 있는 것과 똑같은 연구는 하지 않는 것이다.[20]

독창성의 원칙은 '다른 사람이 하고 있는 일과 같은 일을 하지 않는다' 는 것이다. '넘버 원(number one)보다 온리 원(only one)' 이라는 표어도 기본적으로 동일한 의미를 내포하고 있다. 어떤 사람이 현재 1등의 자리에 있다 해도 시대와 장소 또는 분야 등이 바뀌면 그 사람보다도 실력이 좋은 사람이 반드시 나타나기 마련이다. 언제나 위에는 그 위가 있는 것이다. 그렇기 때문에 타인에 대해서 신경을 써봐야 소용이 없다. '나는 나고 남은 남인' 것이다.

3.8 동양과 서양의 차이

유럽이나 미국에 비교하여 상대적으로 인종과 민족의 다양성이 적으며 비교적 동일한 문화 배경을 가진 일본에서는 사물에 대한 사고방식과 가치관 그리고 유행까지도 획일화되기 쉬운 경향을 나타낸다. 나아가 그와 같은 결과로서 동료와 상사의 평가는 물론이고 특히 같은 세대의 동향에 사람들은 신경을 쓰게 된다. 모난 돌이 정 맞는다는 속담처럼 자신의 의견을 확실하게 말하면 집단으로부터 떠버릴 수 있으며, 그에 대한 당연한 결과로 개인이 키운 독창성의 싹은 제거될 위험에 처하게 된다.

일부러 집단에 속하지 않고 독창성을 발휘하는 것은 얼마나 어려운 것일까? 강한 자아와 개성을 가진 사람은 시대에 따라 변하는 여러 풍조에 잘 어울리지를 못한다. 이런 사람은 학교에서의 집단행동과 조직을 매우 싫어하여, 사람들로부터 괴짜 취급을 받아 소외되기 쉽다. 게다가 회사에 들어가도 사람들과 잘 사귀지 못하고 조직에 어울리지 못하는 사람으로서 회사 안에서 좋은 평가를 받기가 어렵다. 이와 같은 상황에 대한 위기감은 지금까지 반복해서 지적되어 왔다.

'고독해질 수 있거나 고독을 견딜 수 있을 것 같은 상황이 존재한다'는 것에 관해서, 아마도 전체를 포용하고자 하는 '일본의 정신문화'는 좀처럼 그런 상황을 만들어주지 않는다. 조직과 집단에 속해있지 않으면 마음이 편치 않는 사회에서, 고독해지는 것은 집단으로부터 소외된다는 것과 동의어로 사용되는 경우가 많다. 집단에 의해 창조성이 개발되는 경우라면 몰라도 혁신적인 원리와 발명·발견은 개인적으로 수행하는 경우가 오히려 원칙적이다. 이를 위해서는 종종 고독해진 후에 자신의 내적 요구에 귀를 기울일 필요가 있을 것이다.[21]

미국인 사회과학자가 일본의 과학자상을 취재하여 정리한 보고서에서[22] '일본인은 특별한가?' 라는 질문을 던지고 있는데 이것은 문화인류학적으로 매우 흥미로운 주제이다. '일본의 정신'은 기본적으로 위에서 아래로 향하는 것*이며 전통적으로는 주군의 의향을 그대로 받아들이는 것일 것이다. 자신의 생각과 주장을 억누르고 자신을 감싸고 있는 집단에 맞추어 잘 어울리는 것이 일본의 정신문화이며 학교에서도 회사에서도 조직과 조화를 이루는 행동이 요구된다.

▌이것을 'Top down' 방식이라고 한다.

이에 반해 서양의 정신은 기본적으로 자신으로부터 바깥을 향하고 있으며 아래로부터 상위 계층을 향한다.* 서양에서는 일반적으로 자기 자신이 확고한 생각과 주장을 가지는 것이 좋다고 여겨지며 어릴 적부터 그렇게 교육을 받는다.

▌이것을 'Bottom up' 방식이라고 한다.

이와 같은 일본과 서양의 차이는 마음가짐과 사고방식뿐만 아니라 일상생활의 형식적인 부분에도 영향을 주고 있다. 예를 들면, 유럽이나 미국에서는 년/월/일(年月日)을 일/월/년 또는 월/일/년과 같은 순서로 기재하며, 편지에서도 받는 사람 및 주소는 받는 사람의 이름부터 시작하여 번지, 동, 시, 도, 나라의 순서로 기재된다. 일본의 습관과는 완전히 반대이다. 아울러 일본어에서는 형제·자매의 구별과 높임말을 사용하는 것처럼 사람끼리의 상하관계가 언어의 구조에까지 내포되어 있다.

근대과학이 서양에서 탄생하여 유럽이나 미국의 개인주의 아래서 발전해왔다는 것은 역사적 사실이다. 에도 시대의 와산(和算)* 과 가라쿠리 인형*과 같이 일본의 독자적인 과학기술[23] 또한 개인의 창조력이 개화된 것이며 집단의 행위에 의한 산물은 아니었다.

그렇다면 현대의 연구자는 어느 정도까지 자신의 힘을 의식하고 있는 것일까? 예컨대 암흑 속의 집단에 동화되면서 과학적 연구를 하려고 하거나, 연구실은 기본적으로 선배가 후배를 잘 돌봐주는 곳이라고 철석같이 믿고 있다면 이는 언젠가 스트레스라는 형태로 표면화될 것이다. 어떤 시점에 자신의 연구 분야에서 독창성을 발휘하고자 할 때 확고한 결의와 자부심이 없다면, 규모가 큰 연구 집단일수록 연구자 간의 과격한 경쟁에 휩쓸려 자신을 잃어버리게 될 위험성이 높다. 더불어 단지 위로부터의 지시를 기다리는 것만으로는 결코 독창성이 탄생하지 않는다.

이미 미국의 사회학자인 데이비드 리스먼(David Riesman, 1909~2002)이 지적하고 있듯이, 서양의 정신도 마음속의 나침반을 일관되게 유지하여 왔던 것은 아니다. 현대인은 타인과 미디어에 늘 민감하게 반응하도록 레이더를 내재한 '타인 지향형' 성격으로 바뀌어 있을지도 모르는 것이다.[24] 이 경향은 휴대폰과 이메일 착신을 온종일 신경 쓰게 된 요즈음에 더욱 강해졌다고 말할 수 있을 것이다.

연구자로서 '독창성' 이야말로 가장 중요한 것이라고 생각한다면, 어느 나라에 있든 어느 시대에 살고 있든 간에 오직 한 가지 변하지 않는 철칙이 있다. 그것은 타인에게 좌우되지 않고 결코 무리를 짓지 않는 것이다.

▌와산(和算)
중국의 고대 셈법을 기초로 해서 에도 시대에 발달한 일본 재래의 주산.

▌가라쿠리 인형
일본 전통의 자동인형

3.9 고독의 기쁨

영어의 'loneliness' 와 'solitude' 라는 단어는 고독 및 고립과 동시에 외로움을 나타낸다. 'lonesome' 은 혼자뿐이라 어쩐지 마음이 안 놓인다는 의미이다. 이에 대해 'single' 과 'alone' 이라는 단어는 '혼자' 라는 의미이지만 외롭다는 기분과는 관계가 없다. 고독을 어떻게 받아들이는 지에는 차이가 있다.

'고독감(孤獨感)' 이라는 말에서는 절망감과 같은 부정적인 감정을 연상하기 쉽지만, 고독감이 '상쾌감' 이나 고급스러운 '기분 좋음' 을 동반하는 경우도 있다. 나는 대학시절에 혼자서 산길을 오르면서 '지금 그야말로 지구 위를 자신이 걷고 있다' 라는 상쾌한 감정을 느꼈던 것을 똑똑히 기억하고 있다. 지금에 와서 생각해 보면 그것이 자신을 찾는 여행의 출발점이었을지도 모르겠다.

아인슈타인은 「자화상」이라는 제목의 문장(1936)을 다음과 같은 말로 매듭짓고 있다.

> 나는 젊은 때에는 괴롭지만 성숙하면 근사해지는 고독 속에서 살고 있었습니다.[25]※20

학문과 예술의 분야를 막론하고 진정한 '장인(匠人)' 이 될 수 있었던 사람들은 자신과 마주 하는 괴로움으로부터 도망가지 않고 자기 나름대로의 길을 터득했다고 말할 수 있을 것이다. 하나의 길을 터득했을 때에야 비로소 그때까지의 괴로움은 기쁨으로 바뀐다. 이것이 고독이라는 자랑이다.

3.10 연구자에게 필요한 능력

연구자에게 필요한 능력의 기본은 '지력·체력·정신력' 이다. '지력'이란 기초학력·관찰력·분석력·이론적 사고 등을 모두 합친 것이며 연구발표에 필요한 어학능력도 포함된다. 아울러 끈기 있게 열심히 연구에 몰두하기 위해서는 '체력'이 필요하다. 때로는 밤을 세워가며 실험과 사고(思考)가 이어지는 경우도 있기 때문이다. 그리고 연속되는 실패에도 도중에 약해지거나 기죽지 않는 강인한 '정신력'이 요구된다.

하지만 연구자도 사람인지라 이 중의 한 가지 요소에 자신이 없는 경우에는 나머지 두 가지로 메우는 것이 중요하다. 중요한 것은 오히려 가지고 있지 않은 능력을 어떻게 보완하느냐가 문제이다.

이를테면, 강렬한 '개성'을 가진 사람은 타인과 잘 사귀는 것에 서투른 경우가 많다. 개성적인 사람은 집단에 녹아들지 못하는 만큼 주변도 냉담하다. 게다가 언제나 자신의 생각만을 주장하고 양보하지 않는다면 주변 사람들과 협력하여 무언가를 도모하는 것이 어려워진다. 도를 넘어서 사회적으로도 고립되어버리면 거꾸로 그것이 스트레스가 될 수 있다.

실험실에서 일어나는 사물에 관한 다툼은 아주 특별한 경우를 제외하고는 완전히 해결할 수 있다. 그러나 사람과의 다툼은 해결하는 데 오랜 시간이 걸리며 나중에 응어리가 남기 쉽다. 연구자에게 필요한 재능에 관하여 언급한 호타 교수의 말을(2004) 그의 허락을 얻어 인용한다.

일반적으로 연구자란 연구를 좋아하는 재능과 호기심이 많다는 재능을 가진 사람들입니다. 그런 의미에서는 '좋아서 하는 일이 곧 숙달하는 길이다'라고 말할 수 있고, 자신에게 주어진 재능(유전자 + α)에서 시작됩니다. 이는 곧 재능으로 승부한다는 것입니다. 그렇지만 일단 뛰어보면 실제로는 자신에게 재능이 없는 부분이 속도를 제한하는 요인(Rate-limiting factor)이 되어 버립니다. 실험은 무척 좋아하지만 논문을 쓰는 것은 서투른 연구자 등이 그와 같은 좋은 예입니다. 논리나 사고방식 따위가 그 차례나 단계를 따르지 않고 뛰어넘기만 하며 논리적으로 진전이 없는 사람, 논리적이지만 그 단계를 뛰어넘지 못하는 사람, 독립연구자 (Principal investigator)가 되었는데도 아랫사람과의 인간관계를 제대로 구축하지 못하는 사람, 매우 유능하지만 이성 관계로 인해 실패하는 사람 등등입니다. 다시 말해, 인생이라는 경주는 재능으로 승부하고 있는 것처럼 보이지만, 실제로 마지막에 가서는 재능이 없는 부분을 어떻게 메꿀 수 있는지가 핵심입니다. 즉, 실제로는 '없는 재능'으로 승부하는 것입니다. 뭐 이런 것이 인생의 흥미로운 부분이라고 말할 수 있는 것은 아닐까요?

3.11 박사에 관하여

'박사'를 Ph.D.(Doctor of Philosophy)라고 하는 것은, 서문에서도 언급했지만 Ph.D.를 직역했을 때의 의미인 '철학박사'로서 사용되는 경우는 적고, 이른바 이학박사·공학박사·의학박사·약학박사·농학박사 등에 대응하여 사용된다. 현재는 정식 호칭으로 '이학박사'와 같이 전공을 부기하는 경우가 많다. 박사라는 학위는 어느 하나의 특정된 전문 분야에서 자립하여 연구할 수 있는 능력을 보유하고 있다는 것을 증명하여 대학이나 연구기관이 수여하는 것이다.

그러나 박사가 아니더라도 연구가 불가능한 것은 아니며 박사라고 해서 자유롭게 연구가 가능한 것도 아니다. 노벨상을 수상한 연구자가 박사학위를 가지고 있지 않은 경우도 있다. 즉, 박사학위는 '연구자의 여권'이라고 반드시 말할 수 있는 것은 아니다. 대표적인 사례가 2002년 노벨 화학상을 수상한 다나카 고이치(田中耕一, 1959~)다. 그는 교수, 박사 등의 감투가 없는 학사 출신으로 단백질 등 생체 고분자의 질량과 입체구조를 해석하는 방법을 개발하였고, 바이오산업 발전에 이바지했다는 공로를 인정받아 노벨상을 수상하였다. 그는 실패 뒤에 찾아온 세렌디피티*에 의해 독창적인 연구 성과를 얻었는데, 그와 같은 성과는 암과 같은 질병의 조기 발견과 신약

▌Serendipity
우연한 뜻밖의 발견

개발을 가능하게 하였다. 그의 노벨상 수상 소식은 전 세계의 무명 연구자들과 노벨상은 천재들에게만 주어지는 것이라고 생각했던 수많은 사람들에게 잔잔한 충격을 주었고, 아울러 연구자는 어떤 태도와 마음가짐으로 연구에 임해야 하는지 되새겨보는 계기를 제공하였다.

병원 간판에 '의학박사'라고 적혀 있으면 권위가 있는 것처럼 보이지만, 이것은 의학 전반에 걸쳐 폭넓은 지식을 가지고 있다는 것을 증명하는 것이 아니라 의학 연구의 일부분을 떠맡은 적이 있다는 것을 나타내는 것이다. 그런 의미에서 의학박사는 의사 자격을 인정하는 의사면허 M.D.(Medical Doctor)와는 매우 다른 성격의 것이다. 덧붙여 말하면, 서구 사람들이 일상회화에서 닥터라고 하면 의사를 나타내는 경우가 일반적이다.

박사학위논문을 지칭할 때 영어로는 'Doctoral Thesis'라고 한다. Thesis란 논리학에서 '명제'라는 의미를 포함하고 있다. 즉, 과학적 연구에 있어서 하나의 명제에 몰두한 성과가 'thesis'의 형태로 표현된 것이라 할 수 있다. 박사에는 과정박사와 논문박사의 두 종류가 있다. 석사과정과 박사과정을 이수했다는 증명으로 각각 석사학위(Master)와 박사학위(Doctor)가 수여되며, 후자가 과정박사에 해당된다. 이것과는 별도로 발표 논문을 심사하여 학위를 수여하는 것이 논문박사이다.

석사과정과 박사과정의 학생은 '대학원생'이라고 부르며, 영어로는 graduate student라고 한다. graduate에는 졸업생이라는 의미가 있으며, 대학을 졸업하여 대학원과정(graduate course)에 진학했다는 것을 나타낸다. 덧붙여 말하면, 대학생은 undergraduate student라고 하며, 졸업했을 때 수여되는 학위는 학사(bachelor)이다. 아울러, 박사학위를 취득한 연구자(postdoctoral researcher)를 박사후연구원(post-doc)이라고 한다.

일본 대학의 전통적인 체제는 '강좌제'라고 불리며, 한 명의 교수를 필두로 조교수, 강사, 조교가 스태프를 구성하고 있다. 학교 교육법의 개정*에 의해 조교수가 부교수로 바뀌었고, 교수, 부교수, 조교의 독립성이 고려되었다.

▌2007년 시행.

본래 미국에서는 업적 심사를 통해 종신재직권(tenure)을 취득하지 못한 사람을 assistant professor(조교수), 취득한 사람을 associate professor(부교수)라고 부른다. assistant professor부터 독립된 연구실을 가지는 것이 가능하지만, 임기가 있기 때문에 엄격한 업적 평가를 받는 것이 의무화되어 있다. 일본에서도 임기제와 재심제가 도입되고 있는 중이다.

3.12 연구실이란?

아인슈타인은 '연구실이 어디에 있는가?'라는 질문을 받았을 때, 다음과 같이 대답한 적이 있다.

> 그는 미소를 지으면서 상의 주머니에서 만년필을 꺼낸 후 말했다.
> "여기입니다."[26]

연구실은 문자 그대로 연구를 수행하는 방이지만 넓은 의미로는 학생과 햇병아리 연구자를 키우는 장소라고도 할 수 있다. 연구실에는 연구를 지원하는 행정 스태프와 기술 스태프, 그리고 학생(학부생·대학원생·연구생)과 박사후연구원 등이 있으며, 장소와 사람을 합친 전체가 '연구실(laboratory)'이다.

연구를 수행하면서 모방으로부터 창조까지의 과정을 체득하기 위해서는 대학의 강의를 수강하거나 전문 서적을 읽는 것뿐만 아니라 연구실 활동에 참여할 필요가 있다. 대학의 학과에 따라서는 (모든 학과가 다 그런 것은 아니지만) 방학 때 연구실에서 실험 지도를 받는 것을 권장하거나 졸업 논문 지도를 위해 학과 연구실에 학생들을 배정하면서 이것을 교육과정의 일부로서 운영하고 있는 경우가 있다.

이것과는 별도로, 희망자가 있다면 연구회*와 실험에 참가하는 것을 허락하는 연구실도 있다. 이와 같은 기회를 적극적으로 살려서 자신이 흥미를 느끼는 분야의 최근 동향과 장래성을 알게 되고 나아가 자신의 적성을 실제로 확인해 볼 수 있다.

대학에 들어오자마자 바로 연구실을 찾아다닐 필요는 없지만, 대학교 3학년 2학기 정도가 되었다면 대학원 입시를 계획하면서 연구실을 방문해 보는 것이 좋다. 연구실은 대부분 바쁜 곳이므로 반드시 이메일이나 전화로 예약을 한 후에 방문하는 것이 바람직하다.

대학원은 기본적으로 전문 연구자를 양성하는 기관이며 일반적인 취직 준비를 위한 장소는 아니다. 통상적인 교육과정에서는 처음 2년간은 석사과정에서 실제 연구를 체험하고, 이어지는 3년간의 박사과정에서는 연구 성과를 논문으로서 저널에 발표해야 하는 의무가 부과된다. 이것이 연구자로서 데뷔하는 과정이다. 물론 성과가 바로 나오면 석사과정 때에 논문을 발표하는 것도 가능하며 그것은 학생에게 큰 자극이자 격려가 될 것임에 틀림없다.

대학원 입학에 시험이 있는 것은 대학과 동일하지만 특정 연구실을 지망하여 시험을 본다는 것이 크게 다른 점이다. 그렇기에 원서를 내기 전에 지망하는 연구실의 교수를 찾아가서 면담을 하는 것이 중요하다. 연구실 상황에 따라서는 자신이 생각하고 있는 주제의 연구가 가능하지 않을 수도 있으므로 어떤 연구가 가능한지를 확인해 둘 필요가 있다. 대부분의 경우에, 대학원 입시에는 면접시험이 포함되는데 미리 면식이 있는 편이 학생과 교수 모두에게 안도감을 줄 것이다. 그리고 시험을 보기로 결정했다가 마음이 바뀌어 포기를 했을 때에는 그러한 본인의 뜻을 연구실의 교수에게 제대로 보고하는

▌연구 결과를 공유하며 함께 토론 및 고찰을 하는 모임이며, 이와는 별도로 논문을 소개하는 공부 모임은 잡지회라고 불린다.

것이 바람직하다.

연구도 사람과의 만남에서 시작되는 것이기에 성의를 가지고 사람들과 사귀는 것을 중요하게 여겼으면 한다. 연구실은 최첨단 연구를 진행하는 장소임과 동시에 새롭게 연구에 참여하는 입문자에 대해 언제나 열려 있는 곳이다.

3.13 공방으로서의 연구실

연구실은 숙련된 장인을 양성하기 위한 공방과 유사한 점이 많다. 바이올린 공방을 예로 들어 공통된 특징을 생각해 보고자 한다.

첫째로, 우수한 '작품'을 세상에 내보내는 것이 업무이다. 바이올린 공방은 바이올린을 만드는 것이 일이지만 비올라와 첼로를 함께 제작하는 공방도 많다. 연구실의 주요 업무는 연구 성과를 논문으로서 출판하는 것이지만 부수적으로 일반인을 위한 서적을 저술하기도 한다. 이것들은 모두 작품으로서 세상의 평가와 비판을 받게 된다. 명작이 아무리 많이 생산되더라도 하나라도 졸작이 나오면 솜씨가 줄었다는 평가를 받게 되어버리는 매우 냉엄한 세계이다. 작품은 일정 수준을 유지하면서 늘 학문·수양을 닦는 데 전념할 것을 요구받는다. 작품은 그 사람의 개성이 집약된 결정체이므로 지적이면서도 '인간적인' 창조물인 것이다.

둘째로, 공방과 연구실은 우수한 후계자를 양육하는 장소이다. 바이올린 공방에 제자로 들어가면 스승과 선배로부터 제작에 필요한 목공기술을 기초부터 배우게 된다. 독일의 경우, 노동시장 개혁에 의해 바이올린 제작과 관련된 명장 제도는 2004년에 폐지되었지만 고도의 기술을 습득하기 위하여 공방을 필요로 하는 전통에는 변함이 없다.

연구실에서도 실험장치의 사용법에서부터 논문의 작성법까지 한 가지 한 가지 확실하게 습득해가야만 한다. 예를 들면, 전기생리학에서 사용되는 유리 전극과 금속 전극을 자기 스스로 만들 수 있도록 되기 위해서는 시행착오 및 경험을 쌓는 것이 필요하다. 명인급의 특수 기능을 몸에 익힌 뛰어난 후계자를 길러내기 위해서는 본인과 연구실 양쪽 모두에 지금보다 더 나아지고자 하는 끊임없는 노력이 요구된다.

셋째로, 기술 및 정신적인 전통을 계승하여 후세에 전하는 것이 공방과 연구실의 사명이다. 연구실마다 나름대로의 '개성'을 가지고 있다 하여도, 역사적으로 사상(思想)이라는 것이 어떤 변천을 겪어 왔는지의 관점에서 바라보면 '개성'도 전통과 결코 관계가 없는 것이 아니다. 전통을 계승하는 형식으로 일정한 모습을 가진 '파(派)'가 널리 알려지게 되는 것이다.

바이올린의 형태와 제작법은 16세기의 크레모나*에서 안드레아 아마티(Andrea Amati, 1505~1577)에 의해 시작되어 안토니오 스트라디 바리(Antonio Stradivari, 1644~1737)에 의해 완성되었다. 바이올린 제작과 관련하여 이탈리아에 크레모나 학교가 있는 것처럼 학문에서도 이와 같은 정신성이 계승되어 다양한 '학파'가 만들어져 간다. 학파가 정치적으로 변모된 경우에는 학벌이라고 불린다. 다음 문장에는 현대의 크레모나 학교에 관한 특징이 잘 나타나 있다.

■ 이탈리아 북부 도시

크레모나를 대표하는 저명한 바이올린 제작자인 프란체스코 비쏠로티(Francesco Bissolotti, 1929~)는 자신의 스승에게서 스트라디바리의 바이올린 제작에 관한 비밀*을 들었다고 밝혔다. 그 비밀의 정체는 특별히 불가사의한 것은 아니지만 획득하기에는 매우 어려운 것으로, 그것은 다름 아닌 겸허함과 자기 자신의 기예에 대한 정열이라고 밝히고 있다. 아울러 과거 제작자들의 경험을 늘 존중하면서 작업의 질을 향상시키기 위하여 가능한 모든 방법을 찾고자 하는 집요할 정도의 꼼꼼함이라고 전하고 있다.[27]

■ 현대의 첨단기술로 만든 바이올린이 300년 전에 스트라디바리가 제작한 수제 바이올린의 음색을 따라가지 못하는 것.

스트라디바리가 제작한 바이올린의 아름다운 음색을 재현하기 위하여 많은 사람들이 악기 표면의 니스와 판 두께 등이 아주 똑같도록 모방하는 것을 생각했을 법한데, 제작과 관련된 진정한 비밀이 제작자의 마음가짐이라는 것은 매우 흥미롭다. 이것이야말로 '장인정신'의 진수이며 한 사람의 장인이 모든 제작공정에 걸쳐 일관되게 완벽을 추구하는 것에 의해서만 걸작이 탄생한다. 거꾸로 분업에 의해 복수의 사람들이 각 공정을 맡아서 바이올린을 제작한 경우에는 악기 전체로서의 균형이 맞지 않게 된다.

학파의 경우에도, 어떤 것에 타협하면 안 되는지, 어떤 부분은 적당히 하면 안 되는지, 무엇을 가장 중요하다고 생각할지 등과 같이 연구에 대한 정열과 진지한 자세야말로 후세에 전해야만 하는 진정한 비밀인 것이다. 이러한 비밀이 가지고 있는 깊은 뜻을 깨닫기 위해서는 그것을 자신의 것이 되도록 획득하려고 하는 강한 의지가 있어야만 한다.

동일한 유형의 제품을 지속적으로 만들어내는 공장과는 달리 공방의 전통은 자유롭게 변한다. 스트라디바리도 초기 작품은 선구자인 아마티의 작풍(作風)을 그대로 이어받았으며, 1700년경이 되어서야 자신만의 독자적인 작풍을 확립하였다. 이와 같은 과정에서 스승도 제자도 서로의 영향을 받으면서 각자의 개성이 단련되며 새로운 전통이 만들어져 가는 것이다.

넷째로, 공방에서도 연구실에서도 일정 기간의 '수련'이 필요하다. 장인의 기술은 하루아침에 몸에 익혀지는 것이 아니다. 매일 매일의 수련과 함께 학문을 깊이 연구하기 위해서는 높은 집중력과 인내력이 필요하다.

바이올린 공방의 입문자를 위하여 독일 바이올린 제작의 명인인 사사키가 저술한 저서의 내용 일부를 그의 허락을 받아 여기에 소개한다.

- 수업기간을 완수했다고 하여 앞날이 희망차고 전망이 밝은 그런 세계가 아닙니다.
- 수업기간 중에는 인내력과 경제력이 필요합니다.
- 수업기간 중에 적성이 없다고 판단되면 그 사람을 위해서라도 되도록 신속하게 해고합니다. 학교가 아니기 때문입니다.
- 적성이란 손재주가 있고 집중력이 좋다는 것입니다. 바이올린(비올라, 첼로)을 연주할 수 있어야 하며 비흡연자여야 합니다.
- 수업기간은 배우는 사람의 기량에 따라 크게 다르다고 할 수 있는데, 대충이라도 가르치기 위해서는 아무리 빨라도 5년 이상은 소요될 것입니다.
- 경제적인 면과 관련해서, 수업기간 중에는 바이올린 제작에 100% 집중하기 위하여 아르바이트 등이 엄격히 금지됩니다.

이와 같은 엄격한 마음가짐은 안이함에 떠밀려 유행을 좇는 풍조와는 정반대의 지점에 있는 것이며 연구에도 적용 가능한 것이다. 이러한 결의를 가지고 연구실 문을 두드리는 학생이 과연 몇 명이나 있을까? 최근 인내력이 부족한 젊은이가 많아졌다고는 하지만, 열정을 가지고 묵묵히 바이올린 제작과 연구에 몰두하는 기개 있는 인재가 단절되는 일은 없을 것이라 믿고 싶다.

3.14 오는 사람 막지 않고 가는 사람 붙잡지 않는다

연구실을 선택할 때에는 그곳에서 발표된 논문의 질과 연구의 장래성을 자기 나름대로 판단하여 구별해야만 한다. 바꾸어 말해, 연구실을 선택하는 데 있어서도 선택하는 사람의 견식과 실력을 필요로 한다는 것이다. 연구실을 방문하여 그 연구실의 구성원에게 연구시간이나 분위기 등을 물어보며 다니는 사람들이 있는데, 다른 사람들의 생각과 그들의 주관적인 인상에 의지해봐야 소용이 없다. 게다가 연구실에서 수행되는 일의 내용이나 성격에 따라서 개인플레이와 팀워크 중 어느 쪽을 중시해야 할지가 달라진다. 학생에 대한 연구실의 기본적인 방침은 '오는 사람 막지 않고 가는 사람 붙잡지 않는다' 는 것이다.

이것을 달리 말한다면, '연구를 하고 싶다' 라는 동기부여가 모든 것을 대변한다고 할 수 있다. 그렇지만 '오는 사람 막지 않고' 라고 해도 연구실 상황과 대학원 시험 결과에 관계없이 희망자 모두가 연구실 입문이 가능하다고 하는 등의 억지를 부려서는 안 된다. 경험자의 조언을 들은 후에 자신의 장래에 도움이 될 수 있겠다는 순수한 마음으로 연구실을 선택하기 바란다.

아울러 '가는 사람 붙잡지 않는다' 라고 해서, 언제라도 자신이 원하는 때에 연구를 그만둬도 괜찮다고 제멋대로 판단해서는 안 된다. 연구자 한 명을 키워내기 위해서는 연구비와 시간을 포함하여 막대한 에너지가 소비된다. 연구를 수행하는 데 있어서 연구자 본인이 중요한 연구의 일부를 맡고 있다는 자각과 책임감은 물론이며 무엇보다도 열정이 필요하다. 일단 열정을 상실한 사람은 붙잡아봐야 소용없는 것이다.

그리고 언젠가는 연구실을 나가서 독립할 것이기 때문에, 다른 곳으로 가고 싶은 생각이 있다면 자신이 소속되어 지도를 받고 있던 연구실에는 제대로 이치에 맞게 설명할 필요가 있음을 명심했으면 한다. 다른 연구실이나 취직을 원하는 곳에 제출한 원서가 받아들여져 전직이 결정된 후에 '사후승낙(事後承諾)' 의 형태로 자신이 속한 연구실에 보고하는 것은 인간으로서의 도덕적 이치에 반하는 행위이다. 대학원생이 되었다면 연구팀의 프로젝트에 참여하여 일을 하고 있다는 책임감을 잊어서는 안 되며 최소한의 사회적 예절과 자각을 몸에 익혀두어야만 할 것이다.

연구실을 옮길 때에는 그러한 가능성을 생각하기 시작한 단계에서 연구실 지도교수와의 상담을 통해 장래의 행보에 관해 겸허하게 조언을 듣는 것이 필요하다. 고등학교나 대학교를 졸업하는 것과 동일한 감각으로 대학원과 연구실을 졸업해서는 안 된다. 연구실을 옮기더라도 연구자는 자신의 수행하는 연구의 발전 및 취직과 관련하여 장기간에 걸친 조언을 필요로 하기 때문이다.

연구 주제와 연구실 철학은 일관되게 유지되는 것이 일반적이지만, 연구실이 과학의 진보에 공헌하기 위해서는 좋은 의미에서 늘 계속하여 변화되어야만 한다. 연구실은 추억을 만들어내는 기숙사가 아니라 연구자를 목표로 하는 학생을 받아들인 후 양육하여 세상에 내보내는 창조의 장소인 것이다.

> 우리들은 변화에 의해 인생으로부터 무엇인가를 또는 누군가를 잃어버리게 되면 몹시 화를 낸다. 이것을 상실이라고 부른다. 그러나 변화에 의해 무엇인가가 우리 인생에 더해지면 그것을 당연한 것으로 간주하며 이것 또한 변화라는 것을 잊어버린다. (중략) 추억조차도 추억이 되자마자 살아있는 것이 아니다. 판자 위에 핀으로 고정된 나비와 같은 것이다. 추억과 함께 살아가는 것은 죽은 것과 함께 살아가고 있는 것과 마찬가지이다. 경험의 충격은 우리들을 한 번은 바꾸지만 두 번은 바꾸지 않는다.[28]
>
> 도로시 길먼(Dorothy Gilman, 1923~2012)

3.15 제약 속에서의 자기표현

일본의 문예평론가인 코바야시 히데오(小林秀雄, 1902~1983)는 「모차르트(1946)」라는 비평문에서 다음과 같이 언급하고 있다.

> 천재란 노력할 수 있는 소질이 있는 사람이라는 괴테의 유명한 말을 사람들은 거의 이해하지 못하고 있다. 평범한 사람도 노력은 하기 때문이다. 그러나 노력을 필요로 하지 않고 성공하는 경우에는 노력하지 않을 것이다. 그들은 언제나 그렇게 되기만을 바란다. 천재란 오히려 노력을 발명한다. 평범한 사람이 쉽게 바라보는 곳에서, 왜 천재는 어려운 문제를 발견하는 경우가 종종 발생하는 것일까?

요컨대 강한 정신은 쉬운 일을 싫어하기 때문이라는 것일 것이다. 자유로운 창조는 단지 그렇게 보일 뿐이다. 제약도 방해물도 없는 곳에서 정신은 어떻게 그 힘을 시험해볼 기회를 붙잡을까? 어디에도 곤란이 없다면, 당연히 자진하여 곤란을 찾아낼 필요를 느낄 것이다. 이것이 바로 평범한 사람이 하지 못하는 것이다. 장해물이 없는 곳에서 창조라는 행위는 없다.[29]

이처럼 창조적인 일은 언제나 다양한 제약* 속에서 창출된다. 일본의 동북지방에 위치한 덴도시에서 장기알*을 제작하는 전통공예사 사쿠라이 카즈오(桜井和男)의 문장을 그의 허락을 받아 여기에 소개한다.

내가 더 젊었을 때의 일로, 도예가였던 친구와 술을 마시게 되면 종종 '제작에 관한 논쟁'이 벌어지곤 했다. "장기알을 제작하는 것은 대체 뭐가 흥미로운 거야? 형태도 글자도 이미 정해진 것뿐이고……." 그의 지적에 나는 조금 당황하면서 이렇게 반론을 한다. "정해진 틀 안에서 만드니까 오히려 나의 개성이 발휘되는 거 아닌가." 이처럼 산뜻하게 완전히 소화되지 않는 주제는, 나에게 있어서 장기알 제작에 몰두하는 에너지가 되었다. (중략) 나의 조촐한 대처방법이라고도 할 수 있는데, 전통적인 글자 형태라 하더라도 자료를 근거로 하여 되도록 자신의 해석을 적용하고자 노력하고 있다. 아울러, 세상에 알려진 적이 없는 글자 형태를 새롭게 적용하여 장기알을 제작하기도 한다. 도구를 사용하여 이루어지는 공정이며 이미 정해진 일의 형태가 많은 작업이라 할지라도, 역시 '자기표현의 장이 되는 것이다. 아울러 자신의 작명을 새기는 의의도 있다고 생각한다.

전통공예사의 자격을 취득하기 위해서는 12년 이상의 실무 경험이 필요하다. 실제로 회양목의 나뭇결을 정돈하는 짜맞추기 방법과 인도라는 작은 칼을 이용하여 파내고 옻나무를 이용하여 문자를 표현하는 것을 습득하기 위해서는 수년이 걸리며, 타이틀전에서 실제로 사용되는 장기알을 만들 수 있도록 되기까지는 십수 년이 걸린다고 한다. 입체감이 나는 장기알*을 혼자서 한 세트* 만드는 데에는 2개월 이상 걸리기 때문에 긴 연단(鍊鍛)과 지속적인 집중력이 필요하게 된다.

▌글자를 파낸 부분을 옻으로 메꾸고, 다시 그곳에 입체적으로 옻을 쌓아 올려서 제작됨.

▌예비를 포함하여 일반적으로는 총 42개.

그와 같은 제작 과정을 통해 자신이 납득할 수 있는 작품에 '자기표현'을 투영할 수 있었을 때에 진정한 명장이 된다. 현대의 바이올린 제작에서도, 스트라디바리와 바르톨로메오 주세페 과르네리(Bartolomeo Giuseppe Guarneri, 1698~1744) 등이 제작한 명기를 모델로 하여 제작자의 개성과 독창성이 발휘된다. 제2장에서 모방에서 창조로 이행하는 과정에 관하여 언급했는데, 모방이라는 '정해진 틀'이 제약에 해당되며 창조는 자기표현에 대응된다. 연구의 길도 정확히 똑같다. 연구에서는 연구주제의 선택, 연구예산과 공간, 그리고 스태프의 수와 능력 등이 한정되어 있으므로 분명히 다양한 제약이 있다고 할 수 있다. 모든 조건이 충족되는 경우는 좀처럼 없다. 그렇다 해도 '자신의 이름을 논문에 새긴다'는 것의 의의는 바로 창조적인 연구에 의한 자기표현에 있다.

클로즈업 마술(Close-up magic)의 거장 다이 버논(Dai Vernon, 1894~1992)의 예풍은 '버논 터치(vernon touch)'라고 불렸다. 이것의 중요하고도 본질적인 부분은 'Be natural(자연스럽게)'이며, 이것은 'Be yourself(당신 스스로)'라는 의미이다.[30] 자신에게만 가능한 독자적인 연구 주제를 지향하는 연구자에게 있어서는, 자연법칙을 상대하고 있다는 제약이 있더라도 연구 또한 자기다운 개성의 표현인 것이다. 이렇게 생각하면 연구자가 지향하는 것은 예술가가 지향하는 자기표현과 아무런 차이가 없다. 아울러, 과학자는 대중이 좋아하는 유행과 권위 있는 평론가의 평가 등에 좌우되지 않으며 언제나 진실만을 말해야 한다.

단, 과학적 연구는 어디까지나 사람이 이해할 수 있는 것이어야만 한다. 경험에 의하지 않고 머릿속에서 이성에만 호소하여 자신의 생각을 주장하기만 한다면 다른 사람이 그 연구의 진위를 확인할 수 없게 되고, 그렇게 된다면 과학적 연구라 할 수 없다. 일부의 현대미술과 현대음악은 추상적인 세계에서 길을 잘못 들어 헤매고 있는 것처럼 보인다. '이해할만한 사람은 이해할 것이다' 라는 독선적인 예술 표현은 과학에서는 필요 없다.

서예가이자 시인인 아이다 미츠오(相田みつを, 1924~1991)는 난해한 현대서예가 아닌 '평생공부 평생청춘'과 같이 누구라도 읽어서 이해할 수 있는 '자신의 말과 자신의 글'을 지향하였다. 다음 말은 그가 1970년대 후반에 남긴 말이다.

> 자기 자신이
> 자기 자신이 되지 않는다면
> 누가
> 자기 자신이 된다는 말인가
> 당신이
> 당신이 되지 않는다면
> 누가
> 당신이 되어 준다는 말인가[31]

자, 자기 자신다운 연구를 시작하자.

참고문헌

1. N. Chomsky (Edited by C. P. Otero), Language and Politics, Expanded Second Edition, AK Press (2004)

2. D. Cogswell, Chomskey for Beginners, Writers and Readers Publishing (1996)

3. D. コグズウェル (佐藤雅彦訳)『チョムスキー』現代書館 (2004)

4. N. Smith, Chomsky: Ideas and Ideals, Second Edition, Cambridge University Press (2004)

5. N. Chomsky, The Logical Structure of Linguistic Theory, Plenum Press (1975)

6. N. Chomsky, Syntactic Structures, Mouton (1957)

7. N. チョムスキー (川本茂雄)『デカルト派言語学―合理主義思想の歴史の一章』みすず書房 (1976)

8. N. Chomsky, Cartesian Linguistics: A Chapter in the History of Rationalist Thought, Second Edition, Cybereditions (2002)

9. N. Chomsky, "A review of verbal behavior' by B.F. Skinner", Language, 35, 26-58 (1959)

10. N. Chomsky, "On certain formal properties of grammars", Information and Control, 2, 137-167 (1959)

11. K. L. Sakai, "Language acquisition and brain development", Science, 310, 815-819 (2005)

12. N・チョムスキー (外池滋生, 大石正幸監訳)『ミニマリスト・プログラム』翔泳社 (1998)

13. 酒井邦嘉『言語の脳科学―脳はどのようにことばを生みだすか』中公新書 (2002)

14. A. Einstein, The Collected Papers of Albert Einstein, Vol. 1―The Early Years, 1879-1902, Princeton University Press (1987)

15. 夏目漱石『私の個人主義ほか』中公クラシックス (2001)

16. 夏目漱石『漱石全集 第一四巻―書簡集』岩波書店 (1966)

17. A. Einstein (Herausgegeben von C. Seelig), Mein Weltbild, Ullstein Materialien (1984)

18. 菅裕明『切磋琢磨するアメリカの科学者たち―米国アカデミアと競争的資金の申請・審査の全貌』共立出版 (2004)

19. A. Calaprice, Ed. (Betreuung der deutschen Ausgabe und Übersetzungen von A.

Ehlers.), Einstein sagt: Zitate, Eimfälle, Gedanken, Piper Verlag (1999)

20. 伊藤大介 (編)『追想 朝永振一郎』中央公論社 (1981)

21. 彰布『日本人と創造性―科学技術立国実現のために』共立出版 (1982)

22. S・コールマン (岩舘葉子訳)『検証・なぜ日本の科学者は報われないのか』文一総合出版 (2002)

23. 金子務『江戸人物科学史―「もう一つの文明開化」を訪ねて』中公新書 (2003)

24. D・リースマン (加藤秀俊訳)『孤独な群衆』みすず書房 (1964)

25. A. Einstein, Aus meinen späten Jahren, Ullstein Materialien (1986)

26. C・ゼーリッヒ (広重徹訳)『アインシュタインの生涯』東京図書 (1974)

27. M・V・ビッソロッティ (川船緑訳)『クレモーナにおける弦楽器製作の真髄』ノヴェチェント出版 (2001)

28. D・ギルマン (柳沢由実子訳)『一人で生きる勇気』集英社 (2003)

29. 小林秀雄『モオツァルト・無常といふ事』新潮文庫 (1961)

30. L. Ganson, The Dai Vernon Book of Magic, Supreme Magic (1978)

31. 相田みつを『かんのん讃歌―相田みつをが愛した仏像たち』相田みつを美術館 (2005)

연구의 센스

- 불가사의에 대한 도전 -

이상야릇하다고 생각하는 것,
이것이 과학의 싹입니다.
잘 관찰하고 확인하며 생각하는 것,
이것이 과학의 줄기입니다.
그렇게 하여 마침내 신비가 밝혀지는 것,
이것이 과학의 꽃입니다.

도모나가 신이치로(朝永振一郞, 1906~1979)

제4장
연구의 센스
- 불가사의에 대한 도전 -

도모나가 신이치로는 '양자전기역학(Quantum Electrodynamics)'의 기초를 구축하여 소립자 물리학의 발전에 기여한 이론 물리학자이다. 동경에서 태어나 교토에서 학생 시절을 보냈다. 중간자의 존재를 예언하여 일본인 최초로 노벨상을 수상한 유카와 히데키보다 한 살 많았는데, 교토 대학교에 재학하던 시절에는 유카와 히데키와 같은 학년이었다. 물리학에 뜻을 둔 일본인 학생에게 '유카와 히데키'와 '도모나가 신이치로'라는 선구자의 이름은 특별한 울림이 있다. 연구를 시작했던 당시를 뒤돌아보며 도모나가는 다음과 같이 회상하고 있다(1965).

> 그 당시 대학 동기 중에는 나와 관심 분야가 같았던 유카와 히데키가 있었는데 그는 나에게 큰 힘이 되는 동시에 큰 자극이 되었다. 때로는 그 자극이 너무 강해서 약간 질린 적도 있었지만. (중략) 그와 같은 논문의 홍수에 휩쓸려서 어느 쪽을 향해 헤엄쳐 가야 하는지 방향을 잡지 못하고 그저 허우적거리고 있는 상태였다. 그러한 홍수 속에서 유카와는 이미 자신의 진로를 발견했던 것처럼 보였다.

(중략) 유카와는 공부에 진전이 있었던 것에 반하여 건강이 좋지 않았고 무리한 시험공부로 인해 완전히 기진맥진한 상태였다. 당시 극심한 열등감에 사로잡혀 있던 나에게는 그와 같은 어려운 분야에 진출하고자 하는 야심은 도저히 생기지 않았었다.[1]

아울러, 다음과 같은 말도 남기고 있다.

히데키의 눈은 자신의 안쪽을 향해 있었고, 나의 눈은 바깥쪽을 향하고 있었다.[2]

이처럼 도모나가는 유카와를 좋은 라이벌로 의식하면서 물리학의 길을 포기하지 않고 「재규격화(Renormalization) 이론」을 완성시켰다. 도모나가의 장서에는 빈칸에 많은 메모가 남겨져 있는데 이러한 흔적을 통해 그가 얼마나 열심히 공부했는지를 엿볼 수 있다. 고뇌의 과정이 있었기에 서두에서 소개한 '그렇게 하여 마침내 신비가 밝혀지는' 것의 무게감은 매우 크다고 하겠다.

'재규격화'란 이론적인 계산법을 말하며 도모나가 방식의 '일본 고유의 말'에 따른 명명이다. 양자역학에서는 전자 그 자체가 만들어내는 에너지를 계산했을 때 무한대가 되어버리는 어려운 점이 있는데, 그와 같은 무한대를 전자의 질량으로 재규격화하고 실험에서 얻어진 전자의 질량으로 치환하면 교묘하게도 무한대가 소거된다는 것을 도모나가는 깨달았다.

당시 2차 세계대전 직후의 미국에서는 다재다능한 리처드 필립스 파인만(Richard Phillips Feynman, 1918~1988)과 수학적 기교를 능수능란하게 구사하는 줄리언 시모어 슈윙거(Julian

| 노벨상 수상 직후의 도모나가 신이치로

Seymour Schwinger, 1918~1994)가 도모나가와는 별개로 동일한 문제를 해결하고자 노력하고 있었다.

> 그때는 외국 문헌을 입수하기가 어려웠지만, 어떤 의미에서는 그 편이 오히려 나았다. 외부로부터 여러 가지 뉴스가 들려오게 되면 자칫 자신의 연구로부터 딴 데로 눈이 돌려지게 된다. 일본의 물리학자는 대체로 외부 정세에 의해 많이 흔들리는 편인데, 때로는 의식적으로 외부에서 일어나는 일을 모르는 척하는 것도 중요한 것은 아닐까?[1]

물질적으로도 정신적으로도 혼란이 극에 달했던 전쟁기간 및 패전 직후의 일본에서 슈윙거보다도 5년이나 앞서서 최고 수준의 연구 성과를 얻었다는 것은 놀랄만한 일이다. 실제로 당시 아사히문화상 (1947)의 상금은 다다미* 10장을 구매할 수 있는 정도였고, 식량난이 매우 심각한 시기였다. 도모나가는 당시 다음과 같은 말을 남겼다고 한다.

❚ 속에 짚을 두껍게 넣은 일본식 돗자리.

❚ 교토대학 교무보좌원 시절의 도모나가 신이치로(앞줄 오른쪽 끝)와 유카와 히데키(앞줄 오른쪽에서 세 번째). 츠쿠바 대학교 도모나가 신이치로 기념실에서 제공.

슈윙거를 상대로 하고 있자니 너무나도 힘들군. 설마 슈윙거가 고구마를 먹으면서 연구하고 있지는 않겠지. 아마도 그는 소고기 스테이크를 먹고 힘을 내서 연구에 매진하고 있을텐데…….[3]

이렇게 해서 완성된 양자전기화학 이론은 유례를 찾아보기 힘들 정도의 정확도로 실험결과를 예측할 수 있게끔 하였다. 예를 들면, 전자의 자기모멘트를 실측한 값이 1.00115965221인데, 이론값이 1.00115965246으로 얻어질 정도이다.[4] 이 수치의 마지막 두 자리 값의 차이는, 뉴욕과 로스앤젤레스 사이의 거리에 대하여 머리카락 두께 정도의 차이이다.

덧붙여, 양자전기화학(Quantum Electrodynamics)은 QED라는 약자로 표현하는데 이것은 수학에서 사용되는 '증명 완료(라틴어로 quod erat demonstrandum)'와 동일한 약자이다. 때문에 QED는 궁극의 이론으로 불리기도 한다.

이 사례와 같이 이론과 실험의 밀접한 관계는 20세기 물리학의 완성도를 상징하고 있다. 도모나가 신이치로와 유카와 히데키를 동경하여 물리학에 뜻을 두게 된 학생은 매우 많으며 그들 중에서 뛰어난 이론물리학자 또한 다수 배출되었다. QED의 완성에 공헌하였고 노벨 물리학상을 수상한 일본 태생의 미국 물리학자인 난부 요이치로(南部陽一郎, 1921~2015)는 유카와의 사망 소식을 듣고 "한 시대가 지나갔다는 느낌이 듭니다[5]"라고 언급하였다고 한다.

도모나가는 겉모습으로는 알기 어려운 미묘한 마음의 움직임까지도 섬세하게 배려해주는 일본 문화를 사랑했던 반면, 미국의 풍토는 본인에게 잘 맞지 않았던 것 같다. 그가 43세 때 프린스턴 고등연구소에 10개월 정도 체류한 적이 있었는데, 이때 향수병에 걸려 '극락세계에 유배된 느낌[2]'이라 말했다고 전해진다.

내가 프린스턴에 가있었을 때 마음이 편해지는 곳은 화장실뿐이었다. 그곳에서는 아무도 나에게 영어로 말을 걸지 않는다.[6]

본 장의 서두에서 소개한 말은 교토시 청소년과학센터에 소장된 방명록에 기재되어 있는 것이다. 도모나가 신이치로는 그때그때 경쾌하고도 세련된 문장으로 물리학 해설서나 수상 소감을[7] 다수 남겼다. 그 중에서도 『광자의 재판 −어느 날의 꿈−[8]』은 고등학생도 즐겁게 읽을 수 있는 양자역학 입문

❚ 동경교육대학에서의 강의. 츠쿠바 대학교 도모나가 신이치로 기념실 제공.

서의 최고걸작으로 평가받고 있다. 『도모나가 신이치로 저작집[9]』은 다수의 고등학교 도서관에 기부되었고, 그가 탄생한지 100년이 넘어서도 계속해서 읽히고 있다. 책 속의 내용을 직접 연구했던 당사자가 저술한 책을 손에 들고 읽을 수 있다는 것, 이것은 매우 중요하고도 유익하다. 이 전집이 간행되던 기간에 때마침 나는 고등학교부터 대학시절을 보냈기 때문에 그 영향은 이루 헤아릴 수 없다.

도모나가는 동경교육대학(현재의 츠쿠바 대학)의 총장을 맡고 있을 때에도 자주 연예장*에 다녔다고 한다. 도모나가의 노벨물리학상(1965) 수상이 결정되고 나서, 그는 동료들의 축하주에 만취되어 욕실에서 넘어져 갈비뼈가 부러지는 바람에 그 해 스톡홀름에서 진행된 수상식에 갈 수 없었다. 이로 인해 도모나가는 제자들에게 다음과 같은 특별한 만담 한 마디를 남겼다 한다.

❚ 일본식 만담이 진행되는 장소.

"노벨상을 받게 되면 뼈가 부러진다."[10]

4.1 이상야릇하다고 생각하는 것

본 장의 서두에서 언급한 말과 같이 과학적 연구의 계기는 이상야릇한 자연현상을 발견하는 것이다. 그와 같은 자연현상에 대해서 '왜 그렇지?' 라고 생각하고 그 원리를 이해하려고 하는 동기가 원동력이 되어 연구가 시작된다. '모두가 하고 있으니까', '그게 당연하니까', '그게 전통이니까' 라는 이유로는 무릇 연구를 해봐야 소용이 없다.

이상야릇하다고 생각하는 것은 과학자가 가져야 하는 중요한 센스(감성) 중 하나인데, 이것은 뇌과학과 심리학에서 아직까지도 전혀 이해하지 못하고 있는 심오한 '감각' 이다. 이상야릇하다고 생각하는 뇌의 메커니즘은 인간의 창조성을 규명하는 데 있어서 중요한 열쇠가 될 것이다. 그리고 미(美)에 대한 감성이 보다 아름다운 것을 만나면서 연마되는 것처럼, 이상야릇하다고 생각하는 감성 또한 이상야릇한 것에 접하면서 더욱 깊이를 더해간다.

아인슈타인은 다음과 같이 말하고 있다.

> 우리들이 경험할 수 있는 가장 아름다운 것은 신비적인 것이다. 그것은 참다운 예술과 과학의 탄생에 수반되는 기본적인 센스이다.[11]※21

소박하면서도 이상야릇하고 신비적이라고 느끼는 현상이 만약 미해결된 문제라면 행운이다. 이와 같은 경우에는 완전히 새로운 연구 분야를 개척하는 계기가 될 수도 있기 때문이다. 반면에 이미 확립된 분야에서는 미해결된 문제인지 아닌지를 알기 위하여 충분한 예비지식을 필요로 한다. 그러나 이상야릇한 것을 체험할 때 예비지식은 오히려 방해가 된다. 오히려 이상보다도 예민한 감성이 훨씬 중요하다. 이상야릇한 것과 만나게 되면 시간 가는 줄 모르게 된다.

4.2 호기심은 과학의 시작

이상야릇하다고 생각하는 것은 '호기심'의 표현이다. 어린아이가 부모에게 '왜? 어째서?'라고 반복하여 물어보는 것도 외부 세계에 대한 호기심의 표현인 것이다. 그런 의미에서 연구자는 영원히 어린 아이이다. 제2장의 서두에서 소개했었던 뉴턴의 말처럼 말이다. 과학적 연구를 하기 위해서는 호기심이 필요하다. 인간에게 호기심이 없다면 애초에 외부 세계를 이해하려고 하는 생각이 들지 않을 것이므로 과학은 생겨나지 않았을 것이다.

어린아이의 호기심에 관해서 도모나가 신이치로는 다음과 같이 말하고 있다.

> 어린아이의 호기심을 하찮고 시시한 호기심으로부터 더욱 의미가 있는 고차원의 호기심으로 이끌어가는 것, 나는 이것이 과학교육에 있어서 한 가지의 기본적인 사고방식이라고 생각합니다.[12]

아인슈타인의 다음 말도 맥을 같이 하고 있다.

> 중요한 것은 질문을 그만두지 않는 것입니다. 호기심은 그 자체로 존재할만한 근거가 되는 것입니다.[13]※22

더 나아가서 아인슈타인은 호기심에 필수적인 것이 자유라고 말하고 있다.

> 현대의 교육운영 방식이 연구의 신성한 호기심을 아직까지도 완전히 압살하고 있지 않은 것은 정말로 경이적이라 할 것입니다. 왜냐하면, 이 섬세한 새싹은 자극 외에도 특히 자유를 필요로 하기 때문입니다. 자유가 없이는 그것은 틀림없이 뿌리째 뽑혀 없어져 버릴 것입니다.[14]※23

바꾸어 말해, 스파르타식 교육처럼 지식을 몸에 익히는 것을 강요하면 할수록 호기심은 위축되어 버린다. 인간은 천성적으로 놀이를 통해 자유로운 지적 호기심을 가지는 것을 선호한다.[15] 호기심은 과학의 시작인 것이다.

4.3 과학과 마술

과학이란 불가사의한 자연현상을 규명하여 합리적인 설명을 부여하려고 한다. 바꾸어 말해, 불가사의를 철저하게 해부한 후 그로부터 이해되지 않는 신기한 현상의 이유를 명확하게 규명하는 것이 과학의 책무이다.

반면에, 생성·소멸·순간이동·공중부양과 같이 물질의 보존 법칙과 중력 법칙에 반하는 불가사의한 현상을 인공적으로 (물론 과학적으로) 만들어낸 후에 그것을 예술과 엔터테인먼트로서 즐기는 것이 마술이다.

마술에는 반드시 속임수가 동반된다. 마술의 세계에서는 강의가 아닌 한은 관객에게 속임수를 모두 밝히지는 않는다. 어떤 속임수였는지를 알게 되어 버리면 의외성과 놀라움이 사라져 마술의 매력이 훼손되기 때문이다. 게다가 우수한 속임수일수록 그 방법 자체는 정말로 단순하며, 전기장치를 이용하는 등의 고도의 공학기술이 사용되는 속임수는 극히 드물다. 오히려 속임수가 단순하면 단순할수록 실제로 마술이 관객에게 주는 충격은 마술사 자신도 놀랄 정도로 매우 크다.

그런데 마술에 익숙하지 않은 사람이 그 속임수를 어떻게든 간파하려고 너무 노력한 나머지, 마술 자체를 즐길 여유가 없어져 버린다면 그것은 매우 유감스러운 일이다. 많은 사람들은 속임수의 원리를 알고 싶어 하지만 그것이 의외로 간단한 것이라는 알게 되면 실망할 뿐이며 실제로 본인이 직접 그 마술을 시도해 보려고는 하지 않는다. 그렇지만 단순한 장치에 의해 불가사의하게 보이도록 하는 것 자체가 신기하다고 생각하게 되면, 일반 관객의 경지를 넘어서서 마술을 즐길 수 있게 된다. 과학 마술과 심리 트릭의 사례를 들 것도 없이 과학과 마술은 서로 상반되는 행위가 아닌 것이다.

반면에, 염력과 투시력 및 예지력 등의 '초능력'은 속임수의 존재를 부정하기 때문에 마술과 과학 모두에 대립된다. 정말로 초능력이 존재하는지 아닌지는 아직까지 검증도 반증도 되어있지 않지만, 마술과 과학에 의해 합리적으로 실현 가능한 초능력이 존재하지 않는다는 것만은 분명하다.[16] 죽음에 이르는 체험과 심령체험 등의 불가사의한 '초현실적 현상' 또한 합리적인 설명은 충분히 가능하다. 때문에 초능력자와 심령술사가 과학자와 대결한다 하여도 아무것도 새롭게 생겨나지는 않는다.

오리엔트 특급의 식당 차량을 일순간에 사라지게 하는 미국의 마술사 데이비드 카퍼필드(David Copperfield, 1956~)의 환상적인 마술과 화려하게 카드를 다루는 일본의 마술사 마에다 토모히로(前田知洋, 1965~)의 근접마술을 보고, 과학의 흥미로움에 눈뜨는 사람이 나타나지는 않는 것일까?

우수한 마술사는 과학자와 심리학자의 자질 모두를 충분히 갖추고 있다.

4.4 의외성이야말로 생명

불가사의하다고 생각하는 것의 핵심은 의외성에 있다. 이것은 상식에서 벗어나는 것이며 예상을 배반하는 것이다. 의외성이 작으면 일순간 놀라는 것만으로 끝나버린다. 그러나 의외성이 크면 곧바로 합리적인 설명이 머리에 떠오르지 않기 때문에 불가사의함이 지속되며, 이것이 연구의 동기가 된다.

의외성이 없는 곳에 가치 있는 발견은 없다. 논리적으로 간단하게 예상되는 것이 올바르다고 증명된 시점에서 새로운 것은 알 수가 없다. 과학에서 혁명이라고 하는 것은 상식을 뒤집는 것이며 정설을 타파하는 것이다. 바꾸어 말해, 의외성이 있는 논리의 비약이야말로 과학의 원동력인 것이다.

1970년대부터 1990년대에 걸쳐 '인지과학'이 유행하였다. 지각 및 기억과 의식 등 다양한 마음의 작용이 인지과학의 대상이 되었고, 친밀한 마음의 문제를 과학적으로 규명할 수 있지 않을까라고 하여 주목을 받았던 것이다. 그렇지만 다시 되돌아보면 의외성이 있는 발견은 한정되어 있다. 이런 생각을 인지과학 연구자에게 내비쳤다가 당연한 것을 제대로 확인하는 것이 중요한 것이라고 핀잔을 들은 적이 있다. 물론 그것이 정론이기는 하지만 의외성이 없는 곳에 역시 진보는 없다.

연구와 논문을 통해 어느 정도 충격이 있는 의외성을 체험했는지에 따라 발견에 대한 감성도 좌우된다. 제1장의 서두에서 언급했듯이, 독창적인 논문의 원본을 읽을 때의 전율은 그와 같은 의외성을 간접적으로 체험하는 것과 다름없다. 그렇지만 그 내용이 교과서의 형태로 잘 정리되면 그 내용이 가지고 있는 의외성은 크게 훼손된다. 왜냐하면, 교과서는 각 단원별로 일정한 순서와 법칙에 의해 내용이 정리되어 있으며, 게다가 '논리적으로' 각각의 발견과 사고방식을 나열하기 때문이다.

만약 과학자의 의외성을 양성하는 '교과서'를 만든다고 한다면, 책장을 넘길 때마다 예상을 뒤집을 필요가 있는 것은 물론이고 의외성의 강도 또한 점점 커질 필요가 있을 것이다. 마치 마지막 페이지에 반전이 있는 고품질의 미스터리 추리 소설처럼 말이다.

4.5 '알고 있는지 모르고 있는지' 그것이 문제이다

마지막에는 범인과 트릭이 밝혀지는 것이 미스터리 추리 소설에
서는 상식적인 것이다. 아무리 뛰어난 밀실사건이라 해도 미궁에 빠
지게 되면 그것이 독자에게는 부당한 것이기 때문이다. 그렇지만
마지막까지 범인이 누구인지를 굳이 가르쳐주지 않는 새로운 장르
의 추리소설이 있다. 히가시노 게이고(東野圭吾, 1958~)의 『둘 중 누군
가 그녀를 죽였다』와 『내가 그를 죽였다』*가 그와 같은 장르에 속   ▌두 작품 모두 일본 출판
하는 작품이다. 논리적으로 추리를 해보면 복수의 용의자 중에서 누   사인 고단샤(講談社)에서
가 범인인지를 알 수가 있지만 마지막 부분만을 읽어보는 것만으로   출판됨.
는 절대 알 수가 없다. 자신 스스로 '범인이 누군지 알 것 같아' 라
는 전율을 맛볼 수 있다는 이유로 최상의 미스터리 소설로 평가받고
있다.

에도시대의 장기 기사인 이토 소칸(伊藤宗看, 1706~1761)과 이토 칸쥬
(伊藤看寿, 1719~1760) 형제가 저술한 것으로 알려진 매우 난해하면서도
화려한 박보 장기*를 주제로 한 작품집*이 있다. 이 작품은 박보 장   ▌묘수풀이 장기
기의 문제집이기 때문에 최종적으로는 외통수에 이르게 되는데, 그   ▌『장기무쌍(将棋無双)』,
난해함 때문인지 저자도 간과한 부분이 있어서 외통수가 되지 않는   『장기도교(将棋図巧)』가
몇 개의 문제가 포함되어 있다는 것이 나중에 발견되었다.   대표적이며 장기 역사상
                                                                최고의 걸작으로 평가받고
이와 같이 '외통수에 몰리거나 몰리지 않거나' 의 아슬아슬한 경계   있음.
까지 고도의 구상을 강구했던 것에, 어쩌면 뛰어난 창조력의 비밀이
숨겨져 있는 것인지도 모르겠다. 대부분의 장기 서적에서는 박보 장
기와 '필사(必死) 문제' 모두 왕을 외통수로 모는 문제를 취급하고 있
다. 그러나 외통수로 몰수 있을지 어떨지를 바로 알 수 없다는 것이
실제로 두 사람이 대국을 할 때의 어려움이며, 실전에서는 외통수를
재빨리 간파할 수 있는지가 승패의 갈림길이 된다.

과학적 연구에서도 사정은 완전히 똑같다. 실제로 최첨단 연구에

서는 문제가 해결될 수 있을지 조차도 의심스럽다. 연습문제처럼 답이 있어서 그것을 찾는 것과는 완전히 다르다. 일본의 수학자인 후지와라 마사히코(藤原正彦, 1943~)의 다음과 같은 지적은 연구자의 심리를 잘 나타내고 있다.

> 어려운 수학 문제를 푸는 사람에게, 누군가가 문제풀이에 성공했다는 것을 들려주는 것과 그렇지 않은 것에는 큰 차이가 있다. 어려운 수학 문제에 직면한 수학자가 당면하는 공포는 '그것이 틀린 명제였다면'과 '그것이 만일 감당할 수 없을 정도로 너무 어렵다면'의 두 가지이다. 이 두 가지의 경우 모두는 생각하는 것 자체가 시간낭비일 뿐이다. 이러한 공포에 처음부터 끝까지 위협 당하고 있기 때문에 몇 번인가 좌절을 겪게 되면 공략하는 것을 포기하고 물러나 버리게 된다. 그러나 누군가가 문제풀이에 성공했다고 하면 그러한 공포는 없는 것과 마찬가지이므로 문제풀이에 철저하게 몰두하는 것이 가능하다.[17]

이처럼 '아는 사람, 모르는 사람'과 같은 상황이 가장 어렵고도 괴롭다. 일단 '알고 있는 것'이 명확해지면 그 다음은 애를 써서 어떻게든 해결할 수 있겠지만, 불행하게도 어떻게 해서도 알 수 없는 문제에 열중해버리면 평생의 노력이 헛된 것이 될 수 있다. '알고 있는지 모르고 있는지' 그것이 문제인 것이다.

4.6 연구자의 심미안

연구자는 이해하느냐 못하느냐에 인생을 걸고 있기 때문에 진리에 대해서는 장인과 같은 '고집'이 있다. 이것은 소위 연구자의 '심미안(審美眼)*이라고 부를만한 감성이다. 연구자는 의식하지 않아도 자신의 연구에 대해 명확한 '미학'을 가지고 있음에 틀림없다.

수학자인 버트런드 아서 윌리엄 러셀(Bertrand Arthur William Russell, 1872~1970)은 다음과 같이 언급하고 있다(1918).

■ 아름다움을 살펴 찾는 안목.

수학을 올바르게 주시한다면 거기에는 진리뿐만 아니라 최고의 아름다움이 존재한다는 것을 인식할 수 있습니다. 그것은 조각의 아름다움과 같이 차갑고 간결하며, 우리들의 약한 성격 어느 부분에도 호소하지 않고, 그림이나 음악처럼 호화로운 장식도 없고, 그 자체만으로도 고상할 정도로 순수하며, 최상의 예술만이 나타낼 수 있는 엄격한 완전성을 가질 수 있는 것입니다.[18]※24

연구자는 논문을 한 편 읽는 것만으로도 그 논문이 가진 학문적 가치와 확실성을 정확하게 간파할 수 있는 예리한 '분별력'을 지니고 있을 필요가 있다. 이것은 예술품을 감정하여 진짜인지 가짜인지, 그 상태가 좋은지 나쁜지를 분별하는 데 필요한 '감식능력'과 비슷하다.

이와 같은 분별력은 '진·선·미'의 판단력과도 관계가 있다. 이것은 참인지 거짓인지, 선인지 악인지, 아름다운지 추한지라는 가치판단을 매우 빠르고 확실하게 할 수 있는 능력이기도 하다. 아인슈타인은 "나는 어떻게 세계를 바라보는가."라는 문장(1930) 중에서 다음과 같이 언급하고 있다.

내가 가는 곳을 밝히며 살아있는 동안에 나에게 몇 번이고 멋진 활력이 넘쳐나게 해준 나의 이상은 진·선·미였다.[11]※25

반면에, '진·선·미'에 대한 고집이 너무 세면 시야가 좁아진다. 자신이 인정한 것 이외는 열등하다고 느끼게 되어 그 외에도 참된 것과 아름다운 것이 있다는 것을 인정하지 않게 되어 버린다. 그래서는 안 된다. 새로운 '진·선·미'의 가치관에 대해 늘 자신의 감성을 지속적으로 연마해나갈 필요가 있다. 심미안도 다른 능력과 마찬가지로 평생에 걸쳐 계속하여 성장하는 것이다.

4.7 완전한 우연에 의한 중대한 발견이나 발명 - serendipity

초심자가 행운을 얻는 것을 'beginner's luck'이라고 한다. 초심자가 경험자를 이기는 것이므로 이것은 실력보다도 운에 지배되고 있다고 말할 수 있을 것이다. 아직 시작한지 얼마 되지 않아 그 일의 어려움이 무엇인지 잘 모르고 있었기에 무서워하지 않고 도전하여 잘된 것이라고도 그 이유를 생각할 수 있다. 마찬가지로 연구에서도 그 분야에서 30년간 연구를 해온 최고의 과학자가 발견하지 못한 것을 대학원생이 발견해버리는 경우도 있을지 모른다.

이와 매우 비슷한 상황을 (특히 과학적 발견에 관하여) '세렌디피티 (serendipity)'라고 부르는 경우가 있다. 이것은 요행수처럼 뜻하지 않은 중대한 발견을 가리키는 말이며, '행운은 누워서 기다려라'＊가 아니라 '뜻밖의 공명'＊에 가깝다. 다른 것을 연구하는 과정에서 우연히 자신의 평소 연구주제와는 다른 발견을 하거나, 실패한 실험에 관하여 곰곰이 생각해봤더니 새로운 발견으로 이어지는 힌트가 얻어졌다고 하는 것과 같은 상황인 것이다.

＊ 행운은 사람의 힘을 초월한 것이니, 서두르지 말고 끈기있게 기다리라는 의미.

＊ 실패했다고 생각하거나 무심코 한 일이 뜻밖에 좋은 결과를 낳게 됨.

세렌디피티의 사례로 자주 인용되는 것은 알렉산더 플레밍(Alexander Fleming, 1881~1955)의 페니실린 발견에 관한 일화이다. 플레밍은 세균배양 접시를 뚜껑을 덮지 않은 채로 창문 옆에 방치해 두었는데, 깨어진 창문을 통해 푸른곰팡이의 일종인 페니실리움 노타툼(penicillium notatum)의 포자가 날아 들어와 우연히 그 접시 위에 떨어져서 생긴 일이었다.[19]

푸른곰팡이가 생성되어 쓸모없게 된 실험 접시를 폐기하려다가, 푸른곰팡이가 생성되어 있는 주변에 세균이 번식하지 않았다는 사실을 플레밍은 깨달았다. 그대로 배양 접시를 폐기했으면 페니실린은 발견되지 않았겠지만, 그는 '왜 세균이 번식하지 않았을까?'라고 생각하는 과정에서 푸른곰팡이가 세균을 죽이는 물질을 만들고 있다는 결론을 내렸다. 이 물질이 바로 페니실린이었던 것이다. 그러나 플레밍은 페니실린을 정제분리하지 못했다. 페니실린을 대량으로 생산할 수 있게 된 것은 플레밍의 페니실린 발견으로부터 10년이 지난 후였다. 플레밍은 페니실린을 정제분리하지 못했고 세월이 흘러 1940년에야 정제분리가 가능하게 된 것이다. 이 순간부터 항생제의 시대가 개막되었다. 페니실린은 감염병으로부터 수많은 생명을 구해준 20세기 최고의 발명품 중 하나로 인정받고 있다.

세렌디피티에 의한 성과는 실험 중에 우연히 X선을 발견한 독일의 물리학자 빌헬름 콘라트 뢴트겐(Wilhelm Conrad Röntgen, 1845~1923)의 업적을 시작으로 많은 노벨상 수여의 대상이 되었다.[20][21] 화학 실험에서는 실수로 촉매의 양을 천배나 많이 넣었던 것이 전도성 고분자의 발견으로 이어진 사례가 있다.[22] 이 실험을 직접 수행했던 일본의 화학자 시라카와 히데키(白川英樹, 1936~)는 전도성 고분자를 발견한 공로로 앨런 제이 히거(Alan Jay Heeger, 1936~) 및 앨런 그레이엄 맥더미드(Alan Graham MacDiarmid, 1927~2007)와 함께 노벨 화학상을 수상했다.

또 다른 세렌디피티로는 고분자 단백질의 종류와 양을 효과적으로 분석할 수 있는 기법을 개발한 공로로 노벨 화학상을 수상한 일본의 화학자 다나카 코이치(田中耕一, 1959~)의 사례가 있다. 그는 레이저를 이용해 단백질의 구조를 밝혀내는 일을 하고 있었다. 그러나 분자량과 질량을 파악하기 위해 단백질 시료에 레이저를 조사하면 강한 빛과 열에 의해 시료가 타 버리거나 부서지기 일쑤였다. 따라서 시료를 보호할 수 있는 용액이 필요하였고 그러한 용액을 찾아내기 위해 수백 가지 시약의 농도를 다르게 하며 몇 년간 실험을 거듭했지만 번번이 실패하였다.

그러던 어느 날 비타민 B12의 질량 측정을 준비하고 있던 그는 늘 사용하던 아세톤을 코발트 미세 분말과 혼합하여 사용하려고 했는데, 실수로 글리세린을 혼합하였다. 자신이 실수한 줄을 알았으면서도 '그냥 버리기 아깝다'고 생각하여 버리지 않고 레이저를 조사하여 글리세린을 증발시켜 보았다. 그런데 놀랍게도 비타민 B12가 이온화되었던 것이고, 이 실험 결과로부터 단백질을 이온화시키는 방법을 발견하여 노벨상 수상으로 이어지게 된 것이다. 그는 다음과 같이 언급하고 있다.

> 이처럼 우연히 거듭되면서 큰 발견을 할 수 있었던 것은 내가 매일 매일 꾸준히 실험을 해왔기에 평상시와 다른 현상이 일어났을 때 그것을 놓치지 않고 '아! 이것은 ~가 아닐까'라고 느낄 수 있었다고 말할 수 있을 것입니다.[23]

이것이야말로 바로 세렌디피티이며 다음과 같이 프랑스의 화학자이자 세균학자인 루이 파스퇴르(Louis Pasteur, 1822~1895)가 남긴 유명한 말과도 맥이 통한다(1845년 릴 대학의 총장 취임식 연설에서 인용).

> 관측 분야에서는 준비가 되어있는 마음만이 우연한 행운을 얻게 됩니다.[※26]

여기서 '준비가 되어있는 마음'이 세렌디피티의 핵심이다. 발견은 언제 찾아올지 모른다. 그렇기 때문에 새롭게 떠오른 아이디어는 형사 콜롬보처럼 '메모광'이 되어 곧바로 기록해두도록 하자. 카페에서 갑자기 MRI(자기공명영상)의 원리를 발견한 미국의 화학자 폴 크리스천 라우터버(Paul Christian Lauterbur, 1929~2007)는 메모장이 없어서 잊지 않도록 종이 냅킨에 적은 후에 급하게 서둘러 연구실로 돌아갔다고 한다.

4.8 잘 관찰하여 확인하는 것

　연구는 대부분의 경우에 '이론과 실험' 또는 '기초와 응용' 으로 나누어진다. 연구자도 '실험가' 와 '이론가' 처럼 각각의 전문가로서 일을 하는 경우가 많다. 이론가가 실험가와 한 팀이 되면 그야말로 호랑이가 날개를 단 격이 되는 것이다.

　같은 분야의 연구자들끼리만 한 팀을 이루는 것은 아니다. 1960년 대 중반 전파 안테나를 이용하여 은하계에서 오는 전파 잡음을 관측하고 있던 물리학자인 아노 앨런 펜지어스(Arno Allan Penzias, 1933~)와 천문학자인 로버트 우드로 윌슨(Robert Woodrow Wilson, 1936~)은 에코 위성에서 보내오는 약한 신호를 좀 더 잘 잡기 위해 안테나 수신기에 들어오는 잡음을 해결하려 하고 있었다. 이 과정에서 그들은 원인을 알 수 없는 7.35cm의 파장을 가지는 잡음이 무엇인지 해석이 되지 않아 지쳐 있었다.

　그래서 지인인 천체 물리학자에게 조언을 구하게 되었는데 거기서 얻게 된 조언이 역사적 대발견으로 이어졌다. 이 잡음의 정체는 '우주배경복사(Cosmic microwave background radiation)' 였다. 우주배경복사란 전 우주에 균일하게 퍼져있는 전파*이다. 이 복사는 이론적으로 예견되었던 것으로 우주가 시작될 때 일어났던 빅뱅(대폭발)의 흔적이라고 생각되는 절대온도 약 3도의 복사였다. 우주배경복사가 발견됨으로써 대폭발 이론과 대립하고 있던 정상우주론은 종말을 고했고, 대폭발 이론이 우주론의 정설로 자리 잡는 계기가 되었다. 즉, 우주가 영원하고 그 밀도가 일정하다는 정상우주론은 과거의 우주가 현재보다 더 뜨거웠다는 증거인 우주배경복사를 설명하지 못했다. 펜지어스와 윌슨은 우주배경복사를 발견한 공로로 1978년 노벨 물리학상을 수상하였다. 이 발견에서 얻을 수 있는 교훈은 자신이 모든 것을 알지 못하더라도 조언을 구할 수 있는 전문가를 알아

■ 우주공간의 배경을 이루며 모든 방향에서 같은 강도로 들어오는 전파.

두는 것이 언젠가는 도움이 된다는 것이다.

이처럼 과학적인 이론에는 실험적인 뒷받침이 필요하고 실험에서 얻어진 현상에는 이론적인 설명이 필요하다. 아울러, 기초적인 발견은 응용 기술에 의해 실용화의 길이 열리며 응용 기술이 더욱 발전하기 위해서는 기초적인 연구가 필요하다. 이처럼 연구에서는 양측 간의 상호작용의 의미와 깊이가 결정적이다. 다시 말해, '잘 관찰하여 확인하기'위해서는 '이론과 실험' 및 '기초와 응용'의 균형 감각이 중요한 것이다. 이론을 무시하고 오로지 관찰만 하더라도 알 수 있는 것에는 한계가 있다. 아울러, 너무나도 기초를 중시한 나머지 응용하는 것을 주저하게 되면 가설을 확인하는 데 뒤처지게 된다.

추리소설의 주인공인 명탐정 셜록 홈즈가 왓슨에게 '보다(see)'와 '관찰하다(observe)'의 차이를 설명하는 대목은 유명하다.* 그들의 하숙방은 2층에 있었는데 홈즈가 1층에서 2층에 오르기까지의 계단이 몇 개인지를 왓슨에게 물었더니 왓슨은 질문에 대답하지를 못했다. 몇 백번이고 오르락내리락 했음에도 불구하고 말이다. 즉, 잘 관찰하여 실제로 세어보지 않는 한 17개의 계단이 있다는 것을 모른다는 것이다. 지금까지 자신의 집과 학교에서 계단이 몇 개인지 세어 본 적이 있는가?

■ 단편 「보헤미아 왕국의 스캔들」의 한 구절.

과학자는 반복하여 현상을 관찰한 후 자신의 생각이 옳은지 틀렸는지를 확인하는 것이 필요하다. 이 작업을 통해 단순한 착상이 과학적인 가설로 성장하게 된다. 이렇게 해서 불가사의한 현상을 설명할 수 있는 새로운 가설이 탄생한다.

4.9 가설의 실증에 필요한 기술

그렇다면 그 가설을 어떻게 확인하면 좋을까?

영어에서는 strategy(전략)과 tactics(전술)이 구별되어 있는데 이것은 연구를 진행하는 데 있어서도 중요한 개념이라 할 수 있다. '전략'이란 목적을 달성하기 위한 전체적인 계획이며 연구의 경우에는 특정 가설을 확인하는 것에 해당한다. 이에 대해, '전술'이란 그 전략을 실행하기 위한 하나하나의 방법이다. 전략은 무엇을 할지(What)이고 전술은 그것을 어떻게 해야 하는지(How)에 대응한다.

실제 연구에서는 실험적 연구와 이론적 연구 하나하나를 어떻게 해야 하는지에 집중하는 경향이 있다. 다시 말해, 너무나도 전술을 중시한 나머지 이따금 전략을 잃어버리기 쉽다. 뛰어난 연구자는 전략과 전술의 균형 감각이 우수하다고 말할 수 있을 것이다. 예컨대 하나의 실험이 실패했을 때에도 어디까지 되돌아가서 그 다음에 무엇을 해야 하는지를 전체적인 연구 계획에 의거하여 명확하게 판단할 수 있다.

실험적인 연구에서는 가설을 확인하기 위하여 우수한 기술을 개발하는 것이 필요하다. 이와 같은 기술 개발에서는 양적인 변화가 질적으로 큰 변화를 만들어낼 수 있다. 이를테면, 독일의 의사이자 미생물학자인 하인리히 헤르만 로베르트 코흐(Robert Heinrich Hermann Koch, 1843~1910)가 광학현미경을 사용하여 병원균을 발견하고, 영국의 전기생리학자인 에드거 더글러스 에이드리언(Edgar Douglas Adrian, 1889~1977)이 진공관 증폭기를 사용하여 신경의 전기신호를 발견한 것처럼, '크게 본다'는 것은 본질적인 진보와 서로 연결되어 있다.

그리고 실험 결과를 좌우하는 조건(parameter)이 많이 존재하는 경우에는 각각의 조건을 어떻게 바꾸어 가는지가 중요하며 그 과정에서 실험자의 재능과 센스가 적절한지를 평가받는다. 잘못하면 아무리 시간이 지나도 실험은 수습되지 않고 최적 조건도 발견되지 않는다. 단시간에 안성맞춤의 조건을 찾아내는 직감이 승패를 결정짓는다.

4.10 생각하는 것

연구자에게 있어서 특히 중요한 것은 '생각하는 것'이다. 그러기 위해서는 생각하기 위한 물리적인 시간뿐만 아니라 정신적으로 '굶주림에 허덕이는 느낌'이 필요하다. 이것은 현재 상황에 안주하는 것을 꺼려하며 늘 새로운 아이디어를 갈망하는 '헝그리 정신'이기도 하다. '지식에 대한 욕망이 왕성한'이라는 의미의 독일어는 wissensdurstig이며 문자 그대로 '지식(wissen)을 갈망하는(durstig)'이라는 의미이다.

미국 영어에서는 갑자기 찾아오는 영감을 brainstorm 또는 brain wave라고 한다. 집단적인 창의적 발상 기법으로 집단에 소속된 인원들이 거침없이 자유롭게 제시한 아이디어 목록을 통해서 특정 문제에 대한 해답을 찾고자 노력하는 것을 '브레인스토밍'이라고 하는 것도 마찬가지이다. 이것은 뇌에 충분한 부하를 걸어서 뇌가 작동할 수 있도록 하는 것이다. 그러기 위해서는 뇌라는 연소기관의 혈당 값을 올려둘 필요도 있다.

이처럼 연구 및 생각하기 위한 의욕을 끌어내기 위해서는 기분 제어가 매우 중요하다. 도모나가 신이치로는 다음과 같이 언급하고 있다.

> 몇 시부터 몇 시까지 회의에 참석하라든지 이러저러한 서류를 만들라고 하는 등의 지시처럼 어설픈 의무가 부과되면, 그와 같은 형식적 의무를 수행한 것만으로 자신의 의무는 전부 완수했다는 기분이 들어버린다. 그래서 양심이 안심을 하게 되어버리고 보다 새로운 의욕은 생겨나지 않는다. 인간이란 그런 것이다. 때문에 연구를 시키기 위해서는 양심을 안심시켜서는 안 되며, 안심시키지 않기 위해서는 어설픈 의무와 같은 구실을 부여해서는 안 된다는 것이다.[1]

그리고 끝이 없는 막대한 정보량을 가진 인터넷 등의 구렁텅이에 빠지지 않는 것도 중요하다. 생각하기 전에 인터넷에서 검색하는 것은 그만두도록 하자. 타인이 발신하는 부정확한 정보에 휩쓸려서는 독자적인 연구가 불가능하다. 생각하기 위해서는 휴대폰의 전원을 끊고 인터넷 접속도 끊는 것이 필요하다.

연구자는 종종 침식을 잊고 생각에 골몰하는 경우가 있기에 소음에 의해 생각하는 것이 중단되는 것을 싫어하는 사람이 많다. 오토바이 소리나 요란한 소리로 선전을 하는 자동차 등은 설령 악의가 없다고 하더라도 생각하는 행위에 방해가 될 수는 있다. 일본인은 벌레 소리에 운치를 느낄 만큼 섬세한 민족이라고 알려져 있는 반면에 도시의 떠들썩함에는 매우 둔감한 것 같다. 예를 들면, 일본의 전철과 버스 안에서 흘러나오는 방송은 다른 나라와는 비교가 안 될 정도로 과잉의 정보를 일방적으로 제공한다. 차 안에서 조용히 책을 읽거나 생각에 골몰하는 사람들의 자그마한 바람이 왜 좀 더 존중받지 못하는 것일까? '정온권(靜穩權)'*과 '혐음권(嫌音權)'*은 연구자가 생각을 하는 데 필요한 환경권이기도 하다.

▌ 소음이 없는 조용한 개인
생활을 영위할 권리.

▌ 불쾌함을 유발하는 소리
를 피할 수 있는 권리.

4.11 문득 떠오르는 영감을 얻기 위하여

생각하는 과정에서 체험하게 되는 가장 즐거운 것은 '문득 영감이 떠오르는 것'이다. 어떤 것을 깨달은 순간, 눈앞의 안개가 걷히는 듯한 느낌을 받는 경우가 있다. 아무리 생각해도 답을 찾지 못하던 문제들이 한 번에 눈 녹듯이 풀려버리는 상쾌함은 정말 각별한 것이다.

미국의 과학 저술가인 마틴 가드너(Martin Gardner, 1914~2010)의 퍼즐집 『Aha! Insight』의 서문에는 영감을 얻기 위한 방법으로 다음과 같은 여섯 단계가 구체적으로 제시되어 있다.

1. 그 문제를 보다 단순한 형태로 바꿀 수는 없는가?

2. 그 문제를 보다 풀기 쉬운 동등의 문제로 치환할 수는 없는가?

3. 그 문제를 풀기 위한 간단한 절차(알고리즘)를 발명할 수는 없는가?

4. 수학 이외의 분야에서 정립된 이론을 응용할 수는 없는가?

5. 그 결과를, 좋은 예와 반대의 예로 체크할 수는 없는가?

6. 그 문제를 보는 각도가 실제로는 해답과 무관하게 주어져 있어, 그 존재가 이야기 중에서 잘못된 방향으로 유도되고 있지는 않은가?[25]※27

특히, 1번에서 언급한 내용의 핵심과 관련해서는 아인슈타인이 남긴 다음의 말로 단순명쾌하게 정리된다.

모든 것은 가능한 단순해야 하며 보다 단순하다는 정도로는 좋지 않다.[13]※28

4.12 과학은 잘라 버리는 것

생각한다는 것은 여분의 것을 생각하지 않는다는 것이기도 하다. 여러 가지 것에 생각을 빼앗겨버리면 영감을 얻을 기회를 잃어버릴 수도 있기 때문이다. 영국의 생리학자로 노벨 생리학·의학상 수상자인 피터 메더워(Peter Brian Medawar, 1918~2007)는 "연령에 상관없이 모든 과학자는 자신이 중요한 발견을 하고 싶다고 생각한다면 중요한 문제와 맞붙어 씨름해야만 한다"[26]고 힘주어 언급하고 있다. 일본의 물리학자로 노벨 물리학상 수상자인 고시바 마사토시(小柴昌俊, 1926~)의 다음 말도 메더워의 말과 맥을 같이 한다.

연구자가 되려고 한다면 언젠가는 내 것으로 만들고 싶은 연구주제를 서너 개 가지고 있도록 하자. 그러면 방대한 정보 중에서 어떤 정보를 취하고 어떤 정보를 무시해도 좋을지 효율적으로 판단할 수 있으니까 말이다.[27]

즉, 본질만을 남겨두고 그 이외의 것을 잘라버리는 것이 중요한 것이다. 여분의 요소를 버리는 것에 의해 전망이 좋아지고 새로운 창조나 발견으로 이어진다. 잘라버리는 것에 의해 물질의 본질이 보이게 된다는 것이다. 이것이 연구자의 기본적인 철학의 하나이다.

노벨 생리학·의학상 수상자인 일본의 분자생물학자 도네가와 스스무(利根川進, 1939~)는 연구 주제의 선택에 관하여 다음과 같이 언급하고 있다.

> '무엇을 할까 보다 무엇을 하지 않을까가 중요하다'라고 종종 일컬어지고 있습니다. (중략) 한 명의 과학자가 평생 동안 연구하는 시간이라고 해봐야 극히 제한적입니다. 연구 주제라면 얼마든지 있습니다. 조금 흥미롭다는 정도로 주제를 선택한다면 정말로 중요한 것을 할 틈이 없이 일생이 끝나버립니다. 그러니까 자기 자신에게 이것이 정말로 중요한 것이라고 생각되고, 이것이라면 내 일생을 걸어도 후회가 없다고 생각되는 것을 찾을 때까지 연구를 시작하지 말라고 말하고 있는 것입니다.[28]

단, '무엇을 하지 않을까'는 어디까지나 자기 스스로 결정해야만 한다. 그 판단에 책임을 지는 것은 자신뿐이기 때문이다.

연구 주제를 선택할 때에는 '뷔리당*의 당나귀' 일화를 떠올리면 ▌14세기 프랑스의 철학자 좋겠다. 이것은 자유 의지의 입장에서 철학에서의 역설을 묘사한 것이다. 굶주린 당나귀 앞에 질적으로나 양적으로나 동일한 건초더미 두 개가 놓여 있는 상황을 상정한다. 당나귀는 어느 건초더미에든 갈 수가 있으나, 어느 쪽 건초를 먹어야할지 망설이다가 끝내 굶어 죽는다는 일화이다.

이 일화는 아인슈타인인의 자서전에도 인용이 되어 있는데,[14] 수학이 너무 많은 분야로 나뉘어져 있었기 때문에 어느 분야를 선택해야 할지 판단이 어려워서 아인슈타인은 물리학을 선택했다고 한다. 당시의 물리학도 세분화되어 있었지만 뷔리당의 당나귀가 되지 않았던 이유로 아인슈타인은 다음과 같이 본인의 생각을 말하고 있다.

> 그러나 여기에서 마침내 나는 깊은 곳에 도달할 수 있게 하는 것을 발견하였고, 그것 이외의 모든 것들, 다시 말해, 마음을 지배하면서 본질적인 것으로부터 주의를 딴 데로 돌리게 하는 많은 것들을 무시하는 법을 배웠습니다.[(14)*29]

이와 같은 본질을 느끼는 능력이야말로 제2장의 끝부분에서 언급한 '직감(直感)'이며 본질 이외의 요소를 잘라버리는 센스로 이어진다.

4.13 추상화(抽象化)와 이상화(理想化)

이전에 꽃구경을 하던 중에 "벚꽃은 정말로 예쁜 정오각형이네요"라고 말했다가 운치 없는 사람이라고 비웃음을 산 적이 있다. 벚꽃 잎에는 미묘한 색조와 형태 및 향기 외에도 꽃이 질 때의 아름다움이 있다. 벚꽃을 즐기는 노래와 시도 매우 많다. 그렇지만 그 중에 '정오각형'이라는 말이 사용된 경우는 아마 한 번도 없을 것이다. 아름다움에 대한 과학자 특유의 의식은 풍류와는 무척이나 이질적인 것이라는 것을 알게 해준 사건이었다.

과학에 있어서 본질 이외의 것을 잘라버리기 위해서는 대담한 추상화(抽象化)와 이상화(理想化)가 필요하다. 벚꽃 잎이 가진 많은 특징 중에서 '정오각형'이라는 형태만을 끄집어내는 것, 이것이 추상화이다. 반면에, 실제로 수학적인 의미에서의 완전한 정오각형을 나타내는 꽃잎의 수는 적겠지만 그와 같은 것에는 그다지 얽매이지 않는 것, 이것이 이상화이다.

자연계에서 정오각형과 같은 대칭성을 나타내기 위해서는, 반드시 규칙적인 법칙이 있을 것이다. 꽃의 경우에는 꽃잎의 회전 대칭성이 품종에 따른 유전자에 의해 결정되어 있다는 것이 분명하므로, 이 유전자를 잘 밝혀낼 수만 있다면 꽃의 형태를 결정하는 보편적인 법칙이 틀림없이 발견될 것이다. 이와 같이 추상화와 이상화에 의해 자연현상을 단순하게 정리할 수 있으며 이것은 보편적인 법칙을 발견하는 데 도움이 된다.

실제로 마찰과 공기저항을 잘라내 버리지 않는 한, 중력의 법칙을 발견하는 것은 어렵고, '이상기체'처럼 실제 기체에 몇 가지 가정을 (기체를 구성하는 분자 자체의 부피를 무시할 수 있고, 분자 사이의 상호인력과 반발력이 존재하지 않는) 적용함으로 인해 이상적인 기체로 만드는 이상화를 시켰을 때 비로소 성립되는 법칙도 많이 있다. 단, 무턱대고 추상화와 이상화를 한다고 해서 좋은 것은 아니다. 본질을 주시하면서 핵심을 찾아내는 센스가 필요하다.

이와 관련하여 '유효숫자'에는 과학자 특유의 철학이 잘 나타나 있다. 실험 데이터는 반드시 오차를 포함하고 있으므로 이 오차 이상으로 자릿수를 늘려서 기재해도 아무 의미가 없다. 이처럼 의미가 있는 자릿수 아래를 잘라버린 결과를 '유효숫자'라고 부른다. 덧붙이면, 정확도를 잃지 않으면서 과학적인 표기 방법으로 어떤 값을 표시하는 데 필요한 최소한의 자릿수를 의미한다. 통계학 이외에서도 유효숫자에 관한 센스가 중요한 것이다.

4.14 최소성

코페르니쿠스의 지동설*은 지금은 상식이 되어 있다. 그러면 지동설(태양중심설)이 맞고 천동설(지구중심설)이 틀렸다는 것을 어떻게 설명할 수 있는 것일까. 어중간하게 상대성이론을 알고 있으면 지구가 움직이든 천체가 움직이든 모든 운동은 상대적인 것이기 때문에 어

▌총 6권의 영어 번역본[29]과 1권의 일본어 번역본[30]이 출판되어 있음.

느 쪽이든 좋다고 느껴진다.

여기서 '최소성(minimality)'이라는 개념이 중요해진다. 혹성의 운동을 설명하는 데 있어서, 지동설로는 지구를 포함한 혹성이 태양 주위를 회전하고 있다고 생각하면 된다. 그러나 천동설로는 혹성이 지구 주위를 회전하면서 더욱 작은 원 궤도를 그리고 있는 것이 된다. 다시 말해, 지동설을 이용하면 가장 적은 수의 가정과 변수를 통해 혹성의 운동을 설명할 수 있기 때문에 지동설이 유력하다는 것이다. 지동설의 원리는 그 후에 뉴턴이 만유인력의 법칙을 이용하여 설명했으며, 만유인력의 원리는 더 나중에 아인슈타인이 일반상대성이론을 이용하여 설명하였다. 이처럼 최소성을 만족하는 이론은 계속하여 발전하며 나아갈 가능성을 가지고 있는 것이다. 최소성이라는 개념은 '오컴*의 면도날(Occam's Razor 또는 Ockham's Razor)'이라고도 불린다. 간략하게 오컴의 면도날을 설명하면, 어떤 현상을 설명할 때 불필요한 가정을 하지 말라는 것이다. 즉, 같은 현상을 설명하는 두 개의 주장이 있다면 간단한 쪽을 선택하라는 뜻이다. 여기서 면도날은 필요하지 않은 가설을 잘라내 버린다는 비유로, 필연성 없는 개념을 배제한 이론이 가장 우수하다고 간주하며 현대에도 과학 이론을 구성하는 기본적 지침으로 지지받고 있다.

이것을 아인슈타인은 간결하게 다음과 같이 언급하고 있다(1950).

> 모든 과학의 기본적인 목적은 최소한의 가설 또는 공리로부터 논리적 추론에 의해 최대한의 경험적 사실에 적용하여 맞추어 보는 것이다.[13]*30

모든 기교를 지양하고 근본적인 것을 표현하려 한 최소성은 현대의 언어학에도 도입되어 있으며 가장 중요한 '지도 원리'로 간주되고 있다. 촘스키는 자기 자신의 이론을 「최소주의 언어이론(The Minimalist Program)」이라고 명명했을 정도이다(제3장). 현대예술 분야

▎ 14세기 영국의 신학자

에도 형태와 색을 간소화하고 기교를 지양하면서 최소의 요소로서 근본적인 것을 표현하려고 하는 '미니멀리즘(minimalism)'이 있는데 어쩌면 과학 철학의 영향을 받은 것인지도 모르겠다.

4.15 시스템·신경과학의 경우

언어를 비롯하여 우리가 외부 환경을 어떻게 인지하며 경험하는지, 그리고 다른 사람과 어떻게 상호관계를 맺는지 등과 같은 뇌의 기능에 관하여 연구하는 분야를 '시스템 신경과학(systems neuroscience)'이라고 부른다. 시스템 연구에는 특히 추상화와 이상화의 센스에 근거한 통찰력이 필요하다. 왜냐하면 시스템을 구성하는 요소의 조합이 방대하기 때문에 모든 가능성을 망라하여 검증하는 것이 어렵기 때문이다.

그렇기에 어쩔 수 없이 통찰력을 발휘하여 가설을 세운 후, 그 가설을 검증하는 길밖에는 없다. 이처럼 가설을 검증하는 형식의 실험에서 어려운 점은 사전에 확인하려고 했던 것밖에는 확인되지 않는다는 것이다. 바꾸어 말해, 어느 정도까지는 문제에 대한 답이 예측되어야 올바른 답을 얻을 수 있다는 것이다. 실은 이것이야말로 시스템 신경과학의 묘미이지만 곧바로 결론을 얻고자 하는 성질 급한 사람이나 완전무결한 것을 지향하는 사람에게는 맞지 않는 분야이기도 하다.

시스템 신경과학의 실험에서는 어떤 뇌기능을 계측할지 목표를 정하여 가설을 세우는 것이 중요하다. 전체적인 실험 디자인을 '패러다임'이라고 부르지만, 실험 방법이 아무리 우수해도 패러다임이 빈곤해서는 실험 결과를 해석할 수가 없다.

인간의 뇌기능 계측에 관하여 정리하면, 다음과 같은 요점을 열거할 수 있다.

1) 침습이 없어야 한다(고통을 주거나 상처를 입히지 않아야 한다).

2) 뇌기능 지도를 그려야 한다.

3) 뇌의 기능을 해석해야 한다.

아무리 우수한 계측기술이라 해도 침습성이 있다면 몸과 마음에 병이나 장애가 없는 사람을 대상으로 하는 기초연구에는 사용할 수 없다. 아울러 뇌가 전체의 네트워크로서 기능한다는 것을 아무리 강조하여도 지도로 나타내지 않으면 특정 기능이 뇌의 어디에 있는지를 알 수 없다. 그리고 나뉘어져 있는 뇌의 각 부분의 기능을 해석하여 설명하지 않는 한, 역시 뇌의 작동원리를 알 수 없다. 언어를 지도로 나타내는 경우에 언어학은 이론이고 뇌과학은 실험에 대응한다. 뇌의 언어 영역이 어떤 작용을 하고 있는지에 대해 설명할 수 있는 이론이 필요한 것이다.

언어의 본질이 커뮤니케이션(communication)을 통하여 '의미'를 전달하는 것에 있다고 믿어 의심치 않는 사람에게 있어서, 의미 없이도 언어가 성립한다는 것은 상상조차 할 수 없는 것일 것이다. 실제로 동물도 어떤 형태로든 커뮤니케이션을 하고 있기 때문에, 동물에게도 인간과 꼭 닮은 언어가 있음에 틀림없다고 예상하여 유인원에게 언어가 있었는지를 검증하는 연구가 진행되어 왔다. 이것은 인간의 언어가 얼마나 독특한 것인지에 대한 통찰이 결여됨으로 인해 발생한 것으로 가설 그 자체가 잘못된 것이다.

이에 대해 촘스키는 대담하게도 먼저 의미를 잘라내 버림으로서 인간 언어의 근간이 되는 '문법(文法)'의 법칙성을 규명하는 데 성공하였다. 그런 의미에서 언어의 과학은 물리학 그 자체이다.[31] 그 중에서도 언어의 뇌과학은 새로운 가설에 의해 향후 얼마나 흥미로운 것이 밝혀질지 크게 기대되는 분야이다. 언어의 뇌과학에는 아직도 해답을 찾지 못한 다수의 문제가 잠들어 있으며 과학자의 도전을 기다리고 있다.

이와 같이 시스템 신경과학은 많은 과학 분야의 경계에 위치하고 있다. 다른 분야의 사람들과 접할 때에 중요한 것은, 상대방이 '무지(無知)'한 것에 대해 우쭐대지 않으며, 또한 비하하지 않고 인정하는 것일 것이다. 자존심과 경쟁심은 자신이 '알지 못한다'는 것을 인정하는 데 있어서 방해가 될 뿐이며 결코 도움이 되지 않는다. 문외한의 입장에서는 다른 분야의 방대한 지식을 알지 못하는 것이 당연하다. 아는 척을 하는 순간, 배워야만 하는 핵심을 찾아내는 것이 어려워지며 자신에게 신선한 충격을 가져다줄 수 있는 가능성을 닫아버리게 된다. '초심(初心)'을 소중히 여겼으면 한다.

4.16 지속적인 연구는 어떻게 가능할까?

예술의 길과 마찬가지로 '연구야말로 나의 인생', '연구 이외에 자신이 살아갈 길은 없다'라고 자각할 수 있다면 행복한 사람이다. 그러나 이공계 학부를 졸업하더라도 '연구만이 인생은 아니다'라고 생각하는 사람이 대다수이며, 일반적으로는 이과 출신이 문과 출신에 비해 '보답 받지 못하고 있다'는 것이 현실이기도 하다.[32]

연구의 길을 포기하는 이유는 연구를 계속하는 이유와 비교해서 상대적으로 훨씬 복잡하다. 이미 언급한 바와 같이 연구자는 특수한 직업이기 때문에 연구 이외의 일반적이고 다양한 이유가 겹치면서 계속하여 연구하는 것이 어려워진다. 예를 들면, 경제적인 자립이나 가족 부양의 문제, 시간적 제약, 지력과 체력의 문제 등이 그 주된 이유이다.

아무리 궁지에 몰리는 상황에 닥치더라도 그러한 곤란을 어떻게 극복하는지에 모든 것이 달려 있다. 게다가 신기하게도 인간은 궁지에 몰리면 몰릴수록 '본의 아닌 초월적인 힘이나 처세'를 발휘하곤 한다. 연구를 계속할 때에는 그 길이 아무리 괴롭고 험할지라도 '그래도 연구를 계속하고 싶다'는 강한 의지를 가지고 있는지가 갈림길이라고 말할 수 있다.

연구에 사로잡힌 연구자는 연구실에 있든지 집에 있든지 가족이 모두 모여 화목하게 식사를 할 때조차도 멍하니 생각에 잠기는 경우가 흔하게 있다. 설령 가족이라 하여도 연구자가 가진 그러한 독특한 성향을 이해해준다고는 할 수 없다. 오히려 처음에는 이해해주지 못할 것이라고 생각해야만 한다. 가족관계나 사회관계가 이렇게 다양해지고, 다양한 가치관이 지배하는 현대 사회에서는 연구자가 강한 공격을 받는 것이 오히려 당연한 것이다.

그렇다면 연구의 길로 나아가고 싶다고 생각했을 때에 만약 가족이나 보호자가 반대한다면 어떻게 할 것인가. 상대가 연구에 대해 어느 정도 이해하고 있는지에 따라서 취해야 하는 방법은 다를 것이다. 혹시 친척 중에 연구자가 있는 경우라면, '언제나 귀가 시간이 늦다'라든지 '파벌이 심해서 너무 힘들 것 같다'라는 부정적인 생각을 가지고 있을지도 모르겠다. 그렇지만 냉정하게 생각해보면 이것은 연구자에게만 한정된 것이 아니라 영업사원이나 정치가에게도 마찬가지인 것이다. 진심으로 연구자가 되고 싶다면 먼저 그와 같은 오해를 풀어야 한다. 가족에게 이해를 얻기 위한 노력도 연구를 오랫동안 지속하기 위하여 필요한 것이다.

4.17 연구자의 연령

▌액체가 기화하는 것처럼 상태가 크게 변하는 것.

대학원에 진학하여 1년 정도가 경과되면 학생이 '상전이'*를 일으킨다고 한다.[33] 이것은 20대 초반에 연구자로서의 능력이 고조됨과 동시에 연구자라는 프로의식에 눈을 뜨는 변화이기도 하다. 그리고 30대에 학문적으로 성숙해진다.

진심으로 연구자를 지향한다면 젊은 시절에 시간을 낭비하지 않고 연구에 전념하는 것밖에 없다. 자신의 능력을 과신하지 않으며 남보다 갑절의 시간을 연구에 쏟아 붓지 않는 한은 진리의 여신이 미소를 지어주지 않을 것이다. 예를 들어, 수학적 재능이 뛰어난 학생이 20대는 청춘은 즐기는 것에 전념하고 30대부터 수학 연구를 시작하겠다고 한다면 그러한 생각이 좋은 것이라고 동의할 수 없으며 그와 같은 과정을 추천할 수도 없다.

사회적인 의미에서 연구자에게 '은퇴'는 없다. 정년퇴직은 있어도 운동선수처럼 기자회견장에서 눈물을 흘리면서 은퇴를 선언하는 경우는 없다. 젊은 시절에 수행했던 연구가 나중에 평가를 받는 경우도 있기 때문에 결과가 곧바로 그 자리에서 평가로 이어지는 운동과는 크게 다르다.

물론 사회적인 의미에서의 은퇴가 없을 뿐이며 체력에 한계가 있는 것처럼 지력과 학력에도 당연히 한계가 있다. 개인별로 차이는 크지만 일반적으로는 기억력이나 주의력 그리고 판단력은 나이를 먹음에 따라 서서히 쇠약해져 가는 법이다. 새로운 지식을 흡수하는 능력도 나이를 먹으면 젊은 시절에는 미치지 못한다. 반면에 성공이나 실패에 근거한 경험의 축적은 나이를 먹음에 따라 확실히 늘어간다.

연구자의 능력은 이러한 마이너스와 플러스의 균형에 의해 결정된다. 아울러 연구 분야에 따라 필요한 능력이 다르기 때문에 연구 능력이 꽃을 피우는 최적의 연령은 분야에 따라 달라진다. '될성부른 나무는 떡잎부터 알아본다'고 알려져 있는 반면에 '대기만성(大器晚成)'이라는 말도 있듯이, 한 사람의 연구자에 의한 연구 성과가 절정을 맞이하는 시기를 미리 예측할 수는 없다. 단, 일반적인 경험 법칙에 의하면 수학이나 이론 분야에서는 20대가, 실험 분야에서는 30대가 절정기라고 알려져 있다.

이것과 관련하여 도모나가 신이치로가 남긴 말을 인용해본다.

특히, 나와 같은 이론 물리학자는 20대부터 30대에 걸치는 시기가 승부처이다. 30대 중반이 지나서도 싹을 피우지 못하는 사람은 과감하게 전문 분야를 바꾸어 도전해보는 것이 좋을지도 모른다. 어떤 사람이라도 10년 가까이 한 분야만을 연구하고 있으면 그 분야의 통설에 대해 조금의 의문도 가지지 않게 된다. 의문을 가지지 않게 되면 새로운 비전도 떠오르지 않을 것이다.[6]

연구자의 능력이 변하게 되는 원인을 제공하는 것은 연령뿐만이 아니다. 연구실을 가지게 되거나 대학이나 연구소의 요직에 앉게 되면 자신의 연구에 집중할 수 있는 시간이 확실하게 줄어든다. 게다가 그와 같은 일에 수반되는 인간관계나 운영상의 문제 때문에 막대한 정신적 스트레스를 받을 수밖에 없다. 이와 같은 상황에서 연구에 대한 정열과 집중력을 지속시키기 위해서는 젊은 시절의 강한 체력과는 다른 의미에서의 정신력이 필요하게 된다.

4.18 명장은 군사를 철수시킨다

'명장은 군사를 철수시킨다' 라는 말이 있다. 일본의 뇌과학자인 이토 마사오(伊藤正男, 1928~2018) 교수는 도쿄 대학교 의과대학에서 진행되었던 마지막 강의에서 이 말을 사용했으며, 그것이 그 자리에 참석했던 많은 사람들의 기억 속에 선명하게 남아있다.[34]

일본의 임상의사로 치매 환자 진료 경험이 풍부한 이와타 마코토(岩田誠)는 '명장은 군사를 철수시킨다' 라는 것이야말로 외과 의사의 비법이라고 말하고 있다. 경험이 적은 외과 의사는 수술 중에 어려운 부위에 지나치게 깊게 들어가 버리는 경향이 있는데, 그런 경우에는 오히려 되돌아가는 것이 어려워져 결국에는 치명적인 사태에 이르게 되는 경우가 있다고 한다. 밀림 속에서 헤매게 되었을 때, 곧바로 되돌아가면 문제가 없는데 자신의 능력을 과신한 나머지 너무

깊숙이 들어가게 되면 돌이킬 수 없는 상황이 되어 버리는 것과 마찬가지이다. 외과 의사에게 있어서 가장 필요한 것은 손재주라고 알려져 있지만, 오히려 되돌아가야 하는지의 여부를 적절하고 신속하게 판단하는 것이 더욱 중요하다고 한다.

연구도 마찬가지이다. 연구는 끝까지 가는 것이라는 생각이 앞서서 그만 나도 모르게 너무 나가버리는 경우가 종종 있다. 그렇게 되면, 하면 할수록 생각처럼 결과가 나오지 않게 되며 결국에는 막다른 골목에 부딪히게 된다. 이럴 때에는 망설이거나 지체하지 말고 단념한 후에 다른 방법으로 바꾸어 보는 것이 필요하다. 설명서에 상세하게 손기술이 기재되어 있어도 '앞으로 갈지 되돌아갈지'에 대한 판단을 어느 단계에서 해야 하는지는 기재되어 있지 않다. 설명서대로의 형태에 빠져있는 교육이나 사고방식에 잘 적응되어 있는 '우등생'이 반드시 연구에 적합한 것은 아니라고 말하는 것은 이 때문이다. 적절한 판단, 바꾸어 말하자면 연구의 센스나 감은 현장에서 몸에 익히는 수밖에 없다. 등산가들 사이에 '되돌아가는 것이야말로 용기'라는 말이 있듯이 군사를 철수시키는 것도 용기인 것이다.

4.19 그렇게 하여 마침내 수수께끼가 풀린다

노벨 물리학상과 노벨 화학상의 메달 앞면에는 창설자인 알프레드 베른하르드 노벨(Alfred Bernhard Nobel, 1833~1896)의 초상화와 생년월일 및 사망 연월일이 조각되어 있으며, 뒷면에는 자연의 여신 얼굴에 걸쳐있는 베일을 과학의 여신이 걷어 올리는 모습이 그려져 있다. 베일에 쌓여있는 자연의 신비를 틈 사이로 살짝 엿보는 것과 같은 과학의 발견을 나타내고 있는 것이다. 영어에는 unveil(베일을 벗기다)이라는 단어가 있는데 이 단어에는 비밀을 밝힌다는 의미가 있으

노벨 물리학상 및 노벨 화학상의 메달 뒷면. 메달의 가장자리에는 라틴어로 「위대하도다 기예를 짜내어 인류의 삶을 더욱 풍요롭게 한 사람이여」라는 고대 로마의 시인 베르길리우스의 시구가 새겨져 있다.[35]

며, 어원이 '덮개를 벗기다'라는 의미를 가지고 있는 discover(미지의 존재를 발견하다)라는 단어도 유사한 의미를 가지고 있다. 과학자가 자연의 여신을 공경하는 마음으로 삼가 얼굴을 뵙는 영광을 입을 때에 수수께끼가 풀린다는 것이다. 역시 힘으로 베일을 벗기는 것은 바람직하지 않다. 과학자는 자연의 여신 앞에서 겸허하게 무릎을 꿇어야만 하는 것이다.

시시한 문제만을 풀고 있는 것은 어느 연구자에게나 불만일 것이다. 연구자라면 문제를 풀었을 때의 성취감이 큰 문제나 누구도 풀지 못한 문제와 맞붙어 싸워보고 싶은 법이다. 그와 같은 문제는 대부분의 경우에 난해한 문제이지만, 어려우면 어려울수록 수수께끼가 풀렸을 때의 성취감도 커지며 그러한 기쁨이 또 다른 난해한 문제에 도전하는 의욕으로 이어진다. 그렇기 때문에 연구에 끝은 없다.

끝으로 스즈키 마쓰오(鈴木增雄) 교수의 물리학 강의에서 들은 적이 있는 '궁극의 시험문제'를 소개한다. 이 문제를 풀 수 있으면 당신은 뛰어난 연구자이다.

다음 문제에 답하시오.

[문제 1] 무엇인가 흥미로운 문제를 생각하자.

[문제 2] 문제 1에서 도출한 문제에 답해보자.

참고문헌

1. 朝永振一郎『鏡のなかの世界』みすず書房 (1963)

2. 松井巻之助 (編)『回想の朝永振一郎』みすず書房 (1980)

3. 伊藤大介 (編)『追想 朝永振一郎』中央公論社 (1981)

4. R. P. Feynman, QED—The Strange Theory of Light and Matter, Princeron University Press (1985)

5. 南部陽一郎『クォーク—素粒子物理の最前線』講談社ブルーバックス (1981)

6. 加藤八千代『朝永振一郎博士—人とことば』共立出版(1984)

7. 朝永振一郎『庭にくる鳥—随筆集』みすず書房 (1976)

8. 朝永振一郎『鏡の中の物理学』講談社学術文庫 (1976)

9. 朝永振一郎『朝永振一郎著作集(全二巻, 別巻三巻)』みすず書房 (1981–1983)

10. 亀淵池『朝永先生とユーモア』TOM (朝永記念室報) 1, 13–17 (1983)

11. A. Einstein (Herausgegeben von C. Serlig), Mein Weltbild, Ullstein Materialien (1984)

12. 朝永振一郎『朝永振一郎著作集 別巻1—学問をする姿勢・補遺分篇』みすず書房 (1983)

13. A. Calaprice, Ed., The New Quotable Einstein, Princeton University Press (2005)

14. P. A. Schipp, Ed., Albert Einstein: Philosopher—Scientist, Open Court (1969)

15. 波多野誼余夫, 稲垣佳世子『知的好奇心』中公新書 (1973)

16. 松田道弘『超能力のトリック』講談社現代新書(1985)

17. 藤原正彦『心は孤独な数学者』新潮文庫 (2001)

18. L. E. Denonn, Ed., Bertrand Russell's Dictionary of Mind, Matter and Morals, Philosophical Library (1932)

19. A・サトクリップ, A・P・D・サトクリップ (市場泰男訳)『エピソード科学史3—生物・医学編』社会思想社 (1972)

20. G・シャピロ (新関嶋一訳)『創造的発見と偶然科学におけるセレンディピティー』東京化学同人 (1993)

21. R・M・ロバーツ (安藤衛志訳)『セレンディビティー|思いがけない発見・発明のドラマ』化学同人 (1993)

22. 白川英樹『私の歩んだ道—ノーベル化学賞の発想』朝日選書 (2001)

23. 田中耕一『生涯最高の失敗』朝日選書 (2003)

24. S・ワインバーグ (小尾信彌訳)『宇宙創成はじめの三分間』ダイヤモンド社 (1977)

25. M. Gardner, Aha! Insight, W. H. Freeman (1978)

26. P・B・メダウォー (鎮目恭夫訳)『若き科学者へ』みすず書房 (1981)

27. 小柴昌俊『心に夢のタマゴを持とう』講談社文庫 (2002)

28. 利根川進, 立花隆『精神と物質』文春文庫 (1993)

29. N. Copernicus (Translated by C. G. Wallis), On the Resolutions of Heavenly Spheres, Prometheus Books (1995)

30. N・コペルニクス (矢島祐利訳)『天鶴の回縛について』岩波文庫 (1933)

31. 酒井邦嘉『言語の脳科学, 脳はどのようにことばを生みだすか』中公新書 (2002)

32. 毎日新聞科学環境部『理系白書|この国を静かに支える人たち』講談社 (2003)

33. 有馬朗人 (監修)『研究者』東京図書 (2000)

34. 伊藤正男『脳と心を考える』紀伊國屋書店 (1993)

35. U・ラーショーン (編) (津金－レイニウス・豊子訳)『ノーベル賞の百年―創造性の素顔』ユニバーサル・アカデミー・ブレス (2002)

발표의 센스

- 전달하는 힘 -

과학이라는 것의 내용도 잘 생각해보면 역시 결국은 「말」이다.
(중략).
인간의 정신과 지혜가 담긴 작품으로 「배움」의 일부를 성취할 수 있는 곳인 과학 역시
「말」을 정리해 놓은 기록이자 예언이며,
그렇기에 우리들의 이 세계에서 과학은 보편적인 것이어야만 한다.[1]

데라다 도라히코(寺田寅彦, 1878~1935)

제5장
발표의 센스
- 전달하는 힘 -

    데라다 도라히코는 과학(科學)과 문필(文筆)이라는 다소 이질적인 두 분야에서 활약했던 물리학자이다. 일본 동경에서 태어나 시코쿠 지방 남부의 고치시에서 자랐으며, 구마모토현 제5고등학교(현재의 구마모토 대학교)에 재학하고 있을 때 나쓰메 소세키(夏目漱石, 1867~1916)로부터 영어와 하이쿠*를 배웠다. 일본의 대문호로 일컬어지는 나쓰메 소세키는 데라다에게 있어서 평생의 은사였다.

    나쓰메 소세키의 단편소설인 『나는 고양이로소이다』의 등장인물인 간게쓰 미즈시마와, 장편소설인 『산시로』의 등장인물인 소하치 노노미야는 데라다를 모델로 한 것이라고 알려져 있다. 데라다는 야부코지(藪柑子)와 요시무라 후유히코(吉村冬彦)라는 필명으로도 다수의 주옥같은 수필을 남기고 있다.

    데라다 도라히코의 연구 분야는 음향학을 비롯하여 파동으로부터 X선을 이용한 결정구조의 분석에 이르기까지 물리학 전반에 걸쳐 있었으며, 특히 지진·화산, 기상, 해양 및 지자기에 관한 연구로

▎5, 7, 5의 운율로 읊는 일본의 정형시.

대표되는 지구물리학의 선구자였다. 그 중에서도 지진이나 기상처럼 확률·통계적 해석을 필요로 하는 현상을 연구하는 데 정열을 쏟았다. 데라다가 남긴 "자연재해는 잊혀져 갈 때 찾아온다."는 말은 방재에 대한 기본적인 마음가짐으로 널리 알려져 있다. 이 말은 데라다의 제자인 나카야가 널리 알렸으며, 데라다가 남긴 문장에는 다음과 같이 표현되어 있다.

▌1952년에 발행된 데라다 도라히코 우표. 근대 일본에서 활약한 문화인 시리즈로 발행된 18개 우표 중의 하나.

그렇기 때문에 문명이 발전할수록 자연재해에 의한 피해의 정도도 점점 커지는 경향이 있다는 사실을 충분히 자각하고 평소에 그에 대한 방어책을 강구해야 함에도 불구하고, 그것이 전혀 이루어지지 않고 있는 것은 무슨 이유일까? 그 주된 원인은 결국 그런 자연재해가 아주 드물게 발생하는 것에 기인하며, 마치 앞차가 전복되었다는 사실이 잊혀졌을 때 슬슬 뒤차를 내보내는 것처럼 되기 때문일 것이다.[2]

데라다는 과학에 대해 미적 의식과 함께 확고한 엄격함을 겸비하고 있었다. 이것은 원자물리학자로 유명한 나가오카가 간혹 보이는 분별없는 태도를 데라다가 참을 수 없어했다는 일화에서도 엿볼 수 있다.[3] 아울러 "장(長)이 붙는 직위는 평생 하지 않을 생각이다."라고 선언한 후에[4] 대학의 관리운영이나 정치와는 선을 그은 기골 있는 과학자였다.

자연과학의 폭넓은 문제에 깊은 관심을 가지고 있던 데라다 도라히코의 철학은 다음 말에 단적으로 나타나 있다.

과학은 하나입니다. 물리학을 전공한다고 해도 다른 여러 분야의 지식이 필요합니다. 자신의 전문 분야 이외의 지식을 전혀 몰라서 길을 돌아가거나 쓸데없는

손해를 보게 되는 경우가 적지 않습니다. 절대로 자신의 분야를 좁혀서는 안 됩니다.[5]

1934년의 데라다 도라히코

과학은 점점 세분화되어 가고 있으며 여러 분야가 융합되거나 '경계영역' 이라고 불리는 분야가 각광을 받는 경우도 종종 접하게 된다. 예를 들면, 뇌과학은 그 대부분이 경계영역이라고 말해도 좋으며, 생리학으로부터 정보과학이나 심리학·언어학 같은 기초과학 분야와 뇌외과나 신경내과·정신과 등의 임상의학에까지 확대되고 있다. 그리고 '언어의 뇌과학' 처럼 이 공계의 틀을 넘어서 인문계와의 융합을 지향하는 분야도 형성되고 있다.[6] 다른 분야의 지식을 넓게 흡수한다는 것은 단지 시야를 넓힐 수 있는 것뿐만 아니라 경계영역에서의 연구를 수행할 때에 큰 도움이 된다.

한편, 자신이 할 수 있는 일이 복수(複數)인 것은 연구자에게 바람직하지 않다고 알려져 있다. 연구라는 것이 매우 고된 길을 걸어가야 하는 것인데, 연구 이외의 것에 재능이 있는 경우에는 연구에 전념할 수 없기 때문이다. 물론 레오나르도 디 세르 피에로 다빈치 (Leonardo di ser Piero da Vinci, 1452~1519)처럼 과학자와 예술가 양쪽에 재능을 꽃피운 사람도 있다. 데라다 도라히코는 과학과 문학 양쪽 분야에서 궁극에 이르고자 노력하였고 양 분야에 걸쳐있는 보편적 법칙을 추구한 매우 드문 연구자였다.

본 장의 서두에서 언급한 말은 과학에 있어서 '글쓰기' 가 얼마나 중요한지를 명백하게 나타낸 것이다. 아무리 훌륭한 연구 성과가 나오더라도 그것을 논문으로 발표하지 않으면 소용없는 것이다. 과학적인 연구란 논문이 나오고 나서야 완성되는 것이라고 생각해야 한다. 데라다 도라히코의 다음 말은 보다 구체적인 조언이라 하겠다.

> 과학적 논문을 쓰는 사람이 겸허한 마음을 가지고 정직하다면 누구나가 경험하게 되는 것이 있다. 그것은 연구 결과를 제대로 글로 써서 정리하지 않으면 그 연구가 완결되었다고 알려지지 않는다는 것이다.
>
> (중략)
>
> 자신이 써놓은 것을 다시 자신이 독자의 입장이 되어 비판하고, 독자가 가질만한 모든 의문을 예상하여 그것에 답할 수 있어야만 한다. 그렇게 구석구석까지 검토가 잘된 논문이라면 그 논문을 읽는 같은 분야의 독자는 저자가 경험한 것을 자신도 경험하게 되면서 저자와 함께 추측하고 저자와 함께 의문을 가지며 저자와 함께 해석하게 된다. 그리고 그로 인해 최종적으로 내려지는 결론이 저자의 결론과 일치할 때에 비로소 독자는 저자가 발표한 논문 내용의 진실성과 그 결론의 정확성을 인정하게 되는 것이다. 다시 말해, 그 논문은 기록으로 남는 동시에 예언이 되는 것이다.[1]

이것이야말로 과학논문의 진수이다. 이처럼 데라다 도라히코는

▌ 데라다 도라히코는 그림 솜씨도 출중했다.

뛰어난 과학자였던 동시에 풍류를 아는 문화인이었다. 이것은 일본어를 로마자로 표기한 다음 노래에 잘 나타나 있다.

Sukinamono Itigo Kôhî Hana Bizin (좋아하는 것은 딸기, 커피, 꽃, 미인)
Futokorode site Utyu Kenbutu (1934.1.2.)[7] (팔짱을 끼고 우주구경)

5.1 연구 발표의 철학

과학적 연구는 연구만으로는 완결되지 않는다. 연구 성과를 발표하는 것에 의해 비로소 연구가 형태를 가지게 된다. 그렇기 때문에 연구 성과를 발표한다는 것은 과학에 있어서 가장 가혹한 일면을 가지고 있다.

세상에는 학술지가 넘쳐나며 과학적인 논문 또한 셀 수 없이 많다는 것도 분명한 사실이다. 그렇지만 정작 자신이 한 편의 논문을 쓰려고 하면 이것은 매우 힘든 작업이 된다. 논문이 다루는 내용에 관해서는 자신이 세계 수준의 전문가라는 강한 자부심과 책임감이 있어야만 한다. 따라서 연구 그 자체에 쏟아 부은 정열 못지않은 집중력과 주의력을 기울여 발표논문을 작성할 필요가 있다.

연구 발표는 소설을 집필하는 것이나 연극 공연과 기본적으로 동일하다고 생각해도 좋다. 설령 논문이 복수의 연구자에 의한 공저라 하더라도 거기에는 저자의 사색 과정이 확실히 반영되어 있다고 할 수 있다. 구두 발표에서는 발표자가 주역인 동시에 연출가의 역할도 하게 된다. 그러나 이것은 자신이 제멋대로 해도 된다는 것은 아니다. 오히려 그와는 반대이다. 표현하고 싶은 것*을 명확하게 상대에게 전하는 것이 목적이라는 것을 잊어서는 안 된다.

제3장에서 연구 그 자체는 '자기본위' 라고 언급했는데, 연구 발표의 철학은 그와는 완전히 반대로 '타인본위' 에 투철할 필요가 있다.

▌예컨대, 연구 발표에서는 연구의 성과.

151

연구는 자기 혼자만으로도 가능하지만, 연구 발표는 표현자와 독자(청중) 양쪽이 모두 있어야만 시작할 수 있다. 남에게 전달하는 힘을 기르는 것이 연구 발표의 기본적인 센스이다.

5.2 출판 또는 소멸

원고나 초고(manuscript)라고 불리는 것은 출판되어 있지 않은 미발표 원고를 가리킨다. 이에 대해, 견본인쇄본(preprint)은 출판 직전의 교정이 필요한 인쇄물이며, 별쇄본(reprint)은 출판 후의 재판이나 잡지의 기사를 발췌하여 인쇄한 것이다. 이처럼 원고와 출판물은 엄밀하게 구별되어 있다.

책이나 잡지의 형태로 간행되지 않은 것은 자비 출판을 포함하여 논문 발표로 인정받지 못한다. 물론 개인이 인터넷상에서 발표한 문장도 '학위논문'이라고 인정되지 않는다. 덧붙여, 박사논문은 대학이나 연구소 등이 공개적으로 받아들이는 것이기 때문에 간행되지 않아도 정식 논문으로 인정되며 인용도 가능하다.

영어의 숙어 중에 "publish or perish(출판 또는 소멸)"이라는 표현이 있다. 이것은 논문 발표를 하지 않으면 소멸될 수밖에 없다는 엄격한 가르침이다. 아무리 뛰어난 아이디어도 실제로 문장에 의해 발표하지 않으면 공개적으로 인정받지 못한다. 이것은 과학이 자기만족의 세계가 아니기 때문이다. 전자기학과 전기화학 분야에 큰 기여를 한 영국의 물리학자이자 화학자인 마이클 패러데이(Michael Faraday, 1791~1867)는 "Work. Finish. Publish(일하고 정리하여 출판해라)"라는 말을 남겼다고 한다.

단, 세상일에는 예외가 있는 법이다. 영국의 화학자이자 물리학자인 헨리 캐번디시(Henry Cavendish, 1731~1810)는 실험에 큰 재능을 발휘하였지만 그가 발표한 논문은 극히 소수였다. 캐번디시가 사망한 이후에 영국의 이론 물리학자이자 수학자인 제임스 클러크 맥스웰 (James Clerk Maxwell, 1831~1879)에 의해 캐번디시의 연구 노트가 공표될 때까지 그의 연구 성과는 세상에 공개되지 않은 채로 전혀 평가받지 못하고 잠들어 있었다.

그 중에는 만유인력 상수의 측정이나 불활성기체의 발견 등과 같이 시대를 앞서간 것이 몇 가지 있었다고 한다. 그와 같은 연구 업적을 기념하여 그의 이름을 딴 캐번디시 연구소가 1874년 영국의 케임브리지 대학교에 설립되었고, 2018년 기준으로 29명의 노벨상 수상자를 배출하며 지금까지 명맥을 이어오고 있다.

캐번디시는 강렬한 개성을 가진 사람이었다. 그는 세상으로부터의 평가를 전혀 신경 쓰지 않으며 엄격한 과학자의 눈을 자기 자신에게 향하도록 하는 것이 가능했던 몇 안 되는 과학자였다. 이것이 그가 사람과 접촉하는 것을 극단적으로 싫어했다는 사실과 관계가 있는지 어떤지는 알 수 없다. 자신의 집에서 한 발자국도 집밖으로 나가지 않고 연구에 몰두했다는 것이나, 집안에서 가정부와 우연히 마주쳤다는 것만으로 가정부를 해고했다는[8] 일화는 너무나도 유명하다.

5.3 과학적 연구의 발표

과학적 연구의 발표는 다음 세 가지가 기본적인 요점이다.

첫째, 올바르고 확실해야 한다. 과학적 연구의 발표는 정확성이 가장 우선시된다. 상대가 전문가이든 일반인이든 의식적으로 진리를 비틀거나 무심코 잘못된 내용을 발표하는 것은 과학자의 논리에 반하는 것이다. 설명이 부족하여 오해가 생기는 일이 없도록 노력해야만 한다. 만약 오해가 생긴 경우에는 독자나 청중에게 악의가 없는 한, 발표자의 준비 부족이 원인이라는 것을 자각할 필요가 있다.

그래야만 다음 발표에서는 정확한 발표를 할 수 있게 되는 것이다.

둘째, 이해하기 쉬워야 한다. 발표는 가능한 이해하기 쉬울 필요가 있다. 상대가 이해할 수 있는 이야기가 아니라면 발표내용이 전달될 리가 없다. 전문적인 내용을 그대로 나타낸다는 것은 실은 매우 쉬운 일이다. 이해하기 쉽게 설명하는 것은 발표자의 의무이며, 이해하기 어렵다고 한다면 그것은 발표자가 준비를 제대로 하지 않은 것이 원인이라고 분명히 자각하는 것이 이해하기 쉬운 발표로 이어진다. 단, 이해하기 쉬운 발표를 위해 정확성이 희생되어서는 안 된다.

셋째, 짧아야 한다. 발표는 짧으면 짧을수록 좋다. 독자나 청중의 귀중한 시간을 낭비시키거나 쓸데없는 고통을 강요해서는 안 되기 때문이다. 일본장기 기사인 다니카와 코지(谷川浩司, 1962~)의 '광속의 종반전'*처럼 신속하게 결론에 도달하는 것이 생명이다. 짧은 발표는 요점이 압축되어 있는 만큼 쉽게 생각난다는 이점도 있다. 그러나 짧기 때문에 이해하기 쉬워야 한다는 것이 희생되어서는 안 된다.

이와 같은 세 가지 요점은 독자나 청중의 입장에 서서 '타인본위'로 발표하는 것이다. 물론 발표자가 발표내용을 정확히 이해하고 있다는 것을 대전제로 한다. 그러나 발표자가 발표내용을 잘 이해하고 있으면 있을수록 자신이 말하는 것은 당연한 것이라고 생각해버리기가 쉽다. 이것이 심리적인 맹점이다. 바꾸어 말해, '타인에게 있어서는 당연하지 않은 것이다' 라는 것을 깨닫기가 어렵다는 것이다. 발표자의 시점에서 상대의 시점으로 전환하는 것은 매우 어려운 일이다. 타인에 대한 심리적인 맹점은 마술과도 공통된 부분이 있다. 일단 트릭을 알아버리면, 실제로 일어나는 현상은 모두 합리적이며 물리법칙에 따르고 있다는 것을 자신 스스로 납득하게 되어 '타인에게 있어서는 당연한 것이 아니다' 는 것을 좀처럼 느끼지 못한다는

▌ 대국 종반에 아무리 제한 시간이 적게 남아있거나, 아무리 복잡한 상황에서도 신속하고 간단하게 적절한 수를 찾아내어 빛보다도 빨리 외통수로 몬다는 의미에서 붙여진 이름.

것이다. 그렇기 때문에 초보 마술사는 자신의 단순한 마술에 관객이 놀란다는 것을 잘 모르며 마술의 복잡성에 의해 마술의 질을 평가하려는 경향이 있다. 아무리 복잡한 현상을 보여주어도, 조작된 부분이 있다는 느낌을 받으면 결코 신기하다고 생각하지 않는 법이다.

『촛불의 과학』이라는[9] 크리스마스 강연을 비롯하여 일반 대중을 매료시킨 명강사로 알려진 패러데이는 다음과 같은 말을 남기고 있다.

> 청중이 자신들의 기쁨과 지식을 위해 강연자가 전력을 다하고 있다고 믿을만한 충분한 근거를 제공해야만 한다.[※31]

이것은 바꾸어 말해, 타인본위로 전력을 기울이는 것이 우수한 연구 발표로 이어진다는 것이다.

5.4 델브뤽과 호리타의 조언

노벨 생리학·의학상 수상자인 막스 루트비히 헤닝 델브뤽(Max Ludwig Henning Delbrück, 1906~1981)은 좋은 연구발표를 하기 위한 조건으로 다음 두 가지를 들고 있다.

> 1) 청중은 완전히 무지하다고 생각해라.
> 2) 청중은 고도의 지성을 가지고 있다고 생각해라.

델브뤽은 세미나에서 늘 맨 앞자리에 앉아서 이야기를 경청하다가 내용이 시시하면 도중에 자리에서 일어나서 밖으로 나가버리곤 하여 강연자들로부터 두려움을 샀다고 한다. 실제로 그런 일이 벌어졌을 때 강연자가 졸도한 적도 있다고 하니, 델브뤽 앞에서 강연을 하는 사람이 얼마나 큰 스트레스를 받았을지 미루어 짐작이 가능하다.

'델브뤽의 조언'과 더불어 다음과 같은 '호리타의 조언'도 곱씹어 볼 만하다.

1) 청중은 완전히 무지하다고 생각해라.*

2) 청중의 지성은 천차만별이라고 생각해라.*

3) 청중이 각자의 수준보다 한 단계 위의 수준까지 이해할 수 있도록 해야 한다.*

이러한 조건들이 만족되도록 발표를 하는 것이 매우 어렵다는 것은 분명하다. 곰곰이 생각해보면, 청중 중에 지성이 낮은 사람이 있을지도 모른다고 걱정하기 이전에 발표를 하는 자신보다 똑똑하며 지성이 높은 사람도 있다는 것 또한 충분히 예상할 수 있다. 그 사람도 강연에 촉발되어 발표하는 사람보다도 높은 수준에 도달하도록 해야 하는 것이다. 그래야만 발표하는 의미가 있는 것이다. 나중에 그 사람으로부터 피드백을 받음으로 인해 강연을 한 자신도 이해의 폭이 더욱 넓어질 수 있다면 진정한 의사소통이 성립된 것이라 할 수 있는 것이다.[10]

발표를 듣고 새롭게 얻은 메시지를 가리켜 영어에서는 take-home message라고 하는데, 지성이 높은 사람도 기뻐하며 집에 가지고 돌아갈 수 있는 실속 있는 발표가 되도록 노력했으면 한다.

5.5 연구 성과의 발표

과학적인 연구를 통해 얻어진 성과를 발표하는 과정은 다음과 같이 크게 세 가지의 형태로 나눠지며 일정 순서에 따라 행해진다.

1) 학회발표

2) 논문발표

3) 일반공개

학회발표는 연구를 통해 최근에 새롭게 알게 된 내용을 정리하여 서로 토론하는 것을 목적으로 하며 논문으로 완성하기 전* 내용을 발표한다. 원칙적으로 이미 논문발표가 끝나서 여러 사람이 두루 아는 사실이 된 성과를 학회에서 일반 강연으로 발표해서는 안 된다. 다시 말해, 2번과 1번의 순서를 바꾸면 안 된다는 것이다. '원칙적으로' 라고 표현한 것은, 학회발표 등록 마감일과 학회발표일 사이의 기간에 논문이 출판됨으로 인해 어쩔 수 없이 논문발표가 먼저 이루어지는 경우가 있을 수 있기 때문이다. 많은 과학 저널(journal)에서는 논문 인쇄에 앞서서 온라인 판*을 인터넷에서 공개하는 경우가 많으며, 통상적으로 그 공개일 까지는 연구 성과를 신문이나 다른 저널 및 인터넷에 발표해서는 안 된다는 약속 사항이 있다. 이러한 규약을 영어로는 'embargo(금지 조치)' 라고 한다. 바꾸어 말해, 3번과 2번 순서를 바꾸면 안 된다는 것이다. 이것은 저널 출판사의 수익을 지키는 동시에 어느 기자에게도 정확한 기사를 쓸 시간을 보증하기 위한 조치이다.

덧붙여 학회발표에서 진행되는 발표 방법은 구두 발표(oral presentation 또는 platform presentation)와 포스터 발표(poster presentation)로 구분된다. 포스터 발표에서는 한 장의 포스터 보드에 발표 자료를 붙인 후, 그 앞에 모여든 청중 한 사람 한 사람의 흥미나 질문에 맞추어 설명할 수 있기 때문에 풍부한 정보를 교환하면서 토론할 수 있다. 구두 발표는 단상에서 한 번만 발표하면 되지만 포스터 발표는 새로운 청중이 올 때마다 반복하여 설명과 토론을 해야 한다.

발표자의 효율이라는 관점에서 생각하면 구두 발표가 편할 거라고 생각할지도 모르겠지만 단판 승부라는 점에서는 더욱 정성어린 준비가 필요한 것이 구두 발표이다. 구두 발표에서 사용되는 슬라이

▌집필 중 또는 심사 중의 논문을 의미한다.

▌HTML 또는 PDF 형식의 전자파일을 말한다.

157

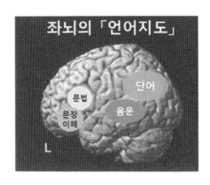

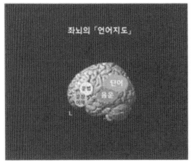

■ 슬라이드의 좋은 사례와 나쁜 사례. 아래쪽의 슬라이드는 개선이 필요하다.

■ 실패 경험을 적극적으로 활용하기 위한 보고서를 말한다.

드도 청중이 보기 좋으며 가능한 이해하기 쉽도록 여러모로 궁리를 거듭해야 한다.

5.6 논문이야말로 모든 노력을 대변하는 것

내가 대학원생이었을 때 연구실의 교수님에게서 '쓰레기 데이터는 아무리 쌓여도 쓰레기'라는 말을 들은 적이 있다. 기대되는 효과가 나타나지 않고 실패한 '쓰레기 데이터'를 네거티브 데이터라고 하는데 그러한 네거티브 데이터만을 모아서는 아무런 결론도 내릴 수 없다는 것이다.

반면에, '이것을 알고 있으면 다른 실험자가 실패를 반복하지 않을 수 있으니까, 학계에 있어서는 학문이 효율적으로 진보할 수 있도록 공헌하고 있는 것이 아닙니까[11]'

라는 지적도 일리 있는 것이며, 실제로 '실패 지식 활용 연구회 보고서'*가 공개되어 있다. [12]

단, 아무리 고가의 실험 장치를 사용하거나 세계 최고 속도의 계산기를 사용하여 며칠이고 철야를 하면서 실험을 하여도 결과가 나오지 않으면 거기까지이다. 즉 과학의 가치는 거기에 소비된 에너지와는 완전히 독립적이다. 그리고 아무리 훌륭한 결과가 나와도 논문을 잘 쓰지 못하면 다른 사람에게 전달되지가 않는다. 결국에는 '논문이야말로 모든 노력을 대변하는 것'이 된다.

다음 문장은 일본의 마술연구가 마쓰다 미치히로(松田道弘, 1936~)의 저서 『클로즈업 마술』에 기술된 〈연출의 핵심〉 중 일부이다.

보는 입장에서 생각한다는 것은 자신을 객관적인 제 3자의 눈으로 바라볼 수 있는 능력을 가지는 것입니다. 아마추어는 '자신의 마술이 관중들에게 어떻게 보일까'라는 것보다 어떤 방법으로 마술을 할지에 관심을 가집니다. 마술도 그림과 마찬가지입니다. 근대 마술에 큰 공적을 남긴 캐나다의 마술사 다이 버논(Dai Vernon, 1894~1992)의 명언[13]은 연출의 핵심이 무엇인지에 대해 잘 설명해주고 있습니다.

"아무리 조잡한 캔버스에 그린 그림이라도 그것이 아름답다면 사람들은 그것을 보고 감동합니다. 그러나 벨벳으로 된 고가의 외투를 입고 화려한 스튜디오에서 세상에서 가장 비싼 물감을 사용하여 그린 그림이라도, 그것이 시시한 그림이라면 누구 한 사람도 쳐다보지 않겠지요. 결국 사람들이 보는 것은 그림입니다."

연구도 그렇다. 사람들이 보는 것은 논문뿐이라는 것을 강하게 인지해야만 한다.

5.7 적절한 인용

논문에 기술된 문장 중에 출처를 밝히지 않고 이미 출판된 문장을 인용한 것이 있다면 그것은 도용한 것으로 간주된다. 적절한 인용에 관해 올바른 지식을 가지는 것은 매우 중요하다. 이에 대해 일본 유니 저작권 센터(Japan Uni Copyright Center)[14]는 다음과 같이 명쾌하게 설명하고 있다.

'인용'이라는 것은 인용하는 측의 문장을 포함하는 타인의 저작물이 우선 있어야 하고, 그 문장을 작성하기 위해 특정 저작물이 필수 불가결한(다시 말해, 논리적 증거) 경우에, 그 저작물을 무허가로 사용할 수 있다는 저작권법상의 예외 규정 중 하나입니다. 이러한 적법한 이용에서는 내용을 변경하는 것이 허가되지 않으며 자신에게 유리한 부분만 빼내어 요지를 바꾸어버리는 것과 같은 행위도 물론 용

납되지 않습니다. 아울러 저작물의 제목, 호, 저작자 등을 출처에 표시해야만 합니다.

따라서 설령 출처를 명확하게 했다 하더라도 저자의 허가 없이 기사 전체를 통째로 복사하여 책이나 인터넷 등에 게재하는 것은 적절한 인용이 아니라 위법행위인 것이다. 아울러 저작권은 게재물의 발매 종료나 절판에 의해 소멸되는 것이 아니라 저작자의 사망 후*에도 보호된다는 것을 기억해두었으면 한다.

▌현재는 저자 사후 70년.

저작권법으로 '인용' 을 규정하고 있는 제32조에는 다음과 같이 기재되어 있다.

> 공표된 저작물은 인용할 수가 있다. 이 경우에 그 인용은 공정한 관행에 합치하는 것이어야 하는 동시에 또한 보도, 비평, 연구 등의 인용의 목적상 정당한 범위 내에서 행해져야만 한다.

이러한 '공정한 관행' 이란 위키피디아에 의하면 2006년 시점에서 다음의 다섯 가지 조항이다.[15]

> 1. 저작물을 인용하는 필연성이 있으며 인용의 범위에도 필연성이 있어야 한다. 출처가 창작성을 가진 저작물일 필요가 있다. 「다음과 같은 문장이 있다」라고 하면서 통째로 문장을 옮겨다 놓는 것은 인용에 해당하지 않는다.
> 2. 질적으로도 양적으로도 인용된 내용이 사용되는 곳이 「주(主)」, 인용부분이 「종(從俗)」의 관계에 있어야 한다.
> 3. 본문과 인용부분이 분명하게 구별되어야 한다.
> 4. 인용된 원본이 공표된 저작물이어야 한다.
> 5. 출처를 명시해야 한다. (저작권법 제48조)

출처를 명확하게 기재하는 것은 최소한의 예의이며, 이러한 인식은 널리 알려져 있다. 그러나 인용의 '필연성'이나 본문과 인용의 '주종관계'를 올바르게 이해하고 있는 사람은 적을지도 모른다. 나아가 어떤 범위가 인용된 부분인지를 애매하게 한 경우나 원저자가 공표하고 있지 않은 사적인 문장*을 허가 없이 인용하는 것은 적절한 인용이 아니므로 특히 주의할 필요가 있다.

❚ 일기나 사신(개인편지) 등.

그리고 설령 본문과 인용이 양적인 주종관계를 만족하더라도 인용의 길이에는 일정한 한도가 있다고 생각하는 것이 좋다. 너무 긴 인용은 그저 복사에 불과한 것이기 때문이다. 실제로 어느 정도의 길이까지가 통상적인 인용으로 인정받을 수 있는지에 관해서, 미국의 출판사인 South End Press는 자사에서 출판되는 모든 책에 다음과 같이 명기하고 있다.

> 출처를 적절하게 밝혔고 인용되는 총 글자 수가 2,000자를 넘지 않는 한, 연속하는 500단어의 인용은 허가 없이 사용해도 좋다. 이것보다 길게 인용하거나 총 글자 수가 2,000자를 넘어가는 경우에는 서면으로 South End Press에 허가를 구하기 바란다.

달리 말하자면, 영어의 경우에는 500개의 단어가 인용의 기준이 되어 있다. 중공신서*에서는 '한 쪽을 넘는 길이의 인용은 가능한 삼간다.'라는 것이 인용의 기준이라고 한다. 인터넷이나 유인물 등에서 인용할 때는 '쪽'의 개념이 희박하기 때문에 그와 같은 내용이 경시되기 쉬우므로 주의가 필요하다.

❚ 일본의 중앙공론신사에서 1966년부터 발행하고 있는 신서 시리즈.

이전에 강의에서 있었던 일로, 학생들이 제출한 보고서 중에 인터넷에 나와 있는 기사를 통째로 복사하여 사용한 후 출처를 기재하지 않은 것이 있었다. 대학생이라고는 하지만 어쩐지 약간은 두려운 생각이 들었다. 물론 낙제점을 주었지만, 본인도 짚이는 데가 있었는지 항의를 하지는 않았다. 이것을 교훈 삼아서 같은 잘못을 반복하지 않기를 바랄 뿐이다.

5.8 출판물과 인터넷의 차이

인터넷 환경의 발달로 인해 연구에 관한 출판 세계도 크게 변하였다. 지금은 큰 도서관 안을 여기저기 돌아다니지 않고 책상에 앉은 채로 다양한 저널의 논문을 읽을 수 있다. 걸어 다니는 수고 없이 손끝의 작은 움직임만으로도 지구 반대편에서 보고되는 새로운 발견까지 거의 실시간으로 알 수 있는 시대인 것이다.

정보의 신속한 유통은 인터넷의 분명한 장점이다. 급격하고 지속적으로 증가하고 있는 방대한 수의 논문이나 데이터베이스 중에서 필요한 논문을 검색하는 것은 편리함을 넘어서서 필수불가결한 것이 되어버렸다. 아울러 거의 모든 과학 저널에서 인터넷을 매개로 한 '온라인 투고'나 심사 시스템을 채용하고 있으며 학회 참가신청도 온라인으로 가능하게 되어 있는 경우가 대부분이다.

반면에, 인터넷에 의해 새롭게 형성된 문화는 그것의 편리함에 대한 대가로 신뢰할 수 있는 의사소통을 매우 어렵게 하는 결과를 초래하였다. 이제는 인터넷에서 얻어지는 정보에 오류가 없다고 믿고 있는 사람은 없겠지만, 과연 어느 정도까지 신뢰할 수 있다고 말할 수 있는 것일까? 아무리 신뢰할 수 있는 사이트라 하더라도 오류를 완전히 없애기는 어렵다.

책임을 가지고 적절히 관리되고 있는 출판사 등의 공식 사이트라면 과학 저널과 동일한 내용이 전자 파일로 공개되어 있다고 생각할 수 있다. 그러나 개인 사이트인 경우에는 거기에 공개된 내용이 신뢰할 수 있는 것인지의 여부를 전혀 알 수가 없다. 그 사이트의 관리자가 멋대로 논문을 편집한 후에 인터넷상에 게재하고 있을지도 모르며, 그 편집은 개선과 개악 양쪽 모두가 될 수 있다.

나아가 신뢰성의 판단은 그 정보를 발신하는 측뿐만 아니라 수신하는 측의 능력과 견식(見識)에 크게 의존한다. 인터넷을 보고 있는 측이 정보를 어떤 식으로 올바르게 취사선택하느냐에 따라서 얻어진 정보의 신뢰성도 크게 좌우되기 때문이다. 인터넷을 통해 현명해지기 위해서는 그 전에 현명해져 있어야만 한다.

　그렇다면 인터넷상의 정보와 책이나 저널 등의 출판물에서 얻어지는 정보는 무엇이 크게 다른 것일까?

　가장 큰 차이는 기명(記名)·심사(審査)·보존(保存)의 유무이다. 과학논문은 저자명이 기재되고 편집부에 의한 심사가 있으며 장기간 그대로의 형태로 보존된다. 간행된 출판물의 경우에는 저자와 출판사(저널명)가 명시되기 때문에 저자와 출판사의 견식이나 책임에 있어서 그 신뢰성이 보증된다. 오류투성이의 책이나 논문을 출판하면 저자뿐만 아니라 출판사의 견식도 의심받게 된다. 아울러, 논문은 저자 이외에도 동료평가자나 편집자 및 원고를 교정하는 사람과 같은 복수의 사람들에 의해 사전에 내용의 신뢰성이 검토되며, 그 후 개정이 된 경우를 포함하여 모든 과정이 기록으로 남는다. 나아가 간행물은 인쇄매체로서 도서관 등에 일정 기간 보존되기 때문에 계속하여 누구나 읽고 그 내용을 확인하는 것이 가능하다.

　이에 반해 개인이 인터넷상에서 발표한 문장은 저자 개인의 이름을 특정하기 어려운 경우가 많은데다 심사도 없어서 어느 틈엔가 변질되어 사라져 간다. 그렇기 때문에 과학적인 발견을 개인 사이트에 게재하더라도 그것은 과학적 업적으로 인정받지 못하는 것이다. 개인이 자유롭게 발신할 수 있다는 장점은 있지만, 거꾸로 그 신뢰성은 개인의 식견에 의존하게 되는 특이한 상황이 발생하는 것이다. 아무리 과녁에 적중한 것으로 보이는 문장이라 해도 발신자가 누구인지가 덮여지기 때문에 책임 소재와 신뢰성이 분명하지 않은 경우가 많다. 그리고 인터넷에서는 정보를 부담 없이 가벼운 마음으로 공개할 수 있을 뿐만 아니라 간단하게 수정하거나 철회할 수가 있다. 시시각각 변하는 인터넷 정보 모두를 디스크에 기록해 둘 수 없다는 것도 주지의 사실이다.

아울러, 많은 사람들이 접하게 되는 '게시판'이나 서점 사이트의 '서평(book review)' 등을 이용하는 것에 의해, 자신이 누구인지를 밝히지 않으면서* 자신의 의견만이 옳은 것처럼 가장하는 일들이 일상적으로 일어나고 있다. 게다가 익명으로 투고하는 것에 의해 마치 자신이 그 분야의 '전문가'인 것처럼 가장하는 것이 가능하다. 과학상의 주장이나 입장의 차이를 인터넷을 이용하여 선정적으로 호소하고자 하는 것은 출판문화나 자연과학의 이념에 반하는 것이다. 과학 논문의 '출판'이 가지는 중요성은 오히려 인터넷의 출현으로 한층 명확해졌다고 말할 수 있을 것이다.

▍따라서 정당한 학문적 논쟁을 거치지 않게 된다.

5.9 정보의 수동화와 가치의 저하

인터넷상의 검색은 키워드를 사용하여 능동적으로 원하는 사이트를 찾고 있는 것처럼 보이지만 실제로는 기본적으로 수동적인 작업이다. 검색결과 목록에 링크된 사이트를 차례대로 방문하여 내용을 확인하는 것은 무료함을 달래기 위해 텔레비전의 채널을 바꾸고 있는 것과 별반 다르지 않다. 검색을 그만두지 않는 한 인터넷에 존재하는 방대한 정보에 휩쓸리게 된다. 그리고 목적했던 사이트를 찾게 될지는 검색 범위를 축소하는 기술이나 검색 엔진의 성능에 달려 있다.

이와 같은 정보의 수동화가 교육에 미치는 명백한 폐해에 관해서는 그다지 고려되지 않고 있다. 무엇인가 의문이 생겼을 때에 생각하기도 전에 인터넷에서 먼저 검색을 해보고 있지는 않은가? 필요한 정보가 실려 있는 사이트를 어떻게 잘 찾으면 '운이 좋은데!'라고 외치고 싶을지 모르지만 그때에는 이미 생각하는 것을 포기한 것이다. 표면적인 지식은 자신의 것이 될지 모르지만 수동적인 과정을 반복하게 되면 머지않아 생각하는 습관을 상실해버리지는 않을까하는 걱정마저 든다. 불완전한 정보를 보완하고자 차분하게 생각하는 것에 의해 지식은 확고하게 정착되어 가는 것이다. 수동적인 지식을 과도하게 흡수하면 과학에 대한 마음이 시들지도 모른다.

인터넷을 통해 다양한 지식을 손쉽게 습득할 수 있다는 것은 분명하다. 정보를 손쉽게 입수하면 할수록 그 가치는 감소한다. 예를 들면, 어떤 통신 강좌의 교재와 동일한 내용을 누군가가 인터넷에 무료로 공개했다고 하자. 그러면 통신 강좌에 학비를 지불하는 사람이 없어질 것이므로 이것은 명백한 저작권 침해라 할 수 있을 것이다. 거기에서만 얻을 수 있는 지식이기 때문에 비로소 가치가 생겨나는 것이다. 그렇다면 학교의 여러 전공 분야 및 교과목에서 입문자에게 최적인 무료 사이트가 계속하여 생긴다면 어떻게 될 것인가? 학생을 대상으로 하는 실험이나 실습조차도 예상되는 결과를 다양하게 만들어 놓으면, 어느 정도까지는 인터넷상에서 가상적으로 실현 가능할 것이다. 그렇게 되면 교과서는 팔리지 않을 것이며 비싼 수업료를 내고 대학의 강의나 실습에 참가할 필요가 없어져 버릴지도 모르는 것이다.

지식 그 자체보다도 시간을 들여서 이해하려 노력하고, 교사나 친구와 토론을 하거나 또는 의문을 가지는 과정이 훨씬 중요하다. 얻기 어려운 지식일수록 그 가치는 소중한 것이다. 표면적인 지식을 두루 섭렵했다고 해도 깊은 이해에 도달할 수 있다고는 할 수 없다. 지식의 보고(寶庫)라고 하는 인터넷이 그러한 간편함 때문에 지식의 가치를 떨어뜨리고 있는 것이라면 그건 매우 유감스러운 일이다. 인터넷은 요술방망이가 아니며 만화에 등장하는 도라에몽의 '4차원 주머니'도 아니다. 굳이 말한다면 인터넷은 대중화된 '정보의 전시장'에 불과하다.

가끔은 인터넷으로부터 해방되어 시간을 들여서 원본 논문이나 책을 차분하게 읽어보도록 하자. 과학의 최신 지식을 흡수하기 위해서는 그것을 음미하는 충분한 시간이 필요하다. 아는 것보다 이해하는 것에 힘썼으면 한다.

5.10 '동료평가'라는 관문

인터넷에 의해 논문이 전자화되고 정보의 가치가 계속하여 바뀌어가더라도 논문을 심사하기 위한 극히 인간다운 시스템은 앞으로도 계속될 것이다. 논문이나 연구비 신청서에 대해 같은 분야의 연구자가 실시하는 심사 및 평가를 '동료평가(peer review)'라고 한다. 이 방법은 연구자가 수행한 일을 평가할 때의 기본적인 생각이 반영되어 있기 때문에 그 과정을 좀 더 구체적으로 살펴보도록 하자.

동료평가자(평가하는 사람)는 편집장이나 심사위원회에 의해 두세 명 정도 임명되며, 그 이름은 저자(평가받는 사람)에게 알려지지 않는다. 이와 같은 시스템 덕택에 동료평가자는 평가 결과로 인한 뒤탈을 염려하지 않고 극찬을 하거나 혹평을 할 수 있는 것이다. 만약에 동료평가자가 익명이 아니라면, 그 순간에 뇌물이 성행하여 평가 결과를 돈으로 사는 상황에 놓일 수도 있다. 한편으로는 익명이라는 것을 악용하여 악의에 찬 평가가 이루어질 위험성도 있다.

이공계의 경우에는 저자의 이름을 동료평가자에게 숨기는 경우가 매우 적다. 왜냐하면 동료평가자가 이미 학회발표를 통해 저자의 새로운 성과를 접했을 가능성이 높으며 논문 중에도 저자가 소속된 연구팀의 과거 논문이 가장 많이 인용되기 때문에 저자를 알려주지 않더라도 동료평가자는 저자가 누구인지 바로 알 수 있기 때문이다. 반면에, 일품요리와 같은 문예작품 등의 경우에는 저자명을 감추고

심사를 진행하는 것에 의해 작가의 지명도에 좌우되지 않고 정당하게 평가할 수 있는 가능성이 높아진다고 하겠다.

덧붙여, 일반적으로 논문을 평가하는 동료평가자에게 사례금을 지불하지는 않는다. 평가라는 행위에 대한 보상이라고 굳이 말한다면 그건 동료의 새로운 생각을 빨리 알 수 있다는 것일 것이다. 우수한 논문이라면 큰 자극이 될 것이고 설령 미숙한 논문이라 하더라도 '타산지석(他山之石)'으로 삼아 교훈을 얻을 수 있을 것이다. 단, 너무나도 조잡한 논문에 접하게 되면 시간이 낭비되며 그 연구자에 대한 신용이 없어지게 된다.

동료평가의 과정은 유럽이나 미국의 재판 과정과 아주 비슷하다. 저자는 '피고(被告)'이며 평가자는 '배심원(陪審員)' 또는 엄격한 '검찰관(檢察官)'에 해당된다. 아무런 잘못된 행위도 하지 않았는데 저자가 피고가 된다는 것은 왠지 부당하다고 생각할 수 있지만 어쩔 수 없다. 물론 '재판장(裁判長)'은 그 저널의 편집장이다.

동료평가자의 모든 질문이나 의문에 대해 저자는 성실하게 '진실'만을 대답할 의무가 있다. 답변하지 못하는 경우에는 그 자체가 논문을 '거절(reject)'하는 이유가 된다. 물론, 반론해야만 하는 경우나 생트집을 잡혔을 때에는 유능한 변호사처럼 논리정연하게 반격해야만 한다. 동료평가자가 어떤 인물인지 알 수 없기 때문에 든든한 어학능력과 토론 기술도 필요하다. 거꾸로 동료평가자가 묻지 않은 것에 대해서는 아무 것도 설명할 필요가 없다. 자신감을 잃고서 쫓기기도 전에 도망가서는 패배하는 것이다.

동료평가자에게 전달된 저자의 답변에 의해 문제가 해결되지 않는 경우에, 동료평가자는 계속하여 저자에게 추가적인 설명을 요구할 수 있다. 바꾸어 말해, 동료평가자가 납득 못하고 편집장이 계속해서 심의를 할 필요가 있다고 인정한다면 심사는 몇 년이고 지속될 수 있다. 3개월 또는 6개월이라는 제한된 기간 내에 재실험이나 추가실험을 진행하여 그 결과를 제출하라고 요구하는 경우도 있다. 단, 이미 제출된 데이터에 대해, 동료평가자가 첫 평가 때에는 지적하지 않았던 부분에 대해 나중에 새롭게 문제점을 지적하기 시작하면 수습이 되지 않으므로 그와 같은 평가 행위는 금지 사항으로 간주되고 있다.

경쟁이 치열한 분야나 저널에서는 첫 평가에서 '거절' 되는 경우는 있어도, 곧바로 '채택(accept)' 되는 경우는 거의 없다. 불행하게도 거절 되었다면 저널을 바꾸어 다시 투고할 수밖에 없다. 가장 많은 사례는 '수정 후 채택' 이며 이러한 답변을 받았다면 첫 단계를 순조롭게 통과한 것이다.

지적된 부분을 수정한 원고와 함께 어느 부분을 어떻게 수정했는지를 '일문일답' 의 형식으로 각 질문에 대해 작성한 답변서를 제출하게 되면 평가의 두 번째 단계에 들어가게 된다. 이와 같은 평가 과정을 거침에 따라 논문은 가독성이 더욱 좋아지며 내용도 정확해진다. 이것이 동료평가의 최대 목적이다.

순조롭게 진행되어 논문 투고부터 채택까지 1개월 정도 걸리는 경우도 있지만, 몇 년이고 추가실험이나 재실험을 해야 하거나, 동료평가에서 부당한 방해가 있거나 해서, 고심에 고심을 거듭하여 논문의 완성까지 몇 년이고 걸리는 경우도 있다. 수준이 높은 저널에 투고하면 동료평가자의 수준도 높기 때문에 귀중한 의견이 얻어지지만 그러한 저널은 인기가 있기 때문에 그만큼 경쟁도 과격하다. 반대로 수준이 낮은 저널에 투고했다 해도 반드시 논문이 채택되기 쉽다고는 할 수 없다. 왜냐하면 동료평가자의 수준이 떨어지기 때문에 터무니없는 오해가 생길 수 있기 때문이다. 연구자에게 있어서 가장 중요한 것은 '채택될 때까지는 결코 포기하지 않는다.' 는 것이다.

그렇기 때문에 하나의 논문이 완성될 때까지는 산을 넘고 골짜기를 건너가는 드라마를 체험하게 된다.

이렇게 해서 연구 성과가 세상에 알려지고 오랜 시간의 노력이 마침내 결실을 맺게 되는 것이다.

참고문헌

1. 寺田寅彦『寺田寅彦全集 文学篇 第四巻—随筆四』岩波書店 (1950)
2. 寺田寅彦『寺田寅彦全集 文学篇 第五巻—随筆五』岩波書店 (1930)
3. 中谷宇吉郎『長岡と寺田』寺田寅彦全集月報 (岩波書店) 13, 14 (1931)
4. 宇田道隆『寺田寅彦先生の面影』寅彦研究 (岩波書店) 15, 7-9 (1937)
5. 中野猿人『思い出の中から』寺田寅彦全集月報 (岩波書店) 16, 3-8 (1951)
6. 酒井邦嘉『言語の脳科学—脳はどのようにことばを生みだすか』中公新書(2002)
7. 宇田道隆 (編著)『科学者 寺田寅彦』日本放送出版協会 (1975)
8. I・アシモフ (皆川義雄訳)『科学技術人名辞典』共立出版 (1971)
9. M・ファラデー (三石巌訳)『ロウソクの科学』角川文庫 (1989)
10. 井川洋二 (編)『ロマンチックな科学者—世界に輝く日本の生物学者たち』羊土社 (1992)
11. 入卒篤史『研究者人生双六講義』岩波書店 (2004)
12. http://www.mext.go.jp/b_menu/shingi/chousa/giyutu/001/toushin/010801.htm
13. 松田道弘『クロースアップ・マジック』沢文庫 (1974)
14. http://www31.ocn.ne.jp/jucccopyright/
15. http://ja.wikipedia.org/

제 6 장

연구의 논리

– Fair Play란? –

내 생각은 종종 크게 잘못 전달되거나,
심하게 반대를 받거나, 웃음거리가 되기도 했지만,
그것은 그들이 대체적으로 성의를 가지고
그렇게 한 것이라 나는 믿고 있습니다.[1]※32

찰스 로버트 다윈(Charles Robert Darwin, 1809~1882)

제6장
연구의 논리
- Fair Play란? -

다윈은 「진화론(進化論)」을 확립한 19세기를 대표하는 생물학자이다. 영국에서 태어나 1831년부터 5년간 비글호의 항해에 참여하면서 과학적 탐색에 의한 박물학 연구를 시작하였다. 특히 갈라파고스 제도에서 보낸 5년간의 동물 관찰은 그의 진화론 구상에 큰 영향을 주었다. 『비글호 항해기』 제2판(1845)에서는 갈라파고스 제도의 내용이 기재된 부분을 대폭 보완하였을 정도이다.[2]

다윈은 다양한 종류의 생물들을 세밀히 관찰해가던 중에 그 각각의 생물이 처음부터 독립적으로 존재했던 것이 아니라, 각 생물의 조상에 해당하는 종이 오랜 시간에 걸쳐 지속적으로 변화되는 것에 의해 '진화'한 것은 아닐까라는 혁명적인 발상을 하였다. 그리고 그와 같은 변화는 환경에 보다 잘 적응한 경우에 보존되어 자식에게 전수된다고 생각하여, 다윈은 「자연선택설(自然選擇說)」을 제창하였다. 이것은 많은 변이개체 중에서 생존경쟁에 유리한 것을 자연이 '선택'한다는 개념이다.

다윈의 대표작인 『종의 기원』의 원제는 『자연선택에 의한 종의 기원, 즉 생존경쟁에서 유리한 종족의 존속에 관하여(On the origin of species by means of natural selection or the preservation of favoured races in the struggle for life)』이며, 자연선택설에 관한 개념을 간결하게 나타내고 있다.

▌ 초판의 영어판과[3] 일본 어판이[4] 출판되어 있음.

『종의 기원』의 초판은 1859년에 출판되었고*, 그 후에도 많은 논쟁을 거쳐서 1872년에 제6판이 발행되었다. 제6판의 제목에서는 「~에 관하여(On)」가 삭제되었고 논쟁에 대답하는 형태로 제7장이 추가되었다. 1876년에도 약간의 수정이 이루어졌고 이것이 최종판으로 발행되었다.[5] 최종판이 결정판으로서 후세에 전해지는 것이 일반적이지만, 수많은 논쟁을 겪으면서 최종판에 기술된 다윈의 주장은 느슨해졌다는 것이 일반적인 인식이다. 그렇기에 충격의 강도라는 측면에서 초판이 더욱 가치를 인정받고 있다.

▌ 스케치나 수필이라고 불리는 형식을 취하고 있음.

'자연선택설'이라는 아이디어는 미발표된 단편*으로 1842년에 처음 작성된 후 1844년에 보완되었다.[6] 나아가 다윈은 이 아이디어를 세상에 내놓지 않고 오랫동안 지니고 있으면서 1865년경부터 『자연선택(Natural Selection)』이라는 대작의 집필에 착수하였다. 그러던 때에 다윈은 생물학자인 앨프리드 러셀 월리스(Alfred Russel Wallace, 1823~1913)에게서 편지를 받게 된다. 동봉된 월리스의 미발표 원고에는 "이 이상 뚜렷한 일치는 본 적이 없다"라고 다윈이 말했을 정도로 다윈의 설과 매우 비슷한 자연선택설이 명확하게 기재되어 있었다. 이것을 읽은 다윈은 크게 동요하였고, "자신의 모든 독창성이 깨져버렸다"고 동료이자 지질학자인 찰스 라이엘(Charles Lyell, 1797~1875)에게 눈물로 하소연했다고 한다.[7] 제5장에서 다루었던 「출판 또는 소멸」의 갈림길이었던 것이다.

그 후에 라이엘의 주선에 의해 다윈과 월리스는 같은 학회에서 각자 자신의 연구결과를 발표하게 되고, 다윈과 월리스의 원고는 학회

의 간행물로서 출판되었다. 그러나 두 사
람의 논문은 당시에 거의 주목받지 못했다
고 한다. 다윈 자신은 월리스의 원고가 자
신의 원고보다 완성도가 높다고 인정하고
있었는데, 그 후 1년가량 지난 후에 다윈은
『종의 기원』을 출판하였으며 이로 인해 일
반 사람들에게는 「다윈의 진화론」으로 널
리 알려지게 된다. 월리스와 함께 학회에
서 발표를 하자는 라이엘의 주선에 대해

▌1840년의 다윈

다윈은 처음에는 선뜻 응하지 않았다고 하는데, 노년이 되어 다윈은
다음과 같이 회상하고 있다.

> 월리스는 내가 하는 일이 정당하다고 도저히 인정하고 있지 않을 것이라고 나는
> 생각했었습니다. 내가 그렇게 생각했던 것은 그의 성격이 얼마나 관대하고도 고
> 상한지를 그 당시에 몰랐기 때문입니다.[1]*33

월리스는 다윈이 이미 '자연선택'이라는 아이디어를 가지고 있었
다는 것을 몰랐기 때문에, 다윈이 자신의 원고로부터 아이디어를 훔
쳤다고 주장할 수도 있었다. 그러나 월리스는 자신의 선취권(先取權)
을 주장하지는 않았다.[8] 월리스의 편지를 받기 전에, 다윈이 단편이
나 대작의 원고를 잘 정리하여 글로 써서 남겨둔 것은 다음과 같은
습관이 도움이 되었을 것이다.

> 나는 오랜 시간 다음과 같은 행동을 금과옥조로 삼아 왔습니다. 즉, 논문으로 발
> 표된 사실이든지, 새로운 관찰이나 즉흥적인 발상이든지, 자신의 일반적인 성과
> 에 반하는 것에 맞닥뜨리게 되었을 때에는 반드시 기록으로 남겨둔다는 것입니
> 다. 왜냐하면 그와 같은 사실이나 즉흥적인 발상은 생각보다 훨씬 빨리 기억에서

사라지기 쉽다는 것을 경험으로부터 알고 있었기 때문입니다.[1]*34

그런데 다윈은 『종의 기원』의 서문에서 이 책은 '요약(abstract)'이며 불완전하다고 기술하고 있다. '요약'이 틀림없다면 참고문헌이 기재되어 있지 않은 것은 어쩔 수 없지만 요약만으로 400쪽을 넘는다는 것도 이례적인 것이라 하겠다. 그러나 유감스럽게도 대작의 완성은 이루어지지 않았다.

의외라고 생각할 지도 모르겠는데, 『종의 기원』의 초판에서 '진화(evolution)'라는 핵심 용어는 사용되지 않았다. 이것은 대중에게 그다지 알려져 있지 않은 내용이지만 엄연한 사실이다. 진화라는 용어는 『종의 기원』 이후에 영국 출신의 사회학자이자 철학자인 허버트 스펜서(Herbert Spencer, 1820~1903)에 의해 널리 알려진 말이기 때문에 제6판에서도 불과 몇 안 되는 부분에 사용되었을 뿐이다. 단, evolved(진화하다)라는 동사는 전체를 매듭짓는 마지막 단어로 초판부터 사용되었다.

『종의 기원』에 버금가는 대표작으로 『인간의 유래와 성(性) 선택(The Descent of Man, and Selection in Relation to Sex)』*이 있는데 여기서는 '진화'라는 용어가 분명히 사용되고 있다. 성 선택(sexual selection)이란 수사슴의 뿔이나 암컷 공작의 날개처럼 개체의 생존과 반드시 관계있는 것은 아니지만 배우자의 선택에 유리하게 작용하는 형질이 발달하는 것을 말한다.

'자연선택'과 같은 의미로 사용되는 '적자생존(survival of the fittest)'이라는 용어도 스펜서가 도입한 것이며 『종의 기원』 제5판 이후에서 사용되고 있다. 그리고 '돌연변이(mutation)'라는 용어는 이미 초판부터 사용되었는데 이것은 어디까지나 생물의 형태적인 변이를 의미하는 용어로 사용된 것이었다. 진화 요인의 하나로서 돌연변이

▌1871년 초판[9], 1874년에 최종 제2판[10]

▌다윈이 『종의 기원』을 집필했던 다운 하우스(Down House)

가 제안된 것은 훨씬 나중의 일이었다.

다윈은 자연선택을 진화의 주요 요인으로 설정한 후 여기에 성선택 등을 도입하였는데, 그 후에 진화에 관한 다양한 학설이 등장하면서 격렬한 논쟁이 계속되어 왔다. 1940년대 중반 경에 자연선택과 돌연변이가 진화의 주요 요인이라고 하는 「종합설」이 제창된 후, 분자유전학의 급속한 진전에 의해 돌연변이가 유전자의 염기배열 변화에 대응한다는 것이 밝혀졌다. 특히, 자연선택에 중립인 돌연변이가 분자 수준에서 진화의 도화선으로 작용한다는 「중립설(1968)」이 일본의 생물학자 기무라 모토(木村資生, 1924~1994)에 의해 제창되었으며, 이것은 유전학 분야에서의 중요한 진보로 평가받고 있다.[11]

반면에, '유전자(gene)'라는 말은 덴마크의 식물학자인 빌헬름 요한센(Wilhelm Johannsen, 1857~1927)이 1909년에 제안한 용어이기 때문에 『종의 기원』이나 『인간의 유래』에는 나타나있지 않다. 유전 인자를 가정하는 것에 의해 처음으로 유전 현상을 설명한 「멘델의 법칙」은 오스트리아의 식물학자인 그레고어 멘델(Gregor Mendel,

1822~1884)에 의해 1866년에 논문의 형태로 보고되었다. 관찰에 기반을 둔 생명현상에 정수비가 나타난다는 대담한 가설, 그리고 유전자가 쌍으로 존재한다는 멘델의 생각은 충격적인 것이었다. 멘델은 원자론에서 영향을 받았다고 말하고 있는데, 생물학 분야에서 다른 연구자들보다 백년 가까이 앞서 있었다고 말할 수 있을 것이다. 나중에 멘델의 데이터는 확률적으로 예상되는 수치보다도 법칙에 너무 잘 맞는다는 것이 영국의 통계학자 로널드 아일머 피셔(Ronald Aylmer Fisher, 1890~1962)에 의해 지적되기도 하였는데, 피셔가 사용한 통계학 모델에 오류가 있었다는 것은 이미 밝혀진 사실이다.[12]

동시대의 다윈은 그러한 멘델의 법칙을 몰랐던 것 같다. 멘델이 생각한 가상적인 유전 인자가 실제로 염색체 상에 배열되어 있는 것이 실증된 것은 20세기가 되어서인데, 미국의 생물학자로 노벨 생리학·의학상을 수상한 토머스 헌트 모건(Thomas Hunt Morgan, 1866~1945)에 의해서였다.

1900년에는 네덜란드의 식물학자인 휘호 마리 더프리스(Hugo Marie de Vries, 1848~1935), 독일의 식물학자이자 유전학자인 카를 코렌스(Carl Erich Correns, 1864~1933), 오스트리아의 식물학자 구스타프 체르마크 폰세이세네크(Gustav Tschermak von Seysenegg, 1871~1962)와 같은 세 명의 유럽 과학자들이 멘델과 동일한 유전법칙을 독립적으로 발표하였다. 역사적으로는 멘델의 법칙의 '재발견'인 것이 되는데, 이 세 명의 과학자는 발표를 할 당시에 멘델의 연구를 알지 못했었다고 한다.

이것은 정보의 유통이 제한되어 있던 백 년 전의 상황에서는 있을 수 있는 일일지도 모르겠지만, 식물의 돌연변이에 정통했던 더프리스에게는 불명예스러운 것임이 분명한 역사적 사실이다. 그리고 실제로 코렌스는 멘델과 편지를 주고받던 스위스의 식물학자 칼 빌헬름 폰 네겔리(Carl Wilhelm von Nägeli, 1817~1891)의 제자이며, 세이

세네크는 멘델의 은사인 오스트리아의 식물학자 에드워드 펜쓸(Eduard Fenzl, 1808~1879)의 손자였다.[13] 오히려 이들 세 명은 다른 누구보다도 '정보의 유통'에 밝았을 가능성이 있는 것이다. 진상은 밝혀지지 않았지만, 만약 멘델의 연구를 알고 있었으면서 그것이 과학계에 묻혀있었다는 (다윈조차 몰랐던) 것을 악용하여 자신의 업적으로 발표했다면, 그 행위에 대하여 표절이라는 중죄를 묻지 않으면 안 될 것이다. 과학적 발견이 같은 시기에 독립적으로 이루

▌1880년의 다윈

어진다는 우연은 다윈과 월리스의 사례와 같이 간혹 일어날 수 있는 것이지만, 그렇지 않은 경우도 있을 수 있기 때문이다.

덧붙여, 여기서 언급된 모든 말은 다윈이 노년에 저술한 자서전에서 인용하였다.[1] 이 자서전은 어디까지나 다윈이 자신의 자녀와 손주들을 위해 쓴 것으로 일반인에게 공개할 생각은 하지 않았던 것이다. 다윈이 사망하고 5년이 지난 후에 아들인 프랜시스 다윈(Francis Darwin, 1848~1925)에 의해 그 자서전이 출판되는데, 이 단계에서는 가족의 의향을 반영하여 민감한 부분은 삭제된 채로 출판되었다. 그런데 『종의 기원』이 출판된 지 백년이 지난 1958년이 되어 다윈의 손녀인 엠마 노라 발로우(Emma Nora Barlow, 1885~1989)가 그 자서전을 원본의 형태로 복각*편집을 하였다.[1] 여기에는 다윈의 자부심이나 고민 및 겸손함 같은 속마음이 표현되어 있으며 다소 미화되기는 하였지만 솔직한 내용들이 담겨져 있어 매우 흥미롭다.

▌목판본을 원본과 같게 조각해서 간행.

본 장의 서두에서 언급한 말은 약간 함축적인 표현이다. 과학적인 가설 중에서 진화론만큼 찬성과 반대의 두 의견이 소용돌이 속에 놓여있는 가설은 없을 것이다. 유전자나 인위적인 돌연변이에 관한 연구가 생겨나기 전에 진화의 가능성을 실증적으로 설명하는 것은 곧

란했을 것임에 틀림없다. 게다가 자연계의 종이 진화하는 데에는 수만년이라는 긴 시간이 필요하기 때문에 실험실에서 재현할 수 있는 것도 아니다. 다윈은 분명히 '성의가 있는' 비판을 받았지만, 오히려 그보다도 더 많은 불합리하고도 악의에 찬 공격에 큰 상처를 입었던 것임에 틀림없다.[8]

과학적인 논의 과정에서는 그 학설을 찬성하는지 반대하는지의 입장에 관계없이 모든 비판은 유익하다. 오히려 그러지 않으면 안 된다. 그렇지만 진화론처럼 일반 사회에도 영향을 주는 학설의 경우에는 비과학적인 논의 과정에도 노출이 된다. 종교적인 교리에 반하는 경우나 정치적인 또는 문화적인 배경에 따라서는 아무리 설명을 하여도 아무런 반응이 없거나 불에 기름을 붓는 경우도 적지 않다. 또 한편으로는 과학적인 논의 과정처럼 가장한 악의적이고 일방적인 반론도 있을 수 있다. 자신의 학설만을 고집하거나 경쟁자의 흠을 들추어내는 등의 공격은 예전이나 지금이나 없어지지 않고 있다.

다양한 반론으로 인해 다윈은 자신의 학설을 약간 후퇴시키기는 했지만 과학적 연구에 절망한 적은 없었다. 다윈은 자서전의 마지막 부분에서 과학자로서의 성공 비결에 관하여 다음과 같이 언급하고 있다.

이것들(정신적인 면에서의 특별한 성질이나 조건) 중에서 가장 중요한 것은 과학을 사랑하는 것, 어떤 문제에 관해서도 오랫동안 계속하여 생각하는 강한 인내력, 사실을 관찰하고 수집하는 근면함, 그리고 분별력과 창의력입니다.[1]*35

6.1 연구자간의 경쟁과 도덕성

어떤 사람들의 모임인지와는 관계없이 그 모임 안에는 가치관이 맞는 사람과 맞지 않는 사람, 욕심이 있는 사람과 없는 사람, 지지자와 적대자, 그리고 선의가 있는 사람과 악의가 있는 사람처럼 양측의 사람이 반드시 어떤 확률로 존재하게 된다. 연구의 세계도 일반 사회와 조금도 차이가 없다. 어떤 집단이든 인간의 본질은 공통적인 것이기 때문이다.

추리소설의 여왕 애거사 크리스티(Agatha Christie, 1890~1976)가 창조해 낸 명탐정 제인 마플이 작은 마을에 사는 사람들을 주의 깊게 관찰하는 것만으로 인간의 일반적인 심리를 날카롭게 간파할 수 있는 것과 마찬가지이다. 이것을 알고 있는 것과 모르는 것에는 큰 차이가 있다. 연구자는 숭고한 진리만을 한결같이 추구하는 특수한 집단이라고 생각하여 연구에 대한 이상을 연구자에게 향해버리면 큰 환멸을 맛보게 되기 때문이다.

연구에는 분명히 경쟁의 요소가 있다. 스포츠 시합과 동일한 감각으로 연구에 몰두하는 사람도 있을 정도이다. 단 하나의 진리를 다른 연구자보다 앞서서 발견하기 위하여 승부를 건 경쟁이 격렬해지는 경우도 적지 않다. 월리스의 원고를 곁눈질로 노려보면서 필사적으로 『종의 기원』의 집필을 완료한 다윈의 집념은 오죽했었을까.

연구의 세계에서도 언제나 '신사협정'에 의거한 연구가 가능하다고는 할 수 없다. 어떤 사람이 새로운 발견을 했다고 해도, 어느 사이엔가 전 세계의 연구자가 무리를 지어 모여들어 그 발견이 누구의 독창적인 연구 성과인지 알 수 없게 되어버리는 경우조차도 있다. 그리고 이익, 명성, 경쟁심 등의 요인이 연구자 간에 경쟁의 불씨가 될 수 있다. 특히 업적 평가에 의해 좌우되는 연구비나 학술적인 지위를 획득할 때에는 '생존경쟁'에 유리한 자만이 살아남는 혹독한 상황을 겪게 된다. 이와 같은 심리적 압박에 몰렸을 때에 연구자 개인이 가진 인간성의 강약이 전면에 나타나게 된다.

목적을 달성하기 위해서는 수단과 방법을 가리지 않는 사람도 나올 것이다. 표면상으로는 '정정당당한 시합(fair play)'으로 보이더라도, 뒤에서 어떤 추악한 계략을 짜고 있을지 알 수 없다. 경쟁 상대의 연구를 방해하는 것, 연구 데이터를 부정한 방법으로 입수하는 것, 과학적인 진실을 변형시키는 것 등이 실제로 행해질 위험성이 있다. 연구자의 도덕성이 요구되는 것은 바로 이때이다.

6.2 이중 나선을 둘러싼 진실

20세기를 대표하는 과학적 발견의 하나로 유전자의 실체인 DNA(데옥시리보 핵산, Deoxyribo Nucleic Acid)가 네 종류의 뉴클레오타이드가 중합된 이중 나선 구조로 되어있다는 발견(1953)을 들 수 있다.

DNA에 관한 이해는 유기체가 부모와 선조로부터 어떻게 특질을 물려받는지 유전의 원리를 알 수 있게 해주었고, 이를 통해 새로운 의학 치료, 유전 공학 기술, 복제, 유전병 검사 등을 가능하게 해주었다. DNA에 관한 연구로 노벨 생리학·의학상을 공동 수상한 세 명의 과학자는 미국의 분자생물학자인 제임스 듀이 왓슨(James Dewey Watson, 1928~), 영국의 물리학자인 프랜시스 해리 콤프톤 크릭(Francis Harry Compton Crick, 1916~2004), 뉴질랜드 태생의 영국 물리학자이자 분자생물학자인 모리스 허프 프레드릭 윌킨스(Maurice Hugh Frederick Wilkins, 1916~2004)이다.

왓슨의 시점에서 표현된 기록은 『이중 나선』[14]*이라는 저서에 의해 사람들에게 널리 읽혀졌다. 이 책의 본문에는 '이중 나선'의 진리에 도달하기까지의 과정이* 유례를 찾아보기 힘들 정도로 극명하게 표현되어 있다. 너무나도 자유분방한 왓슨의 글쓰기 행태에 크릭과 윌킨스를 비롯한 동료들이 격노했다는 일화는 유명하다.

'이중 나선'의 발견으로 이어진 결정적인 데이터는 영국의 생물학자인 로절린드 엘시 프랭클린(Rosalind Elsie Franklin, 1920~1958)이 촬영

■ 일본어판[15] 출판되어 있음.

■ 당사자들 간의 험악한 인간관계나 경쟁상대를 앞지르기 위한 다툼을 포함하여.

한 한 장의 X선 사진(사진 A)이다. 이 사진은 B형 DNA를 촬영한 것이며 여기에는 나선의 반복 구조가 확실하게 나타나 있다. 프랭클린과 같은 분야의 대학원생이었던 레이몬드 조지 고슬링(Raymond George Gosling, 1926~2015)은 이 사진을 윌킨스에게 건넸고, 윌킨스는 프랭클린에게 알리지 않고 다시 그 사진을 왓슨에게 건네게 되는데, 이와 같은 사진의 전달 과정은 윌킨스가 사망하기 직전에 출판된 자서전에 상세하게 담겨있다.[16] 이 사진이 왓슨과 크릭에게 결정적인 데이터가 될 것이라고는 윌킨스도 생각하지 못했던 것 같다. "만약에 그 사진의 의미를 알고 있었더라면 왓슨에게 보여주지 않았을 텐데"라고 윌킨스가 회상했을 정도이다. 추측컨대 윌킨스는 그 사진을 타인에게 건네지 않고 자신 혼자서 DNA 구조에 관한 모델을 만들었으면 좋았을 것이라고 후회했을 것임에 틀림없다. 실제로 프랭클린의 사진(A)는 윌킨스의 사진(B)보다도 매우 뚜렷하게 상을 형성하고 있다.

그러나 '이중 나선'이라는 개념에 도달하기 위해서는, 두 개의 나선이 풀어진 후에 각각 복제된다는 대담한 '발상의 전환'이 필요하였다. 바꾸어 말해, 유전자가 정확하게 복제되어 자손에게 전수된다는 생물학적 의미가 분자의 구조 그 자체에 함유되어 있는 것이다. 이것은 물리학으로부터 생물학으로 점프하는 것과 같은 발상이며,

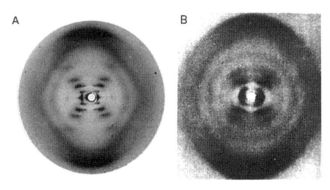

▌DNA의 X선 사진 A: 프랭클린이 촬영한 사진[18] B: 윌킨스가 촬영한 사진[19]

그런 의미에서는 생물학자인 왓슨과 물리학자인 크릭이 콤비를 이룬 것은 절묘했다고 말할 수 있을 것이다.

일반인에게는 거의 알려져 있지 않은 것인데, DNA의 구조에 관한 설명으로 왓슨과 크릭에게 노벨상을 안겨준 그 유명한 논문이[17] 게재된 『네이처(NATURE)』 저널의 동일 호에는, 프랭클린과 고슬링이 공동으로 저술한 논문이[18] 윌킨스 그룹의 논문에[19] 이어서 '세 번째에' 실려 있다. 게다가 그러한 프랭클린의 논문에는 앞에서 언급한 B형 DNA의 X선 사진이 담겨 있었다. 프랭클린은 난소암 합병증에 의해 1958년에 37살의 젊은 나이로 생을 마감하게 되는데, 그때까지도 그녀의 사진이 다른 과학자에 의해 사용되었다는 것이 그녀에게는 실제로 알려지지 않았다.

왓슨과 크릭의 논문에는 "우리들이 DNA 구조에 관한 모델을 발견했을 때 거기(『NATURE』에 실린 다른 두 개의 논문)에서 제시하고 있는 결과에 관한 상세한 내용을 몰랐다"라고 기술되어 있다. 실로 주의 깊고 조심스럽게 작성된 이 한 문장으로부터 그들의 진정한 의도를 읽을 수가 있다.

이것은 다른 논문이 아직 작성되지 않았을 때의 이야기가 분명하므로 '결과에 관한 상세한 내용'은 몰랐다고 말할 수 있다. 왓슨과 크릭이 '다른 그룹에 의해 제시된 결과' 그 자체를 알고 있었는지에 관해서는 그 누구도 언급하고 있지 않기 때문에 그 문장 자체는 거짓말이 아니다. 그럼에도 불구하고 다른 연구자에 의한 데이터가 그들에게 결정적인 의미를 주지는 않았다는 듯한 인상을 독자에게 주었기 때문에 '이중 나선'의 발견자가 자신들임에 틀림없다는 것을 호소하는 데 성공했던 것이다.

왓슨과 크릭이 프랭클린의 데이터를 실제로 사용하고도 그 데이터가 '이중 나선' 구조를 확정하는 데 결정적으로 기여했다는 사실을 '의도적으로' 감춘 것이라면 그것은 문제가 있다고 하겠다. 왓슨과 크릭이 프랭클린에게 그녀의 데이터를 사용하는 허가를 구하지 않았다는 것은 움직일 수 없는 분명한 사실이다.[20]

월킨스 자서전의 제목은 『이중 나선, 제3의 남자』이다. 이 제목은 영화 제목을 풍자하여 출판사가 붙인 이름인데 월킨스 자신은 마음에 들어 하지 않았던 것 같다. 그는 자서전의 서문에서 프랭클린의 논문이 여전히 '세 번째'로 간주되는 것은 정당하지 않다고 쓴 소리를 하고 있다.

6.3 연구경쟁과 비밀주의

실제로 현대의 연구경쟁이 격렬하다는 것을 나타내는 '데이터'를 다음에 소개한다. 미국의 실험생물학자·수학자·물리학자를 대상으로 실시한 의식 조사에 관한 결과이다.[21] 1966년에는 응답한 연구자의 약 50%가 "자신의 현재 연구에 관해서, 동일한 연구를 하고 있는 다른 연구자와 이야기를 나누는 것이 안전하다고 생각한다."라고 대답하였는데, 1998년에 실시된 동일 조사에서는 26%까지 감소하였다. 실험생물학자는 수학자나 물리학자와 비교하여 압도적으로 경계심이 강하다는 결과가 얻어졌는데, 그들의 14% 정도만이 안전하다고 생각하고 있었다. 즉, 경쟁이 격렬할수록 자신의 아이디어가 타인에게 알려지는 것을 꺼리는 '비밀주의'를 가진 사람이 증가한다는 결과이다.

제5장에서 '학회발표는 최근에 얻어진 새로운 지식에 관한 고찰을 서로 토론하는 것이 목적'이라고 언급했지만, 연구자 간의 경쟁이 격렬해지면 학회 본래의 목적이 기능을 못하게 된다. 자신이 발견한 중요한 내용을 논문을 제출하기도 전에 학회에서 발표해버리면, 경쟁하고 있는 상대팀이 앞질러가 먼저 논문을 제출하지도 모르기 때문이다. 만약에 프랭클린이 얻은 B형 DNA의 X선 사진이 일찌

감치 학회발표를 통해 공표되었다면, 더 빠른 단계에서 다른 연구팀이 이중 나선 구조를 규명했을지도 모르는 것이다. 따라서 가장 중요한 최신의 지식은 연구실의 '일급비밀(top secret)'로서 취급된다. 실제로 논문으로 공표되는 것이 확정된 성과만 학회에서 발표한다는 '전술'을 취하는 연구자도 있을 정도이다. 경쟁자가 모르는 사이에 몰래 자신의 연구를 진행하거나, 있지도 않은 연구주제를 퍼트리기도 하는 등, 연구자 간 허허실실의 책략은 마치 정보전을 방불케 한다.

과학적 진리의 규명에 대하여 모든 연구자는 동등한 참가 권리를 가져야할 것이지만, 최신 정보를 공개하는 것은 쓸데없는 경쟁을 자극하는 것이 될 수도 있다. 게다가 솔직하게 데이터를 공표한 연구자가 경쟁에서 뒤처지게 되는 어이없는 꼴을 당하는 것은 슬픈 일이다. 이에 대한 방어책으로 어쩔 수 없이 비밀주의를 고수할 수밖에 없는 연구자도 있을 것이다. 연구에 종사하는 사람은 현대의 과학적 연구가 이와 같은 어려운 사태에 직면해 있다는 것을 알아두어야만 한다.

6.4 정직할 것

"Honesty is the best policy(정직이 최상의 방책이다)"라는 영어 속담은 미국의 정치가이자 과학자이기도 했던 벤저민 프랭클린(Benjamin Franklin, 1706~1790)이 남긴 말이라고 알려져 있다. '정직(正直)'을 미덕이 아니라 굳이 '방책(policy)'이라고 말하고 있는 것에서 한 명의 인간관(또는 미국식 비즈니스의 전술)이 느껴진다.

바꾸어 말해, 원래 성격이 정직한지의 여부와는 관계없이 일견 불리해 보이는 '정직'을 더 좋은 전술로서 굳이 의도적으로 선택했다는 것이다. 이 말은 일본의 세균학자인 노구치 히데요(野口英世,

1876~1928)가 특히 마음에 들어 했던 말로 생가의 정원에 세워진 기념
비에도 새겨져 있다고 한다. 노구치 히데요는 많은 병원균을 발견했
지만 당시에는 아직 바이러스의 실체가 알려져 있지 않았었기에, 그
연구의 대부분이 당시의 시련을 견디지 못했다고 알려져 있다.[22]

미국의 소설가인 마크 트웨인(Mark Twain, 1835~1910)은 "정직이 최
상의 방책이다"에 이어서 "금전 문제가 얽혀있을 때에는(when there
is money in it)"이라는 단서를 붙였다(1901). 언제나 정직하다면 지나치
게 고지식하다는 소리를 들을 것이고, '거짓말도 방편의 하나'라고
할 수 있는 상황도 있을지 모른다. 그러나 금전에 관한 한 정직보다
좋은 것이 없다는 것이다. 연구도 마찬가지다. "정직이 최상의 방책
이다"에 "연구가 얽혀있을 때에도"라는 단서를 더해보자.

6.5 해석 오류와 사실 오류의 차이

과학의 세계에서는 데이터 '해석(解析)'의 오류를 피할 수 없다. 이
것은 오류의 원인이 연구자의 미숙함이나 부주의함뿐만이 아니기
때문이다. 제한된 데이터를 합리적으로 설명하는 방법은 따로 있을
지도 모른다. 그리고 과학은 그렇게 잘못된 해석을 수정해가면서 진
보하는 것이다. 마치 뉴턴의 역학을 아인슈타인이 상대성 이론에 의
해 수정했던 것처럼 말이다. 다윈의 진화론도 예외가 아닐 것이다.

그러나 과학적인 관찰 그 자체의 오류나 사실의 기재 자체에 오류
가 있는 것은 기본적으로 연구자의 미숙함이나 부주의함에 기인하
는 것이다. 따라서 이와 같은 오류는 연구자의 신용과 관련된 문제
가 된다. 그러한 실수가 발견되었다면 즉시 논문이 게재된 저널에
보고할 의무가 있다. 그리고 스스로 오류를 바로잡은 논문이 받아들
여진 경우에 한하여 그 연구자의 신용도 회복될 수 있다.

아인슈타인도 '일반 상대성 이론'에 의한 예측의 오류를 스스로

발견하여, 그 후의 논문에서 올바르게 수정하였다. 아인슈타인은 1911년 발표한 논문에서 별에서 방사되는 빛이 태양 근처를 통과할 때에 태양의 중력장에 의해 0.83초*만큼 흰다고 예측했는데, 1916년의 논문에서는 이 값을 1.7초로 수정하였다.[23] 1919년에 영국의 원정대가 적도 부근에서 개기일식이 진행되는 동안 별의 위치를 관측하였는데 이로부터 아인슈타인이 예측한 수정된 값이 올바르다는 것이 실증되었다.[24] 실은 1914년에도 동일한 관측이 계획된 적이 있었지만 전쟁으로 인해 연기되었던 것인데, 그런 의미에서 아인슈타인은 운도 좋은 과학자였다고 말할 수 있겠다.

■ 1초는 각도의 단위로 1도의 1/3600

해석 오류와 사실 오류와의 차이에 관하여 다윈은 자신이 저술한 『인간의 유래』의 마지막 장에서 다음과 같이 기술하고 있다.

> 잘못된 사실은 종종 오랫동안 지속되기 때문에 과학의 진보에 매우 유해하다. 그러나 잘못된 생각은 만일 어떤 증거에 의해 뒷받침이 된다 해도 거의 해는 없다. 이렇게 말할 수 있는 것은 그러한 오류를 증명하는 것이 누구에게나 유익한 즐거움이기 때문이다. 그리고 그것이 행해지면 오류에 이르게 되는 진로는 닫히고 진실의 길이 종종 동시에 열리게 되는 것이다.[9]*36

잘못된 사실은 분명히 과학의 진보에 유해하다. 그런데 이보다도 더 유해한 것은 잘못된 과학적 '사실' 그 자체를 조작하거나 여러 데이터 중에서 자신의 학설과 잘 맞는 데이터만을 선택하여 발표하는 것이다. 이것은 매우 위험한 행위이다. 이와 같은 '부정행위'는 과학윤리에 반하는 가장 무거운 죄로 간주되고 있다. 이솝우화에 나오는 양치기 소년과 마찬가지로 한번 신용을 잃어버리면 회복할 수가 없게 된다.

6.6 과학윤리의 교육

이공계 학부에 입학하면 여러 가지 실험과 실습을 하게 된다. 여기에서는 장비와 시료의 취급방법을 비롯하여 데이터의 올바른 처리방법 등 다양한 지식을 배울 수 있다. 그러나 도중에 자신의 전공분야를 이전과는 많이 다른 분야로 바꾼 경우에는 실험의 예비지식뿐만 아니라 안전이나 윤리에 관한 올바른 '상식'을 단기간에 익혀야만 한다.

다행스럽게도 아주 중요한 핵심적 내용은 문헌을 통해 배울 수 있다. 물리학 분야의 실험에는 『물리 실험자를 위한 13장[25]』을, 화학분야의 실험자에게는 『안전한 실험을 위하여[26]』라는 서적을 추천한다. 생물학 분야의 동물실험자에게는 약간 기술적이기는 하지만 지침서[27]가 출판되어 있고, 심리학 분야의 실험자를 위해서도 윤리적인 지침[28]이 있다. 특히, 인간을 대상으로 하는 의학 분야의 실험자는 「헬싱키 선언[29]」이라는 윤리규범을 반드시 읽을 필요가 있다. 이 선언의 마지막 조항에는 다음과 같이 기술되어 있다.

> 인간에 관한 연구에서는 실험대상자의 복리에 대한 배려보다 과학이나 사회의 이익을 우선시해서는 안 된다.[29]※37

과학윤리에 관하여 깊이 이해하기 위해서는 『과학자를 목표로 하는 그대들에게[30]』라는 서적을 추천한다. 가능하다면 졸업논문을 작성하기 위하여 실시되는 실험이 본격적으로 시작되기 전까지, 늦더라도 대학원 진학 전까지는 그와 같은 교육을 충분히 받아둘 필요가 있다. 대학이나 대학원에서 '과학윤리'라는 강의가 아직은 독립적으로 이루어지고 있지 않지만 향후에는 그 필요성이 점점 증가할 것이다. 특히, '연구윤리는 어떻게 해야 확립할 수 있을까?'라는 관점

에서 한 사람 한 사람이 진지하게 생각해보는 것이 매우 중요하다.[31]

6.7 시험의 부정

연구에 있어서의 부정은 그 근원이 학생 시절에 있다고 해도 과언이 아니다. 다른 연구자의 연구 주제를 도용하거나 연구 주제의 뜻을 달리하기 위하여 글의 일부 구절이나 글자를 일부러 고치는 행위는, 시험 답안이나 과제보고서와 관련된 부정*과 행위 그 자체뿐만 아니라 심리적으로 아주 유사하기 때문이다. 시험에서의 부정은 '가능한 편하고 쉽게 좋은 점수를 받고 싶어서' 가 그 이유라고 생각되지만, 실패했을 경우에는 최악의 성적을 받게 되거나 학교로부터 처벌을 받을 수 있기 때문에 그 위험성이 매우 크다.

도쿄 대학교의 전기 과정(1학년과 2학년)에서는 부정행위가 발각된 경우에 그 학기에 수강하는 모든 과목의 학점 취득을 인정하지 않으며 유급이 확정된다. 곧바로 퇴학 처분이 내려지는 학교도 있을 것이다. 답과 관련된 내용이 적혀있는 쪽지 등을 시험 중에 사용한 경우에는 물적 증거가 남으며 다른 사람의 답안을 훔쳐본 경우에는 답안 그 자체에 증거가 남는다. 매우 비슷한 (게다가 비슷해 보이지 않도록 의도적으로 약간의 가공을 한) 답안을 실제로는 쉽게 발견할 수 있다. 시험을 볼 때에도 '정직은 최선의 방책' 이라는 것에는 변함이 없다. 동서고금을 막론하고 인간의 속성에는 변함이 없는 것인지 시대에 따라 방법과 강도는 다르지만 시험에서의 부정행위는 근절되지 않고 있다.*

첨단 과학 기술에 의해 우리들의 생활은 편리해졌지만, 유감스럽게도 그와 같은 기술이 종종 부정행위에 악용되기도 한다. 시험을 치를 때에 휴대폰이나 휴대용 정보기기를 사용하는 것은 엄격하게 금지되어 있다. 다른 사람과의 통신은 물론이며 우표 정도의 크기를 가지는 메모리카드에 사전 수십 권 분량의 정보를 집어넣을 수 있기 때문이다.

6.8 왜 부정행위는 없어지지 않을까?

부정행위를 하면 왜 안 되는 것일까?

"잘 해서 들키지만 않으면 괜찮다." 만일 학생이 이와 같이 대답한다면 교사는 졸도할지도 모른다. 들키느냐 안 들키느냐의 문제가 아니다. 규칙을 위반하는 것 자체가 문제인 것이다.

그러면 부정행위는 왜 없어지지 않는 것일까?

부정행위의 가장 일반적인 원인은 '욕구(欲求)'이다. 편하고 쉽게 결과를 얻고 싶은 욕구, 명성을 얻고 싶은 욕구, 경쟁자에게 앙갚음을 하고 싶은 욕구, 연구비를 획득하고 싶은 욕구, 요컨대 인간의 변연뇌가 만들어내는 행위인 것이다. 이것은 완전히 치유할 수 없는 문제이다.

연구자 특유의 원인 중 하나는 자기 자신에 대한 콤플렉스(열등감)이다. 자신의 능력에 대해 도저히 100%의 자신을 가지지 못하는 것이다. 자신의 이상과 목표가 높으면 높을수록 실패할지도 모른다는 불안과 함께 도중에 좌절할지도 모른다는 불안에 휩싸이기 쉽다. 쉽고 편한 방법이 있다면 이것에 기대어 불안을 극복하고 싶어진다. 그러한 마음의 한 틈에 악마의 유혹이 찾아드는 것이다.

이것과 정반대의 관계에 있는 원인은 수재형의 학생이나 연구자에 있을법한 심리로 자신에 대한 극도의 나르시시즘(자기도취)이다. 무엇을 해도 잘될 것 같은 자신이 있기 때문에 평범한 것은 시시하다는 것이다. 약간의 짜릿함을 맛보고 싶어 하며 여유로운 나머지 위험한 도박에 나서게 된다.

거짓말을 감추기 위하여 또 다른 거짓말을 하지 않으면 안 되는 것처럼 자신을 기만하는 '부정행위'는 반드시 반복되게 된다. 반복이 되는 과정에서 어느새 자신의 힘으로는 멈출 수 없는 지경에 이르게 되는 것이다.

부정행위를 하면 왜 안 되는 것일까? 부정행위에 의해 얻은 부당한 이익은 다른 사람에게는 당연히 불이익이 되는 것이다. 그리고 그것만이 아니다. 부정행위는 다름 아닌 '자기 자신'을 배신하고 속이는 것이다. 이것은 연구자로서 자신의 생명을 끊는 것과 동일한 것이다.

6.9 역사를 바꿀 수 있었던 화석의 '조작'

불행하게도 부정행위와 관련된 중대한 사건이 과학의 세계에도 여러 번 있었으며, 이것은 신문이나 텔레비전 뉴스에도 크게 보도되었다. 다른 사람의 논문을 노골적으로 도용한 경우가 있는가 하면, 실험 데이터를 자신의 논리에 맞도록 수정하거나 실험실이 아닌 '책상 위'에서 데이터 그 자체를 조작한 사례 등이 끊이지 않고 있다.

그 중에서도 1912년에 영국 필트다운(Piltdown) 지역에서 발굴된 '조작된 뼈 조각들'과 관련된 사건이 대표적이다. 이 뼈 조각들은 영국의 아마추어 고고학자인 찰스 도슨(Charles Dawson, 1864~1916)이 발견하여 보고한 것인데, 현생 인류 이전의 가장 오래된 인류의 화석으로 인정받았다.

도슨은 공식적으로 발표하기 전에 영국 대영박물관 지질학 담당관이었던 아서 스미스 우드워드(Arthur Smith Woodward, 1864~1944)에게 뼈 조각을 보여 진품임을 인증 받았고, 학계로부터는 호모 필트다우넨시스(Homo Piltdownensis, 필트다운인)라는 학명을 부여받았다. 그 화석이 가짜일지 모른다는 의혹이 발표 직후부터 많은 인류학자들에 의해 잇따라 제기되기도 하였지만 그러한 의혹은 모두 묵살 당하면서 오랫동안 진짜 화석으로 인정받게 된다.

그러던 것이 과학 기술의 진보에 의해 동위원소를 통한 연대측정이 가능하게 되는데, 그와 같은 분석기술에 의해 그 화석은 중세 시대에 살았던 인류의 머리뼈와 500여 년 전 보르네오 섬 사라왁 주에 살았던 오랑우탄의 아래턱뼈 그리고 침팬지의 송곳니를 공들여 짜맞춘 '조작된 화석'이라는 것이 1953년에 밝혀졌다. 게다가 뼈 조각들은 매우 오래된 것처럼 보이기 위해 산화철과 크로뮴산을 이용하여 착색되어 있었고, 현미경으로 관찰한 치아 화석에서는 침팬지의 치아를 인간의 치아와 비슷하게 보이게 하려고 인위적으로 갈아낸 흔적 또한 발견되었다.

이 사건만큼 과학사에 물의를 빚은 사건도 없을 것이다. 인류의 탄생과 관련된 역사를 새롭게 바꿀 수도 있었던 대발견이 사실은 거짓말이었다는 것이었기에 당시의 충격은 상상을 초월하는 것이었다. 그러나 필트다운인 화석 사건의 진범은 지금까지도 밝혀지지 않고 있다. 조작의 주범으로 정황상 최초 발견자인 도슨과 진품으로 인정한 우드워드가 추정되기도 하였지만, 조작이라는 것이 밝혀진 것은 그들 모두가 숨진 뒤여서 확인에 어려움이 있었다고 한다.[33] 뼈 조각들이 조작된 것으로 결론이 난 이후에, 숱한 추리·주장·반박들이 용의자들을 만들어 냈다가는 다시금 그들의 혐의를 벗겨내는 일들이 반복되었으며, 지금까지도 범인이 드러나지 않은 괴이한 사건으로 여전히 남아있다.

일본에서는 미야기현 가미다카모리 유적에서 출토된 60만~70만 년 전의 타제 석기가 완전히 조작된 것이라는 것이 2000년에 보고되어 많은 고고학 팬들을 실망시키면서 큰 사회문제로 대두된 적이 있었다.[34] 고고학적으로 매우 큰 의미가 있는 석기가 잇달아 출토되었고, 이 모든 유물의 최초 발견자는 아마추어 고고학자인 후지무라 신이치(藤村新一, 1950~)였다. 그가 발굴하기만 하면 엄청난 유물이 쏟아져 나왔기 때문에 '신의 손'을 가진 과학자로 칭송받았지만(본인은 '노력'이라고 강조했지만), 사실은 더럽혀진 '사람의 손'에 의한 것이었다. 석기를 유적 현장에 미리 묻어놓은 후 나중에 발굴하였던 것이다. 이와 같은 황당한 행위의 당사자인 후지무라 신이치는 "전부 조작한 것은 아니다. 마(魔)가 낀 것 같다"라고 진술하였지만, 이것은 일시적인 과실이 아니었다.

그 후의 조사에 의해, 1970년대부터 조작이 진행되었다는 사실이 잇달아 판명되면서 관계된 모든 유적의 수가 162개를 상회한다는 것이 명백해졌고, '처음부터 조작을 목적으로 했다고 판단할 수밖에 없다'는 최악의 사태에 이르게 되었다.(35) 게다가 이것은 연구팀을 이끄는 수뇌에 위한 부정행위로, 이것이 맹점이 되었던 것인지 동료 고고학자들도 부자연스러운 출토 상황을 의심하지는 않았던 것이다. 당사자들의 분노와 슬픔은 오죽했을까?

이러한 조작 사건에 공통된 점은 발굴이 성공하면 일약 유명인이 되지만 실패하면 발굴 작업 자체가 중단된다는 양극단의 냉혹한 현실이다. 연구에 바친 열정이 아니라 결과만으로 평가되는 가장 수지가 맞지 않는 일 중의 하나인 것이다. 지질학적인 시대와 장소에 관하여 올바른 '감(感)'을 소유하고 있으면서 '둔(鈍)'과 '근(根)'에도 남보다 갑절의 자신이 있다고 해도, 실제로 화석이나 석기를 발굴해내는 것은 '운(運)'에 달려있다. 실적을 내려고 안달해봐야 어쩔 수 없는 곳에 인간의 욕심이 자리를 잡는다. 자신이 운을 통제할 수 있다고 우쭐대는 순간 벼랑 아래로 발을 헛디디게 되는 것이다.

과학의 세계에서 일어나는 사건에는 '시효(時效)'가 없다. 과학이 계속해서 진보하는 한, 부정한 데이터는 반드시 드러나게 될 것이고 그 부정한 데이터에 근거하여 기록된 사실은 지워지고 없어져버릴 것이다.

6.10 상온 핵융합과 고온 초전도

의학이나 생물학과 비교하여 물리학 분야에서의 부정행위는 적은 것으로 알려져 있다. 이것은 물리학이 실험의 정밀도와 재현성 측면에서 우수하기 때문이기도 하다. 그러나 상온 핵융합(常溫 核融合, cold fusion)과 고온 초전도(高溫 超傳導, high-temperature superconductivity)에 관한 스캔들은 일반 사회에 큰 충격을 주는 동시에 과학에 대한 불신감을 조장하는 사건이었다.

'상온 핵융합'이란 태양 내부에서 일어나고 있는 핵융합 반응을 실온에서 일어나게 하는데 성공했다는 것으로, 1989년에 미국 유타 대학교와 영국의 사우샘프턴 대학교의 합동 연구팀이 기자회견을 하면서 스캔들은 시작되었다. 이 자리에서 발표된 내용은 1와트의 에너지를 입력하여 4와트의 에너지를 출력한다는 '꿈의 에너지'에 관한 것이었다. 동시에 '대학교 1학년 학생이 제작한 놀랄 만큼 간단한 장치로 실험이 진행되었다'는 것도 기자회견장에서 발표되었다.[36]

기자회견 후에 그들의 논문이 출판되었는데, 그 후에 일반적으로는 있을 수 없는 양의 정오표(正誤表)가 바로 첨부되었고 오류를 수정하는 형태로 공저자가 한 명 추가되었다. 처음 발표가 있고 2개월 정도 지난 후에, 이 에너지의 생성은 미지의 원자핵 반응에 의한 것이 아니라 아티팩트*라고 해석하는 논문이 『네이처(NATURE)』저널에 실리게 된다.

나아가 상온 핵융합 실험 중에 고농도의 삼중수소(三重水素, tritium)*가 발견되었다는 보고가 있었지만 여기에도 부정행위가 있다는 의혹이 제기되었다.[36] 같은 해에 미국 연방정부의 조사위원회에 의해 작성된 최종보고서에는 상온 핵융합의 타당성 그 자체가 부정되었다. 그 후에 상온 핵융합에 관한 연구는 일본으로 무대가 옮겨져 계속되고 있다.

■ 신호처리 과정에서 관측이나 해석의 단계에서 발생한 데이터의 오류나 신호의 뒤틀림.

■ 수소의 동위원소로 ^{3}H로 표기, 중성자 2개와 양성자 1개로 이루어짐.

이 소동의 배경에는 유타 대학교와 브리검영 대학교의 핵융합 연구자 간에 불화가 있었다고 한다. 연구에서 선두를 차지하기 위한 격렬한 다툼과 막대한 이익을 얻을 수도 있는 특허 다툼으로 인해, 앞서 꼭 필요한 과학적 검토가 등한시되어 버리고 만 것이다. 실제로 제5장에서 언급한 것처럼 학회발표 후에 논문발표라는 수순을 무시하고, 가장 먼저 기자회견을 한 것이 애당초부터 잘못된 것이었다. 과학적 연구에서는 동료평가에 의한 논문심사야말로 최대의 관문인 것을 잊어서는 안 된다. 이 난문을 정당하게 통과하지 못한 연구는 과학적이라고 간주할 수가 없는 것이다.

화제를 고온 초전도로 옮겨본다. 초전도란 극저온에서 전기저항이 0(zero)이 된다는 물질의 특성이다. 송전선에 저항이 없다면 에너지 손실도 최소한으로 억제할 수 있기 때문에, 가능한 높은 온도에서 초전도 현상이 나타나는 새로운 물질을 발견하는 것은 매우 분명하고도 매력적인 연구의 목적이라 말할 수 있을 것이다. 이것이 '고온 초전도'이다.

사건은 최첨단 물리학 분야에서 세계를 선도하고 있던 미국 벨연구소에서 일어났다. 당시에는 초전도 분야에서 우수한 연구 성과를 얻기 위해 치열한 경쟁이 벌어지고 있었다. 벨연구소의 젊은 연구자들은 수년 사이에 잇달아 초전도를 일으키는 온도의 '기록'을 바꾸어 가고 있었다. 그 중심에는 젊은 물리학자 얀 헨드릭 쇤(Jan Hendrik Schön, 1970~)이 있었는데, 그는 탄소에 얇은 금속막을 씌우면 실온에서도 초전도가 일어난다는 논문을 잇달아 발표해 일약 세계적인 스타가 되었다. 쇤은 노벨 물리학상의 유력 후보로 거론되기까지 하였는데 이후 그의 연구가 모두 조작이었다는 것이 밝혀져 모든 게재 논문이 철회되기에 이른다.

이 사건의 조사위원회는 쇤의 실험이 공동연구자 모두가 모르는 곳에서 실시되었고 실험에 사용된 시료도 거의 남아있지 않다는 것을 보고서에서 밝히고 있다.[37] 이렇게 되면 실험 자체가 정말로 실시되었던 것인지 의심받을 수밖에 없는 것이다. 실제로 그 후에 당사자인 쇤을 포함하여 그 누구도 실험을 재현하는데 성공하지 못하였다. 특정 실험에서 얻어진 데이터가 여러 실험의 결과로 반복되어 사용된 경우가 있었으며, 그래프 중 몇몇은 실제 데이터가 아니라 수학함수를 사용하여 그린 것임을 밝혀내면서, 다수의 논문에서 부정이 있었다고 위원회는 결론을 내렸다.

　여기서 얻게 되는 한 가지 교훈은 세계를 선도하고 있는 연구소에서 제출한 논문이라고 해서 적당히 심사해서는 안 된다는 것이다. '벌거벗은 임금님!' 이라고 외치는 것에는 분명히 용기가 필요하다. 거짓 데이터에 속지 않기 위해서는 결단코 권위에 굴복하지 않겠다는 확고한 '심미안(審美眼)'을 꾸준히 연마하는 수밖에 없을 것이다. 과학이 사회적인 신뢰를 유지할 수 있을지의 여부는 기본적으로 연구자 한 사람 한 사람의 양심에 달려 있다. 과학의 신용을 실추시키는 역사를 반복해서는 안 된다.

6.11 과학은 거짓말을 하지 않는다

　과학이든 인터넷의 정보이든 틀림없는 내용을 전달하는 것은 매우 중요하다. 단, 인간이 만든 것에 오류는 필연적으로 따라붙는 것이다. 물론 인간의 생명에 관련된 경우처럼 절대로 잘못이 있어서는 안 되는 경우도 있지만, 창조적인 일을 하기 위해서는 실패나 잘못을 두려워하지 않는 것도 필요하다.

　"To err is human(인간은 실수하기 마련이다)" 라는 영어 속담이 있는 것처럼 불완전하다는 것은 인간다운 특징이며 그 사람의 개성이나 매력인 경우도 있다. 분명히 인간은 어디선가 계산을 틀릴 수 있을지도 모른다. 그러나 중요한 것은 그것이 틀렸다는 것을 깨닫는 것이다. 그런 후에는 틀린 것을 올바르게 고치면 되는 것이다. 다시 고칠 수 있는 것도 인간만이 할 수 있는 인간 고유의 특징인 것이다. 본 장을 요약하기 위해 삼단논법의 예제를 하나 제시한다.

> 인간은 거짓말을 하는 동물이다.
> 과학자는 인간이다.
> 그러므로 과학자는 거짓말을 하는 동물이다.

이것은 논리적으로는 맞다. 그러나 인간이 만든 과학이 거짓말을 하지는 않는다. 거짓말을 하지 않는 과학을 동경하여 과학자가 된 사람은 결코 거짓말을 하지 않을 것이다.

참고문헌

1. N. Barlow, Ed., The Autobiography of Charles Darwin, W. W. Norton (1993)

2. M. Ridley, Ed., The Darwin Reader, Second Edition, W. W. Norton (1996)

3. C. Darwin, On the Origin of Species—A Facsimile of the First Edition, Harvard University Press (1964)

4. C・ダーウィン（八杉龍一訳）『種の起源（上・下）』岩波文庫 (1990)

5. C. Darwin, The Origin of Species, 1876 (The Works of Charles Darwin, Vol. 16), New York University Press (1988)

6. C. Darwin (Edited by F. Darwin, 1909), The Foundations of the Origin of Species—Two Essays Written in 1842 and 1844 (The Works of Charles Darwin, Vol. 10), New York University Press (1987)

7. A. Desmond and J. Moore, Darwin—The Life of a Tormented Evolutionist, W. W. Norton (1991)

8. 松永俊男『ダーウィンをめぐる人々』朝日新聞社 (1987)

9. C. Darwin, The Descent of Man, and Selection in Relation to Sex, Princeton University Press (1981)

10. C. Darwin, The Descent of Man, and Selection in Relation to Sex, Part One Two (The Works of Charles Darwin, Vol. 21/22), New York University Press (1989)

11. 木村資生『生物進化を考える』岩波新書 (1988)

12. F. Weiling, "Which points are incorrect in R. A. Fisher's statistical conclusion: Mendel's experimental daca agree too closely with his expectations?", Angewandte Botanik, 63, 129−143 (1989)

13. F・H・ポーチュガル, J・S・コーエン（杉野義信, 杉野奈保野訳）『DNAの一世紀I—分子生物学への道』岩波書店 (1980)

14. J. D. Watson (Edited by G. S. Stent), The Double Helix—A Personal Account of the Discovery of the Structure of DNA, W. W Norton (1980)

15. J・D・ワトソン（江上不二夫, 中村桂子訳）『二重らせん』講談社文庫 (1986)

16. M. Wilkins, The Third Man of the Double Helix, Oxford University Press (2003)

17. J. D. Watson and F. H. C. Crick, "A structure for deoxyribose nucleic acid", Nature, 171, 737−738 (1953)

18. R. E. Franklin and R. G. Gosling, "Molecular configuration in sodium

thymonucleate", Nature, 171, 740–741 (1953)

19. M. H. F. Wilkins, A. R. Stokes, and H. R. Wilson, "Molecular structure of deoxypentose nucleic acids", Nature, 171,738–740 (1953)

20. B. Maddox, Rosalind Franklin–The Dark Lady of DNA, HarperCollins (2002)

21. J. P. Waish and W. Hong, "Secrecy is increasing in step with competition", Nature, 422, 801–802 (2003)

22. W・ブロード，N・ウェード (牧野賢治訳)『背信の科学者たち』化学同人 (1988)

23. A・アインシュタイン (内山龍雄訳編)『アインシュタイン選集2: 一般相対性理論および統一場理論』共立出版 (1970)

24. A・P・フレンチ (編) (柿内賢信他訳)『アインシュタイン―科学者として・人間として』培風館 (1981)

25. 兵藤申一『物理実験者のための13章』東京大学出版会 (1976)

26. 化学同人編集部 (編)『実験を安全に行うために』化学同人 (1973)

27. アメリカ国立衛生研究所 (編) (鍵山直子，野村達次監訳)『一九八五年版 実験動物の管理と使用に関する指針』ソフトサイエンス社 (1986)

28. アメリカ心理学会 (編) (冨田正利，深澤道子訳)『サイコロジストのための倫理綱領および行動規範』日本心理学会 (1996)

29. World Medical Assembly, "Declaration of Helsinki (1964)", British Medical Journal, 313, 1448–1449 (1996)

30. 米国科学アカデミー (編) (池内了訳)『科学者をめざす君たちへ―科学者の責任ある行動とは』化学同人 (1996)

31. 山崎茂明『科学者の不正行為―捏造・偽造・盗用』丸善 (2002)

32. 宮崎市定『科挙』中公新書 (1963)

33. H. Gee, "Box of bones 'clinches' identity of Piltdown palaeontogy hoaxer", Nature 381, 261–262

34. 毎日新聞旧石器遺跡取材班『発掘捏造』新潮文庫 (2003)

35. 毎日新聞旧石器遺跡取材班『古代史捏造』新潮文庫 (2003)

36. J・R・ホイジンガ (青木薫訳)『常温核融合の真実今世紀最大の科学スキャンダル』化学同人 [1995]

37. 松村秀『論文捏造』中公新書ラクレ (2006)

연구와 교육의 딜레마

- 연구자를 길러낸다 -

교사의 가장 순수한 영광은
자신을 잇는 제자를 길러내는 것이 아니라,
자신을 뛰어넘는 현인을 길러내는 것에 있다.(1)※38

산티아고 라몬 이 카할(Santiago Ramon y Cajal, 1852~1934)

제7장
연구와 교육의 딜레마
- 연구자를 길러낸다 -

　카할은 근대 뇌신경과학의 아버지라고 일컬어진다. 북스페인에서 태어나, 처음에는 화가가 되고자 했으나 결국에는 의과대학의 해부학 교실로 진로를 정했다. 화가를 지향했을 정도의 소질이 뇌조직의 스케치에 큰 도움을 주었고, 그러한 스케치는 뇌가 뉴런(neuron, 신경세포)을 기본 단위로 하는 집합체인 것을 처음으로 규명하는데 지대한 영향을 주었다.

　뇌는 수백 억 개의 뉴런이 연결되어 형성된 궁극의 인체 조직이다. 그리고 뉴런은 인체 중에서 가장 고도로 분화된 세포로서 나뭇가지와 매우 비슷한 '수상돌기(樹狀突起)'를 무수히 가지고 있기에, 놀랄 만큼 복잡하고 신비로운 형태를 하고 있다. 덧붙여 '뉴런'이라는 말은 독일

▌1892년의 카할

┃ 1932년의 카할

┃ 골지 염색법

┃ 원전의 영어판[3] 및 일본
어판이[2] 출판되어 있음.

의 해부학자인 하인리히 빌헬름 고트프라이드 폰 발다이야–하츠(Heinrich Wilhelm Gottfried von Waldeyer–Hartz, 1836~1921)에 의해 1891년에 처음으로 사용되었다.[2]

카할의 초상 사진에는 현미경과 염색액이 들어있는 병이 함께 찍혀있는 경우가 많다. 뇌세포를 관찰하기 위해서는 고배율의 현미경과 얇게 잘려진 뇌조직에 존재하는 세포를 부분적으로 염색하기 위한 염색액이 필요하다. 얇게 잘려진 뇌조직 내부는 수많은 세포로 꽉 차 있는데 극히 소수의 세포 또는 세포의 일부분만을 염색하지 않으면 눈으로 볼 수가 없다.

당시 의학계에서 큰 활약을 하고 있던 이탈리아의 해부학자이자 병리학자인 카밀로 골지(Camillo Golgi, 1843~1926)는 뇌조직의 일부를 은크롬 용액을 이용하여 선택적으로 염색하는 방법*을 1873년에 개발했다. 골지는 이 방법을 이용하여 인류 최초로 뇌세포를 관찰하였고, 자신의 관찰 결과를 토대로 뇌가 마치 정맥과 동맥처럼 조직들이 서로 이어진 연속된 그물 구조로 되어있다는 「망상설(reticular theory)」을 강하게 주장하였으며 다른 학설은 받아들이려 하지 않았다. 카할은 골지와 동일한 방법으로 동일한 조직을 관찰하였고, 여기서 얻어진 결과를 토대로 「망상설」을 부정하고 자신만의 「뉴런설」*을 착실하게 굳혀갔다.

이렇게 대립하는 두 개의 학설 중 어느 쪽이 맞는지 결말이 나지 않은 채, 카할과 골지는 신경계의 본질적 구조를 연구한 공로로 1906년에 공동으로 노벨 생리학·의학상을 수상하게 된다. 경쟁자였던 두 사람은 노벨상 수상식 자리에서도 거의 눈을 마주치지 않았다고 한다. 실제로 골지는 노벨상 수상에 대한 기념강연에서 시종일관

뉴런설을 비판하였다고 하며, 카할은 골지의 그와 같은 억지에 질렸다고 자서전에[4] 기록하고 있다.

최종적으로는 카할의 뉴런설이 맞는 것으로 결말이 지어졌다. 한 뉴런에서 다른 세포로 신호를 전달하는 연결 지점인 '시냅스(synapse)'라는 장소에 자그마한 틈새가 존재한다는 것이 초고배율의 전자현미경에 의해 관찰됨으로 인해 결말이 난 것이다. 이러한 실증적 연구가 진행된 것은 1955년이며 이때에는 카할과 골지 모두가 사망한 후였다. 비록 카할이 결정적인 실험적 증거를 알지 못한 채로 사망했지만, 자신의 학설이 올바르다는 것은 누구보다도 확실하게 알고 있었음에 틀림없을 것이다.

즉, 다른 사람들이 보통의 광학현미경을 사용하여 볼 수 없던 것을 카할은 방대한 뇌조직 스케치를 통해 보았던 것이다. 카할은 그저 단순한 해부학자가 아니다. 뉴런의 기능까지도 볼 수 있었던 생리학자였던 것이다. 그 증거로 카할의 아름다운 스케치를 잘 살펴보기 바란다.

화살표가 정성스럽게 기입되어 있는 것이 보이는가? 이것

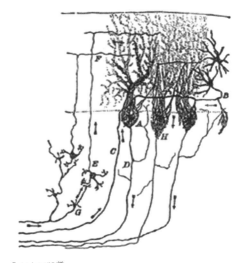

┃소뇌 스케치[2]

은 신경섬유(축삭돌기, axon)에서 전달할 수 있는 전기신호의 방향에 대응하고 있으며, 이 신호가 일정 방향으로만 전달된다는* 것을 나타내는 것이었다. 이와 같은 카할의 아이디어는 당시 전기생리학 분야의 성과를 앞서가는 것이었다. 뉴런의 형태를 잘 살펴보면 수상돌기(dendrite)는 두꺼우며 축삭돌기는 가늘다. 감각 세포로부터 뇌로 향

┃ '기능적 극성'이라고 불린다.

205

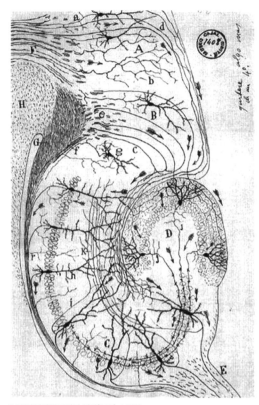

| 1910년경에 작성된 해마(海馬) 스케치

하는 축삭돌기는 언제나 가늘다는 것에서 힌트를 얻어 '신경세포의 수상돌기와 세포체는 자극 수용 장치이고 축삭돌기는 전도 장치'라는 모든 뉴런에 들어맞는 법칙을 발견했던 것이다.[5]

나아가 카할은 그 후의 전기생리학과 인지과학의 발전으로 이어지는 중요한 가설에 관해서도 언급하고 있다. 학습한 결과는 기억에 의해 뇌에 축적되는 것인데 그 메커니즘에 관하여 카할은 뉴런끼리의 결합이 발달하여 새로 생기는 것이라고 생각했다(1984).[3] 이러한 생각은 뉴런 사이에서 신호가 잘 전달되면 신호가 통과된 시냅스의 전달

| 가소 시냅스'라고 불린다.

능력에 변화가 생기는* 원리를 규명하는 것으로 이어져 현대 학습 이론의 기초가 되었다. 그런 의미에서 카할은 통찰력이 지극히 우수한 연구자였다.

본 장의 서두에서 언급한 말은 카할이 45세 때(1897) 저술한 『과학

| 영어판이[6] 출판되어 있음.

적 연구에 관한 규율과 조언』*에서 인용한 것이다. 이 책에는 '의지의 강장제'라는 부제가 달려있다. "이 책을 읽으면 과학자로서의 의지가 강해진다!"라는 이 책의 홍보문구를 보면 정말로 '카할답다'는 생각이 들게 한다. 서두에 언급된 문장의 전후를 모두 기재하면서 다시 인용해보도록 한다.

신진 연구자가 혼자서 걸어갈 수 있게 되었다면 그에게 독창성을 즐기고 좋아할 수 있는 마음을 심어주어야만 한다. 그렇게 함으로 인해 그의 마음속에 새로운 생각이 오로지 자발적으로 생겨나도록 맡겨야만 한다. 설령 그 생각이 학교에서 배우는 학설과 일치하지 않는다 해도 말이다. 교사의 가장 순수한 영광은 자신을 잇는 제자를 길러내는 것이 아니라, 자신을 뛰어넘는 현인을 길러내는 것에 있다. 최고의 이상은, 만약에 가능하다면, 전혀 새로운 혼과 유례없는 장치를 진보의 기계 안에 창출하는 것일 것이다.[1]※39

과학 교육에서도 독창성을 어떻게 길러내는지가 과제이다. 그러나 교육은 제2장에서 언급한 바와 같이 '모방'의 단계에서 끝나는 것이 일반적이다. 대학원에서는 자기 주도적으로 연구가 가능하도록 지도하는 것이 교육의 이상이지만 현실은 그렇게 간단하지가 않다.

최근 학생들이 점점 수동적으로 되어가고 있다. 교수가 지시하는 것을 가만히 기다리고 있는 경우가 많으며 자기 스스로 과제를 발견한 후 그것을 해결하는 능력이 부족하다고 지적되고 있다. 이것은 정보의 홍수를 헤쳐 나가기 위한 '현명한' 처세술일지도 모르지만 과학적 연구에서는 무거운 족쇄가 되고 만다. 자기 스스로 조사하여 자기 스스로 생각하고 자기 스스로 확인을 하여야 비로소 독창적인 연구의 기초가 세워지게 되는 것이다. 제3장에서 언급했듯이, 연구의 목적이나 목표는 타인에게 받는 것이 아니라 자신 스스로 찾아내는 것이다. 그러한 시행착오의 과정은 결국에는 자기 자신을 찾아내는 것으로 귀결된다.

이와 같은 의미에서 자립이 가능한 신진 연구자를 길러낸다는 것은 매우 어려운 과제인 것이다. 카할 자신도 '최고의 이상'과 '만약에 가능하다면'이라고 표현하고 있는 것을 보면 추측하건대 현실 교육의 어려움에 몇 번이고 직면했었음에 틀림없다.

카할은 신진 연구자에게 필요한 마음가짐에 관해서도 다음과 같이 말하고 있다.

> 알아야 할 것과 받을 필요가 있는 기술적 교육, 불러일으켜야 하는 고상한 정열, 무슨 일이 있어도 떨쳐 버리고 싶은 소심함, 그리고 불안에 관한 몇 가지 조언은 학설의 윤리성을 확보하기 위해 약속한 사항이나 경계 사항 그 모든 것들보다도 그에게 (신진 연구자에게) 훨씬 유익할 것이라고 우리는 생각한다.[1]※40

긍정적이고도 적극적인 열정을 지속적으로 유지하면서 부정적이며 소극적인 불안을 떨쳐버려야 한다. 카할은 『내 생애의 회상(Recuerdos de mi Vida)』*이라는 자서전을 49세부터 65세(1901~1917)에 걸쳐 저술하여 출판하였다. 연구와 교육 양쪽 모두에 대한 카할의 열정은 평생 사그라지지 않았던 것이다.

■ 영어판이[4] 출판되어 있음.

7.1 교육과 연구의 차이

교육과 연구는 마치 열차와 자동차처럼 서로 다른 성질을 가지고 있다. 대부분의 혼란은 양쪽이 확실하게 구분되지 않는다는 데에 원인이 있다. 혼동하기 쉬운 말이 있는데, '과학교육'은 이공계에서 실시하는 교육이며 '교육과학'은 교육에 관한 연구의 한 분야이다. 아울러 '과학고등학교'는 수학을 포함한 이공계 교과목에 중점을 둔 교육을 실시하는 교육기관이며, 과학적 연구를 가르치는 교육기관은 아니다.

열차가 정해진 레일 위만 달리는 것처럼 교육은 커리큘럼(교육과정)이라는 레일 위를 달리는 것이 원칙이다. 초등교육이나 중등교육 및 고등교육은 이과로 진학을 하든지 문과로 진학을 하든지 하나의 레일로서 연결되어 있어야 할 필요가 있다. 그렇지 않으면 내용이 중복되거나 빠져버리는 부분이 생기게 되어 입시제도는 제대로 기능을 하지 못할 것이다.

물론 선로가 특정 위치에서 분기되는 것처럼 도중에 진로를 바꾸는 것이 어느 정도는 가능하다. 반면에 자동차는 정해진 도로를 달리는 것도 가능하지만 도로가 없는 황야를 달리는 것도 가능한 것처럼 연구는 자유자재이다. 과학적 연구는 방법적인 관점에서 이미 정비된 도로를 달리는 것이 가능한가 하면, 선인들이 헤치고 들어간 적이 전혀 없는 분야에 발을 들여놓고 길을 만드는 것조차도 가능하다.

숙련된 전문 기관사가 열차를 운전하는 것처럼 실제로 교육을 견인하는 것은 전문 교원이다. 반면에 면허를 취득하면 누구라도 자동차를 운전할 수 있는 것처럼 과학적 연구는 기본적인 훈련을 받으면 누구라도 참여할 수 있다. 열차에 타는 목적이 열차에 타는 그 자체가 아니라 목적지에 도착하는 것인 것처럼 과학교육의 목적은 학습자를 과학의 세계로 권유하는 것이어야만 한다. 아울러 자동차를 운전하는 것은 운전 그 자체에 즐거움이 있듯이 과학은 그 연구자체가 목표가 될 수 있는 것이다.

7.2 훈련과 자유

'의무교육'이라는 표현은 오해를 받을 소지가 있는 말이다. 어린 아이에게 교육을 받게끔 하는 것이 어른의 의무이기 때문에 의무교육이라고 하는 것인데, 혹시 교육을 받는 것이 의무라고 생각하고 있지는 않은가? 어린 아이는 교육을 받을 '권리'를 가지고 있는 것이며 의무적으로 교육을 받아야 하는 것은 아니다.

초등교육부터 중등교육에 걸쳐서는 훈련이 따라다니기 마련이다. 글자를 쓰는 방법이나 계산 연습을 비롯하여 글자를 읽는 방법이나 기능의 습득에 이르기까지 명백한 훈련의 연속이다. 그렇기에 교육이 훈련 그 자체이며 의무인 것처럼 간주되면서 이것이 교육자와 학습자 사이에서 암묵적인 양해가 성립되어 있는 것처럼 느끼는 경우가 있다. 공부는 억지로 하게 하는 것이라고 입버릇처럼 말하는 교사조차 있다.

그럼 고등교육은 어떨까? 특히 이공계 분야에서는 실험이나 실습을 통한 기술적인 훈련이 필요하다. 그러나 고등교육의 모든 내용이 '훈련'이어서는 안 된다고 생각한다. 대학교에서 배우는 것이 훈련의 연장이며 의무적인 것이라고 간주하면 학문의 자유는 틀림없이 훼손될 것이다. 왜냐하면 교육이 수동적이 되어 주체적인 연구의 싹까지 뽑아버리기 때문이다. 프린스턴 대학교의 신입생을 향해 아인슈타인은 다음과 같이 말했다고 한다(1933).

> 대학교에서 학문에 힘쓰는 것을 결코 의무라고 생각하지 않았으면 합니다. 여러분들 자신에게 기쁨이 되고, 여러분들이 향후 직업을 가지고 일하게 될 곳인 사회에 유익이 되는 공부를 하게 되는 것을 정신적인 면에서 해방된 아름다움에 접하는 것처럼 남들이 부러워하는 기회라고 생각하기 바랍니다.[7]*41

현재의 고등교육은 유연한 커리큘럼을 요구받고 있다. 이러한 요구에 부응하기 위하여 대학에서도 다양한 고민을 하고 있지만 교육자와 학습자 모두를 만족시킬 수 있는 커리큘럼을 구성하는 것은 매우 어려운 과제이다. 필수과목이 정해져 있고 그것을 차례대로 소화해간다면 이것은 분명히 교육자와 학습자 양쪽에게 편한 것이다. 자기 스스로 생각하지 않아도 되기 때문이다. 학교에서 학생들을 교육하며 유감스럽게 생각하는 것 중의 하나는, 강의 선택의 자유를 늘리면 편한* 강의에 학생이 집중된다는 것이다. 아울러 필수과목과 선택과목의 균형을 잡는 것도 매우 어려운 판단을 필요로 한다.

▌출석을 거의 하지 않아도 되면서 시험 성적을 잘 받을 수 있는, 즉 이수 과목의 학점을 쉽게 취득할 수 있는 강의.

지난날을 돌이켜 보면, 나는 대학 시절부터 학문의 경계영역에 관심이 많았으며, 물리학과에 입학했으면서도 물리학과의 필수과목 이외에는 모두 생물학 분야의 과목을 선택해서 수강하였다. 생물학 강의를 함께 들었던 학생들은 거의 모두 나와는 다른 학과 학생이었기 때문에 노트를 빌리거나 과거의 시험문제를 입수하는 것은 처음부터 기대하지 않았었다. 나 자신이 그러한 자그마한 자유와 모험을 즐기고 있던 것이었다고 생각된다. 결국 대학원에서는 '생물물리학'이라는 경계영역을 전공하게 되었다. 당시에는 근육 연구가 중심이었는데, 나는 신경 연구에 관심을 가지게 되었으며, 그 후에 이공계와 인문사회계의 경계영역에 해당하는 '언어의 뇌과학' 분야에서 연구를 하게 되리라고는 꿈에도 생각하지 않았었다.

7.3 연구의 동기부여와 교육

대학의 역할에 관하여 일본의 이론물리학자로 노벨 물리학상을 수상한 유카와 히데키는 다음과 같이 명쾌한 답을 주고 있다(1962).

> 대학은 연구와 교육의 장입니다. 우리가 살고 있는 이 세계에 내재된 진리를 탐구하고 발견하여, 학생들과 후세의 사람들에게 그리고 학교 바깥의 사람들에게도 그 진리를 전달하는 것이 대학 본래의 사명입니다.[8]

연구자가 해야 하는 일은 '아직도 모르고(이해하지 못하고) 있는 것을 사람들이 알게(이해하게) 하는 것'이다. 이에 대해 교육자가 해야 하는 일은 '이미 알고(이해하고) 있는 것을 사람들이 알게(이해하게) 하는 것'이다. 대학교의 교원은 이 두 가지의 일 모두에 관련되어 있다. 대학교에서 이루어지는 교육의 목적은 다음과 같이 학생으로 하여금 '생각하게 하는 것' 이외에 그 어떤 것도 아니다.

그런데 실제로 학생이 생각하도록 하게 하는 것은 결코 쉬운 것이 아니다. 나는 언제나 "말을 물가로 데리고 갈 수는 있으나 말로 하여금 물을 마시게 할 수는 없다"는 속담을 떠올린다. 이 속담을 교육에 적용시키면 "학생을 대학에 데리고 갈 수는 있으나, 학생으로 하여금 생각하게 할 수는 없다"가 되는데, 이것 또한 진실일지도 모른다.

물을 마시는 것과 생각하는 것의 사이에는 중요한 공통점이 있다. 카할이 언급했던 '오로지 자발적으로' 라는 말이 핵심이다. 물은 마시고 싶으니까 마시는 것처럼, 생각하고 싶기 때문에 생각하고, 연구하고 싶기 때문에 연구하는 것이다. 바꾸어 말한다면, 연구는 본래 물을 마시는 것처럼 자발적으로 그리고 자기 주도적으로 하는 것이라는 것이다. 다른 사람이 외부에서 동기를 부여해주는 것도 동기를 상실하게 하는 것도 불가능하다는 것이다.

그렇게 된다면, 연구의 동기를 교육에 의해 부여하려고 하는 것 자체가 자연의 이치에 반하는 것이 되어버린다. 이것이 연구와 교육의 심각한 딜레마다. 대학교가 연구와 교육의 장이라는 것에는 의심의 여지가 없지만, 연구와 교육은 그렇게 단순한 관계가 아닌 것이다.

7.4 과학교육의 철학

훌륭한 과학 교사는 과학이 주는 즐거움과 과학이 주는 괴로움의 양쪽 모두를 알고 있다. 잘 만들어진 과학 교재는 과학의 즐거움을 감각적으로 전달하는 데에는 성공한다. 그러나 그 즐거움이 극히 단기적인 것으로 끝나버리거나, 곧바로 결과가 나오지 않을 것 같은 연구 주제를 피하게 하는 상황을 초래한다면 그건 매우 유감스러운 일이다. 학생을 과학의 물가로 유도한 후 과학을 하기 위한 장기적인 동기를 부여하기 위해서는 과학의 괴로움으로부터 어떻게 즐거움을 찾아내는지를 잘 전달할 필요가 있다.

이해하기 쉬운 수업이 될 수 있도록 노력하는 것은 중요하지만 아무 것도 남기지 않고 모든 것을 설명한다고 해서 좋은 것은 아니다. 과잉으로 제공하는 교육 서비스도 '과유불급(過猶不及)'인 것이다. 나는 고등학교 때의 첫 물리 수업에서 충격을 받았던 것을 지금도 선명하게 기억하고 있다. 당시에 선생님께서는 "물리는 자기 스스로 생각하지 않으면 이해할 수 없기 때문에 수업 중에는 가능한 설명을 하지 않도록 하겠습니다"라고 말씀하셨던 것을 기억한다. 물가까지 잘 데리고 갔다면, 그 이후의 물을 마시는 자유와 즐거움을 남겨두는 것이 중요한 것이다. 과학교육은 자기 스스로 생각하는 기회를 주는 것이어야만 한다.

과학교육의 가장 중요한 철학은 제1장에서 언급했듯이, '이해하는 것은 100% 이해한다'는 확신을 학생에게 심어주는 것이 아닐까? 자기 스스로 생각하여 자기 스스로 이해해야만 한다. 이것이야말로 과학교육의 궁극적인 목표이다. '지구가 태양 주변을 돌고 있다'라는 지식을 기억하는 것만으로는 과학적인 사고를 배웠다고 말할 수 없다. 왜 지동설이 맞는 것인지 스스로 이해하는 것이 중요한 것이다. 바꾸어 말해, 아는 것보다 이해하는 것이 훨씬 중요하다.

'이해하는 것은 100% 이해한다'는 확신이 있어야 비로소 아직 이해하지 못하고 있는 것을 정면에서 마주볼 수 있게 된다. 그리고 연구에 의해 아직도 이해하지 못하는 것이 있다는 것을 확실하게 인식할 수 있다면, 그것이 연구자가 지향하는 꿈으로 이어진다.

일본의 뇌과학자인 이토 마사오(伊藤正男, 1928~2018) 교수는 강의 중에 자신이 지금 생각하고 있는 최신 아이디어에 관해서도 언급하고

자 신경을 썼었다고 한다. 학생에게 최첨단과 관련된 이야기는 분명히 어려울지도 모르지만, 이만큼 자극적인 강의는 없을 것이다. 학생과 함께 놀라고, 함께 생각하도록 하자. 여기서의 생생한 느낌은 너무나도 멋있는 것이다. 스스로 이해하려고 하는 의욕을 불러일으키기 위해 이보다 더 좋은 교육방법은 없다. 이렇게 하여 좋은 강의가 좋은 연구를 탄생시키는 것이다.

7.5 연구자와 교육자

자신을 교육하는 것과 타인을 교육하는 것, 이 두 가지 중에 어느쪽이 쉬울까?

타인을 교육하는 것이 쉽다고 생각하는 사람은 교육자에 적합하다. 타인의 능력을 자신의 능력 이상으로 높일 수 있는 명교사는 학문뿐만 아니라 예술과 스포츠에 이르기까지 폭넓게 존재한다. 교육자 본래의 업무는 학생의 결점을 지적하는 것이 아니라 장점을 찾아내어 그것을 키우는 것이다. 타인의 결점을 찾아내는 것은 쉽지만 적성과 소질을 간파하는 것은 매우 어렵다. 이것이 가능한 교육자는 서두에서 언급한 카할의 말처럼 영광과 만족을 느낄 수 있을 것이다. 이와 관련하여 아인슈타인은 다음과 같이 언급하고 있다(1920).

> 대부분의 교사는 질문에 시간을 허비하고 있다. 학생이 무엇을 '모르는지'를 찾아내기 위해 질문을 하지만, 실제로 질문하는 방법은 학생이 무엇을 알고 있는지, 또는 이해할 능력이 있는지를 알아내는 데 초점이 맞추어져 있다.[10]※43

반면에 자신을 교육하는 것이 쉽다고 생각하는 사람은 연구자에 적합하다. 자습 또는 독학이란 자신이 자신을 교육하는 것이다. 바꾸어 말해, 자신이 자기 자신의 교사가 되는 것이다. 적절한 지침서를 선택할 수 있는 능력을 10대가 되기 전에 습득한다면, 원리적으로는 중등교육과 고등교육 및 연구에 이르기까지 모든 것을 독학으로 해낼 수 있다. 이와 같은 사람은 입시에 특화된 학원을 다니거나 외국어나 기술 습득을 목적으로 어학학교나 전문학교에 가지 않더라도 높은 교양과 능력을 습득할 수 있다.

다른 한편으로, 연구자는 자신의 응석을 받아주어서는 안 되며, 그렇다고 해서 자신에게 너무 엄격하여 자기혐오에 빠져서도 안 되며, 늘 자신과 마주할 필요가 있다. 제3장에서 언급한 바와 같이, 이것은 많은 사람들에게 고통스러운 것이며 정신적인 긴장을 지속시키는 냉정하고도 엄격한 것이다. 그렇기 때문에 매우 즐겁고 기쁘게 자신을 훈련시키는 것을 즐기는 사람은 진정한 달인이라 불러도 좋을 것이다.

7.6 좋은 연구자가 반드시 좋은 교육자라고 말할 수 없는 이유는?

훌륭한 연구자 아래에서 연구를 하면 실력이 부쩍 늘어서 좋은 성과가 속속 나오는 것을 많은 학생들이 기대한다. 그렇지만 실제로는 기대처럼 되지 않는 경우가 많다. 오히려 연구와 교육이란 별개의 능력이라고 생각하는 편이 좋을 것 같다. 좋은 연구자가 반드시 좋은 교사라고 할 수 없는 것은 왜일까?

연구의 달인이 교사가 되면, 자신과의 타협을 허용하지 않는 것처럼 타인과의 타협도 당연히 허용하지 않게 되는 경향이 있다. 그렇게 되면 제자는 위축이 되어 자신의 미숙함에 괴로워할지도 모른다. 반면에 교사는 정열적으로 교육하고 있던 중에 억지로 물을 마시게 했다는 것을 깨닫고 깜짝 놀라는 경우도 있을 것이다. 연구가 모든 것에 우선한다고 굳게 믿고 있으면 학생이 가진 가치관의 새로움이나 다양함을 쫓아가지 못하는 경우도 있을지 모른다.

학문을 처음 시작하는 사람이 실패했을 때 그 실패의 원인을 연구자가 항상 정확하게 지적할 수 있는 것은 아니다. 어려운 문제를 고생하지 않고 쉽게 풀어버리는 사람은 왜 그렇게 '명백한' 답을 다른 사람은 찾아내지 못하는지를 일반적으로 이해하지 못한다. 여기에는 다른 사람에게 설명을 하는 것이 서투른 원인과도 공통적인 부분이 있다. 자기 자신은 잘 알고 있기 때문에 이것을 처음 듣는 사람이 이해하는 데 필요한 중요한 정보가 결여되어 있다는 것을 좀처럼 알아차리지 못하는 것이다.

바둑을 예로 들어 생각해보면, 고수에게는 어느 국면에서의 '다음 한 수'가 '첫 느낌'인 경우가 많다. 초심자는 많은 수 중에서 왜 그 수가 좋은 것인지를 처음에는 알지 못하다가, 대국이 진행되어감에 따라 그 수가 왜 좋은 수였는지를 분명히 알게 된다. 바꾸어 말해, '다음 한 수'의 의미를 이해하는 방법을 정중하게 가르쳐줄 수는 있어도, 그 수를 발견하는 방법을 가르쳐주는 것은 가능하지 않으며, 실제로 그게 핵심이라 할 수 있다. '가만히 반면을 바라보고 있으면 불현듯 뇌리를 스친다'라고 밖에는 설명할 방법이 없지만, 이것이 가능하다면 고생하지 않아도 되는 것이다.

20세기의 위대한 바이올린 연주자로 손꼽히는 야샤 하이페츠(Jascha Heifetz, 1901~1987)는 많은 제자를 길러냈지만 새로운 독주자를 배출하지는 못했다고 한다. 설령 하이페츠의 가까이에서 살았다 하더라도, 나날의 생활에 특별한 비밀 같은 것은 없다는 것을 알 수 있었을 뿐일지도 모른다. 이미 완성된 기예를 부수지 않고 관찰할 수 있다 해도, 그것이 만들어지는 과정을 알지 못하면 모방조차도 완전하게는 할 수 없기 때문이다.

아주 드문 경우이지만, 연구와 교육 양쪽에 능숙한 과학자도 있다. 미국의 물리학자로 노벨 물리학상 수상자인 리처드 필립스 파인만(Richard Phillips Feynman, 1918~1988)이 바로 그런 과학자이다. 그가 저술한 물리학 강의록이 전 세계에서 널리 읽히고 있다는 것이 그 무엇보다도 명백한 증거이다.

7.7 교사와 자기 자신

초등교육과 중등교육에서 교사의 역할은 매우 중요하다. 학교에서 훌륭한 선생님을 만나게 되어 강렬한 감화를 받음으로 인해 그 후의 진로가 바뀌는 경우가 있을 것이다. 거꾸로 선생님의 바람직하지 않은 부분을 '반면교사'로 삼아 다른 방법을 선택하는 경우도 있을 수 있다. 어느 쪽이든 간에 교사와 학생과의 상호작용에 의해 학생의 장래가 결정되어 가는 것이다.

뇌과학에서는 자신 안에 교사가 있다는 흥미로운 개념이 있다. 일본의 뇌과학자인 이토 교수가 제안한 「대뇌 소뇌 가설」[111]이 바로 그것이다. 뇌는 대략적으로 대뇌와 소뇌로 나눠지는데, 결과로부터 원인에 관한 피드백을 의식적으로 받아서 통제하는 것은 대뇌이고, 불필요한 동작을 억제하면서 발생하는 자동적인 처리에서는 소뇌가 기능을 한다.

기본적으로 대뇌의 출력은 흥분성질*이며 소뇌의 출력은 억제성질*이라는 것이 흥미롭다. 운동학습의 초기에는 대뇌가 교사로서의 작용을 하며 소뇌의 작용을 도와주는데, 그러한 기억이 정착되면 교사는 불필요하게 되어 소뇌만으로 자동적인 통제가 잘 이루어지게 된다.

▌접촉하는 곳의 뉴런 활동을 강화시킨다.

▌접촉하는 곳의 뉴런 활동을 약화시킨다.

예를 들면, 피아노나 바이올린 등의 악기로 새로운 곡을 연습할 때, 처음에는 악보를 보면서 손가락의 움직임을 '의식적으로' 통제할 필요가 있다. 그런데 몇 번이고 연습을 반복하는 사이에 다른 것을 생각하면서도 그 곡을 악보대로 연주할 수 있게 된다. 손가락 사용은 절차적 기억으로 익히고 있는 것이라서 처음부터 다시 연습하지 않아도 연주할 수 있는 경우가 많다. 게다가 이전보다 더욱 잘 연주할 수 있게 되어 스스로도 깜짝 놀라는 경우가 있다.

어른이라 하여도 훈련을 한 후에 하룻밤 쉬는 것만으로 뇌의 국소적인 활동에 변화가 생긴다는 것이 뇌 연구에 의해 밝혀졌고,[12] 사람들이 '스키는 여름에 실력이 늘고 수영은 겨울에 실력이 는다'고 말하는 것처럼 자동적으로 정착되는 경우도 있다. 오스트리아의 물리학자로 노벨 물리학상을 수상한 에르빈 루돌프 요제프 알렉산더 슈뢰딩거(Erwin Rudolf Josef Alexander Schrödinger, 1887~1961)는 '의식이란 교사이다'라고 언급하였는데, 바꾸어 말하면, '대뇌 피질은 자기 자신의 피와 살이 되는 교사이다'라고 말할 수 있다.[13] 당신의 '피와 살이 되는 교사'는 엄한 선생님인가? 아니면 엄하지 않은 선생님인가?

7.8 학생을 길러낸다는 것

일본의 교육은 전쟁 후에 크게 바뀌어 왔다. '주입식' 교육에서 '여유 있는' 교육, 그리고 '말의 힘'으로 바뀌어 왔는데, 이것은 세월의 흐름에 따라 이념만이 바뀐 것은 아니다. 현재는 유럽이나 미국에서 실시하고 있는 교육과 동일하게 '칭찬하여 육성하는' 교육이 상식이 되어 있다. 이러한 경향은 초·중·고나 대학뿐만 아니라 회사의 신입사원 교육까지도 영향을 주고 있다.

'무서운 선생님'의 수는 현저하게 적어졌다. 본인의 실력부족을 말해주고 단련시키는 이전의 방법으로는 학생들이 그대로 주저앉아 버리거나 또는 이성을 잃고 폭발해버리거나, 그 어느 한쪽의 극단적인 반응이 되돌아오기 때문에 그런 방법으로는 젊은 사람들을 육성할 수 없는 시대가 된 것이다.

일본방송협회의 텔레비전 프로그램인 '프로젝트 X'*에서처럼, 무

■ 주로 제2차 세계대전 종전 직후부터 고도 경제 성장기까지 산업·문화 등의 다양한 분야에서 제품 개발 프로젝트가 직면한 난관을 어떻게 극복하여 성공에 이르렀는지를 소개하는 다큐멘터리.

던히 인내하며 전쟁 후의 고도 경제 성장을 견인해 온 세대는 상사에게 질타를 받으면서도 칠전팔기의 정신으로 어려움에 맞서 왔다. 지금이야 어려운 것이나 엄격한 것에 대해서는 거부반응이 앞서지만 말이다. 타협이 없는 프로의 세계는 매우 냉엄하며 연구에 있어서도 스스로를 엄격하게 다룰 필요가 있지만 이것을 교육에 의해 학생에게 전달하는 데에는 분명한 한계가 있다.

저출산 사회에서 소중히 키워지고 경쟁에 의한 좌절을 경험해본 적이 없는 학생에게는 자신의 미숙함에 관해 타인에게 꾸지람을 듣는 것이 아마도 인생에서 처음 겪게 되는 경험이며 어쩌면 자신의 인격을 부정한 것이라고 느낄지도 모른다. 그로 인해 자신감과 의욕을 상실해 버리거나 자신의 노력이 인정받지 못한 것에 대해 반발하는 등의 극단적인 반응이 되돌아오게 되는 것이다. 의욕이 없는 사람에게는 무엇을 말해도 별 반응이 없다. 학생의 장래가 기대되기 때문에 정신적인 에너지를 소비하며 화를 내는 것이지만, 학생이 이것을 깨닫게 되는 것은 그 학생이 교육자가 되었을 때일지도 모른다.

그렇기 때문에, 설령 학생이 수행한 일의 완성도가 10% 정도라 하더라도, "10%씩이나 가능하다니 훌륭한데. 조금만 더 분발하면 틀림없이 완성도가 높아질 거야"라고 오로지 긍정적인 평가와 함께 계속해서 칭찬해야만 하는 것이다. 자신에게 엄격하고 타인에게도 엄격한 연구자는 현대의 교육자로는 적합하지 않을지도 모른다.

'카리스마 구매자'라는 별명을 가진 일본의 실업가이자 정치가인 유키오 후지마키(藤卷幸大, 1960~2014)는 다음과 같이 언급하고 있다.

> 사원이 의욕을 가지도록 하기 위해서는 칭찬해야 한다. 정말로 훌륭하다고 생각될 때에는 마구 칭찬을 해준다. 정말로 아니라고 생각될 때에는 진짜로 화를 낸다. 일과 관련하여 질책을 하더라도 인격을 부정해서는 안 된다. 인간적으로 좋

은 점을 찾아내어 칭찬하는 것에 의해 어느 사이엔가 그 사원은 적극적이고 긍정적으로 변화된다. 사람을 육성한다는 것에는 진정성밖에 없다. 사원에게 화를 내기 위해서는 자신감이 필요하다. 그렇기에 사원보다 더 일해야 한다. 나는 24시간 회사 일을 생각한다. 스트레스가 쌓이지 않는 것은 일하는 것이 좋고 즐겁기 때문이다(『아사히 신문』 2004년 7월 3일 「be on Saturday」 중에서).

상기 문장에서 '사원'을 '학생'으로 바꾸고, '회사'를 '연구실'로 바꾸면, 그대로 연구에 적용하는 것이 가능하다. 연구에 대한 정열을 어떻게 하면 진심으로 학생에게 전달할 수 있는 것일까? 학생의 마음에 과학이라는 불꽃을 피울 수 있는 사람은 훌륭한 교육자이다. 사람을 육성하는 주체는 어디까지나 사람인 것이다.

참고문헌

1. S. Ramón y Cajal, Reglas y Consejos sobre Investigación Cientifica: Los Tónicos de la Voluntad, Colección Austral (1999)

2. S・ラモニ・カハール（黄年前編訳）『【増補】神経学の源流2ーラモニ・カハール』東京大学出版 (1992)

3. S. Ramón y Cajal (Edited by J. DeFelipe and E. G. Jones), Cajal on the Cerebral Cartex—An Annotated Translation of the Complete Writings, Oxford University Press (1988)

4. S. Ramón y Cajal (Translated by E. H. Craigine and J. Cano), Recollections of My Life, The MIT Press (1966)

5. 萬年甫『脳の探求者ラモニ・カハールースペインの輝ける星』中公新書 (1991)

6. S. Ramón y Cajal (Translated by N. Swanson and L. W. Swanson), Advice for a Young Investigator, The MIT Press (1999)

7. A. Einstein (Aus dem Nachlass herausgegeben von H. Dukas und B. Hoffmann), Briefe, Diogenes (1979)

8. 湯川秀樹『創造的人間』筑摩書房 (1966)

9. K. E. Eble, The Craft of Teaching—A Guide to Mastering the Professor's Art, Second Edition, Jossey—Bass Publishers (1988)

10. A. Calaprice, Ed. (Betreuung der deutschen Ausgabe und Übersetzungen von A. Ehlers), Einstein sagt: Zitate, Einfälle, Gedanken, Piper Verlag (1999)

11. 伊藤正男『脳と心を考える』紀伊国屋書店 (1993)

12. R. Hashimoto and K. L. Sakai, "Learning letters in adulthood: Direct visualization of cortical plasticity for forming a new link between orthography and phonology", Neuron, 42, 311—322(2004)

13. 酒井邦嘉『心にいどむ認知脳科学ー記憶と意識の統一論』岩波書店 (1997)

14. U・ラーショーン（編）(津金 − レイニウス・豊子訳)『ノーベル賞の百年ー創造性の素顔』ユニバーサル・アカデミー・プレス (2002)

과학자의 사회 공헌

- 진보를 떠받치는 사람들 -

사치와 부에 대한 격렬한 욕망이 지배하는 우리들의 사회는
과학의 가치를 이해하지 못하고 있습니다.
우리들의 사회는 과학이 그 무엇보다도 소중한
정신적 유산의 일부라는 것을 깨닫지 못하고 있습니다.
아울러, 과학이 인간의 생활에서 부담을 줄이고 고통을 완화시키는
모든 진보의 기초라는 것을 충분히 이해하지 못하고 있습니다.[1]※44

마리 스크워도프스카 퀴리(Maria Skłodowska Curie, 1867~1934)

제8장
과학자의 사회 공헌
- 진보를 떠받치는 사람들 -

마리 퀴리*는 자신이 이름을 붙인 '방사능(radioactivity)'이라는 현 ▮프랑스식 이름
상을 규명하는데 평생을 바친 20세기를 대표하는 실험 과학자이다.
앙투안 앙리 베크렐(Antoine Henri Becquerel)이 발견한 방사선에 관한
공동 연구를 인정받아 1903년에 남편 피에르 퀴리와 공동으로 노벨
물리학상을 수상하였다. 또한 1911년에는 라듐 및 폴로늄을 발견한
공로 및 라듐을 분리하여 라듐의 성질과 라듐화합물의 성질을 규명
한 공로를 인정받아 단독으로 노벨 화학상을 수상하였다.

그녀는 여성 최초의 노벨상 수상자이며 과학사에 있어서 노벨 물
리학상과 노벨 화학상을 모두 받은 유일한 인물이다. 그러한 연구
업적을 기념하여 방사능 단위에 퀴리라는 이름이 사용되고 있고 화
학 원소 퀴륨에도 이름이 사용되고 있다. 실로 과학자로서 큰 영광
이 아닐 수 없다.

마리 퀴리는 폴란드 바르샤바에서 태어났다. 부모 모두 교사였는
데 딸에게 과학과 자연에 대한 사랑을 심어 준 사람은 아버지였다.

그녀의 평생 동안 계속된 개인적인 비극과의 싸움은 일곱 살 때 언니 조피아가 발진티푸스로 죽으면서 시작되었다. 그 후 4년 뒤에는 어머니가 결핵으로 사망하게 된다. 마리 퀴리는 대학에 진학하여 물리학을 공부하고 싶었지만 고국인 폴란드에서는 여자가 고등교육을 받는 것을 금했기 때문에 프랑스의 파리 대학교에 진학하고자 하는 계획을 가지게 된다. 그렇지만 아버지가 투자에 실패하여 재산 전부를 잃게 되면서

대학진학이 어려운 상황에 처하게 되었다. 이 어려움을 극복하기 위해 그녀는 언니 브로냐와 서로 약속을 한다. 마리 퀴리가 가정교사로 일해 브로냐의 대학 공부를 도와주고, 그 다음에 브로냐가 자격을 갖추고 일을 하게 되면 그녀의 교육비를 대기로 한 것이다. 이렇게 하여 마리 퀴리는 오랜 기간 가정교사로 일하며 힘든 세월을 보낸 후에 마침내 파리 대학교에 입학하였다.

마리 퀴리는 파리 대학교에서 과학을 공부하는 몇 안 되는 여성 중의 한 명이었다. 그녀는 물리학을 전공하면서 공부에 전념하여 1893년 수석으로 졸업하였다. 1894년에 프랑스의 물리학자 피에르 퀴리(Pierre Curie, 1859~1906)와 만나 이듬해에 결혼하였다. 1906년에 연구의 기쁨과 괴로움을 함께 나누었던 남편 피에르 퀴리가 불의의 교통사고로 사망하면서 마리 퀴리는 정신적으로도 육체적으로도 인간의 한계에 직면하게 되는데, 그런 중에도 과학에 대한 열정을 놓지 않았다. 연구자의 인생에서 어떤 재난이 일어난다 해도 마리 퀴리를 생각하면 그 재난을 극복할 수 있는 용기가 솟아날 것임이 분명하다. 마리 퀴리에 대해 아인슈타인은 다음과 같은 유명한 말을 남기고 있다.

마리 퀴리는 모든 저명한 사람들 중에서 자신이 얻은 명성에 의해 타락하지 않은 유일한 사람이다.[(2)※45]

과학자임에도 불구하고 과학적인 일보다 명성을 추구하는 사람이 있다. 그러나 과학적인 연구가 추구하는 것은 진리이며 명성이 아니라는 것을 마리 퀴리만큼 확실하게 보여준 사람은 없을 것이다.

퀴리 부부는 진정한 노력가였다. 8톤이나 되는 피치블렌드(pitchblende)*로부터 꼬박 4년이 걸려 불과 0.1g의 방사성 물질을 분리해낸 그들의 노력은 초인적인 불굴의 정신에 의한 것이었다. 이 물질은 퀴리 부부가 라듐이라고 이름을 붙인 방사성 물질이 염소와 결합된 화합물(염화라듐, $RaCl_2$)의 형태로 존재하는 것이다. 당시 피치블렌드는 오스트리아의 보헤미아에 있는 요하힘스탈 광산에서 얻을 수 있었다. 이 광산에서는 피치블렌드로부터 우라늄만을 추출하고 있었기 때문에 우라늄을 추출하고 남은 찌꺼기는 버려지고 있었다.

이 찌꺼기 중에 방사성 물질인 라듐이 존재할 것이라고 생각한 퀴리 부부는 광산의 담당자에게 편지를 보내 버려지는 찌꺼기를 자신들이 받고 싶다고 부탁을 하였다. 그러고 나서 얼마 후 "이런 찌꺼기를 원하는 사람이 있을 것이라고는 생각도 못했습니다. 운송비만 지불해주면 무료로 몇 톤이라도 보내주겠습니다"라는 답장을 받게 되고, 1톤의 피치블렌드 찌꺼기가 퀴리 부부 앞으로 배달되어 온다. 이렇게 해서 라듐의 분리작업은 순조롭게 진행되는 듯 보였다.

그러나 막상 분리해 보니 피치블렌드에 1% 정도의 라듐이 함유되어 있을 것이라는 퀴리 부부의 당초 예상은 크게 빗나갔고, 실제 함량은 0.1ppm(천만분의 1)이라는 것을 알게 되었다. 이후로 퀴리 부부는 매일매일 밤낮없이 피치블렌드를 갈아 으깬 후에 황산을 이용하여 라듐을 분리하는 작업에 매진하였고, 결국에는 4년이라는 시간에 걸쳐 8톤의 피치블렌드로부터 0.1g의 염화라듐 결정을 얻은 것이

결정성이 낮은 역청 우라늄광

다. 이렇게 얻어진 염화라듐을 분석하여 라듐의 원자량은 225.93이라는 것을 밝혀냈다.

아울러, 라듐에 의한 방사능은 어떤 화학작용에도 쉽게 변하지 않으며 라듐의 양에 비례해 방출되는 방사선이 강해지고, 감광작용과 전리작용도 강해진다는 것을 확인했으며, 방사선 방출과정에서 상당한 열이 나온다는 점도 알아냈다. 이러한 사실은 과학계가 그때까지 알고 있던 화학반응 이론으로는 설명하기 어려운 것들이었다. 나아가서 그러한 현상이 물질의 기본적인 구성단위인 분자 수준에서 일어나는 현상이 아니라, 그보다 더 작은 단위인 원자 수준에서 일어나는 현상임을 제안함으로써 새로운 연구 방향을 제시하였다.

이와 같은 연구가 진행된 퀴리 부부의 실험실은 창고를 개조하여 만든 초라한 곳으로 뼛속까지 추위가 스며드는 곳이었다. 과학에 필요한 것은 어디까지나 '연구자'이며 물질적인 환경은 그 다음이라는 것을 통렬하게 이해할 수 있도록 해주는 역사적 사실이다.

▌초라했던 퀴리 부부의 실험실

마리 퀴리는 방사선에 피폭되면서 실험을 반복했기 때문에 빈혈과 면역부전 등의 방사선 장해에 시달리게 되었다. 당시는 그 누구도 방사성 물질을 그렇게 가까이 두고 일하는 것이 위험하다는 사실을 알지 못했던 것이다. 퀴리 부부의 연구 노트는 지금도 강력한 방사능을 방출하기 때문에 사람들이 만지지 못하도록 파리 국립도서관의 밀폐된 진열장에 보관되어 있다고 한다. 마리 퀴리는 그와 같은 증세를 자각하고 있었으며, 방사선이 이처럼 생체 조직에 영향을 주고 있다면 암 조직을 사멸시키는 데 사용할 수도 있지 않을까 생각하여, 처음으로 방사선 치료를 행동으로 옮겨 실천한 사람이기도 했다.

이와 같은 방사선 치료는 특허등록을 했을 때 막대한 이익을 취할 수 있음에 틀림없었지만 퀴리 부부는 그렇게 하지 않았다. 자연과학에서의 발견을 직접적인 금전적 이익으로 연결시키는 것이 부당하다고 생각하여 일부러 특허를 신청하지 않았던 것이다. 이 행위는 '발명자의 권리'나 '발명의 대가'를 중시하는 사고방식과는 선을 긋고, 과학적인 발견이 개인의 부나 명예와는 무관하다는 엄격한 가치관으로 평생을 일관한 과학자로서의 식견이라 하겠다.

본 장의 서두에서 언급한 마리 퀴리의 말은 그녀가 저술한 『피에르·퀴리전』[1]*에서 인용한 것이다. 이 책은 피에르 퀴리에 내재되어 있던 과학자로서의 비범한 자질이 다른 사람도 아닌 마리 퀴리에 의해 기술되었다는 점에서 연구자에게 있어서 성서와 같은 존재라고 평가받기도 한다. 이 책으로부터 다음과 같이 피에르 퀴리에 관한 부분을 인용해 본다.

▌일본어판[3]이 출판되어 있음.

> 그는(피에르 퀴리는) 과학적 연구를 수행하면서 거짓말을 하지 않는 것과 정확한 논문을 발표하는 것에 크게 신경을 썼었습니다. 그의 논문은 형식적으로도 완벽했지만, 자기 자신을 향한 비판정신과 부정확한 것은 일절 주장하지 않는 강한 의지가 논문에도 드러나 있을 정도로, 그는 철저한 과학적 신념을 가진 과학자였습니다.[1]*46

피에르 퀴리는 신념이 강한 과학자였다. 신념으로는 그에 못지않은 과학자였던 마리 퀴리였기 때문에 정제되고 깊이가 있는 표현으로 그에 관해 솔직하게 말할 수 있었던 것일 것이다.

> 그는(피에르 퀴리는) 새로운 길을 개척하는 사람이 마음속에 품어야 하는 신념을 가지고 있었습니다. 자신에게는 완수해야만 하는 중대한 사명이 있다는 것을 알고 있었던 것입니다. 젊은 시절의 신비적인 꿈은 평범한 인생의 길에서 그를 멀어지게 하는 동시에 또 다른 하나의 길에 정진하게끔 하였습니다. 이 길을 그는 자연에 반하는 길이라고 불렀습니다. 이 길을 선택하는 것은 행복한 생활을 포기하는 것이라는 것을 의미하고 있었기 때문입니다. 그러나 그는 단호히 사색과 욕구를 그 꿈에 따르도록 하였습니다. 그는 그 꿈에 점점 더 완전한 형태로 순응하였고 일체화되었습니다. 그는 과학과 이성의 평화에 공헌하는 힘만을 믿었고 진리를 탐구하기 위해 살았던 것입니다.[1]*47

여기서 언급된 '자연에 반하는 길'에 관하여 좀 더 인용해 보도록 하겠다.

> 위대한 학자의 연구생활은 많은 사람들이 상상하는 것과 같은 편안하고 한가로운 생활이 아닙니다. 그 생활은 사물, 주위의 사람들, 그리고 무엇보다도 자신과의 가혹한 싸움인 것입니다. 위대한 발견은 완전무장한 미네르바*가 주피터*의 머리에서 태어난 것처럼, 완벽한 학자의 두뇌로부터 별안간 튀어나오는 것은 아닙니다. 그것은 피나는 예비 작업이 쌓이고 쌓임에 의해 초래되는 것입니다. 의미 있는 연구 성과를 거두는 날들만 이어지지는 않으며, 잘되고 있는 것이 아무 것도 없는 것처럼 생각되거나, 연구주제 그 자체가 악의를 품고 있는 것처럼 느껴지는 불안한 날들도 있습니다. 그런 때에야말로 결코 낙담해서는 안 되는 것입니다.[1]*48

■ 로마 신화에 등장하는 지혜와 기예의 여신.

■ 로마 신화에 등장하는 신들의 왕이자 하늘의 지배자.

연구자가 피해갈 수 없는 가장 큰 괴로움을 '자신과의 가혹한 싸움'이라고 표현할 수 있을 것이다. 그럼 연구자의 기쁨은 어떤 것일까?

나는 과학에는 위대한 아름다움이 있다고 생각합니다. 연구실 안의 과학자는 그냥 평범한 기술자가 아닙니다. 동화속의 이야기처럼 가슴 설레게 하는 자연현상을 눈앞에서 직접 보고 있는 어린아이이기도 한 것입니다. 우리들은 이런 감정을 연구자가 아닌 사람들에게 전달하는 수단을 가져야만 합니다. 바꾸어 말

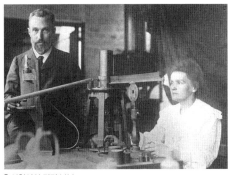

■ 실험실의 퀴리 부부

해, 과학적 진보라는 것이 그저 시스템, 기계, 톱니바퀴로 귀결된다는 식으로 믿게 해서는 안 됩니다. 물론 그러한 것에도 그것만의 고유의 아름다움이 있다는 것을 부정할 수는 없지만 말입니다.[1]※49

퀴리 부부는 가정에서도 좋은 교육자였다. 퀴리 부부는 슬하에 두 명의 딸을 두었다. 차녀인 이브 퀴리(Eve Curie, 1904~2007)는 피아니스트였으며, 『퀴리부인전[4]』*을 저술했다. 장녀인 이렌 졸리오-퀴리(Irene Joliot-Curie, 1897~1956)는 과학자였으며 새로운 방사성 원소를 합성한 공로를 인정받아 남편인 장 프레데리크 졸리오-퀴리(Jean Frederic Joliot-Curie, 1900~1958)와 함께 노벨 화학상을 수상하였다. 이렌 졸리오-퀴리도 짧은 회상록이기는 하지만 『마리 퀴리 나의 어머니[6]』*와 『마리 스크워도프스카 퀴리의 생애와 일[8]』을 저술하였다. 또한 마리·퀴리는 자서전을[9] 남겼다.

■ 영어판과[2] 일본어판이[5] 출판되어 있음.

■ 일본어판[7]이 출판되어 있음.

퀴리 부부는 '상아탑'*이나 가정에 틀어박혀 있지 않고 사회를 향해 다양한 메시지를 계속해서 발신하였다. 그 중에서도 '방사능'의 최초 발견을 통해, 핵무기나 원자력발전이 사회문제가 되기 훨씬 전에 그 미래를 예언하고 있었다는 사실은 음미해 볼 만하다. 1903년 피에르 퀴리가 노벨 물리학상 수상에 대한 기념강연을 매듭짓는 메시지로 사용한 문장을 다음에 나타낸다. 이 내용은 마리 퀴리의 저

■ 속세를 떠나 조용히 예술을 사랑하는 태도나 현실 도피적인 학구 태도를 이르는 말.

서인 『피에르 퀴리전』의 본문 앞 첫 페이지에도 인용되어 있다.

라듐이 범죄자의 손에 넘어가게 되면 매우 위험하다는 것을 우리는 쉽게 상상할 수 있습니다. 우리 인류가 자연의 신비를 알아서 좋은 것일까요? 그것을 잘 이용할 수 있을 정도로 과연 우리는 사려가 깊은 것일까요? 그러한 신비에 관한 지식이 '인류에 해를 끼치지는 않을까'라는 의문이 생깁니다. 노벨의 발견은 전형적인 예입니다. 강력한 폭탄의 덕택으로 인간은 수많은 멋진 일들을 성취하였습니다. 그러나 민중을 전쟁에 말려들게 한 사악한 범죄자가 사용한다면 폭약은 두려운 파괴의 수단으로도 사용될 수 있습니다. 노벨은 인류가 새로운 발견으로부터 악(惡)보다도 훨씬 많은 선(善)을 끄집어낼 수 있다고 생각하였습니다. 나도 그와 같은 생각을 가지고 있는 한 명의 과학자입니다.[1]*50

노벨과 퀴리 부부가 그 후 전쟁에서 원자폭탄이 사용되었다는 사실과 21세기가 되어서도 끊이지 않고 계속되고 있는 무차별 테러와 전쟁을 목격했다면 얼마나 슬퍼하며 탄식을 했을지 쉽게 짐작된다.

8.1 과학과 가치관

과학이 진리를 탐구한다는 명제가 변하지 않는 한 진리와 미에 관한 가치기준은 반드시 존재한다. 그러나 과학 자체에는 '진(眞)·선(善)·미(美)' 중에서 선악에 관한 가치관, 즉 윤리관은 없다.

이것은 아마도 일반 사회에서 가장 오해를 받고 있는 것이라고 생각된다. '과학의 윤리'는 처음부터 자연계에 존재했던 것이 아니라 어디까지나 인간이 사회를 위하여 만든 약속 사항이며 하나의 가치기준이다. 그렇기 때문에 과학의 윤리는 인간의 문화나 사회·종교관, 이데올로기(정치적인 사상)에 의해 크게 좌우된다. 그 가치기준이 시대나 지역의 관습 및 과학에 관련된 사람들에 따라 크게 다르다는 것은 오히려 당연하다. 과학 그 자체가 '공통언어'라 하여도 과학적 발견이나 발명과 동시에 세계 공통의 윤리기준이 생겨나는 것은 아니다.

방사능처럼 특정 과학기술이 사회에 위협이 될지 아닐지는 과학 그 자체에 원인이 있는 것이 아니라 과학에 종사하는 연구자와 그것을 이용하는 사람들 양쪽의 도덕성이 문제인 것이다. 예를 들면, 테러리스트가 의학이나 화학 지식을 사용한다면 그것은 인간의 생명을 구하는 것이 아니라 빼앗는 것을 목적으로 사용될 것이다. 일본에서도 지하철 사린 사건*에서 실제로 그와 같은 비극이 발생하였다. 과학이 원인이 되어 핵무기와 생화학무기가 탄생한 것은 분명하지만 그렇다고 해서 과학적 연구 그 자체를 그만두어야 한다는 극단적인 결론은 성립하지 않는다. 과학을 지키는 것도 더럽히는 것도 인간 자신의 책임이기 때문이다.

■역자 주 - 1995년 일본 관청가가 밀집된 도쿄 가스미가세키 역 등에 인체에 치명적인 사린가스를 퍼뜨려 13명을 숨지게 하고 6,200여명을 다치게 한 지하철 독가스 테러 사건의 주범인 옴 진리교 아사하라 쇼코(麻原彰晃·본명 松本智津夫 마츠모토 치즈오/63) 교주 등 7명에 대해 일본 정부가 사형을 집행했다.

1853년 크림 반도에서 전쟁이 발발했을 때, 영국의 물리학자 마이클 패러데이(Michael Faraday, 1791~1867)는 정부로부터 독가스 제조를 지휘해달라는 타진을 받았지만, 자신은 절대로 관여하고 싶지 않다고 하며 즉석에서 거절했다고 한다.[10] 20세기를 대표하는 지성인으로 핵무기 반대 운동과 함께 세계 평화 운동에 전력을 다했던 영국의 버트런드 아서 윌리엄 러셀(Bertrand Arthur William Russell, 1872~1970)이 남긴 다음 말은 곱씹어 볼 만하다.

> 과학이 지식을 추구하는 범위를 제외하면 가치의 영역은 과학 바깥에 있다. 힘(예를 들면, 전력이나 원자력)을 추구하는 과학은 가치의 영역까지 주제넘게 나서서는 안 되며, 과학기술은 만약 그것이 인간의 삶을 풍요롭게 하는 것이라면 그것이 도움이 되어야 한다는 목적을 상회해서는 안 된다.[11]*51

중간자의 존재를 예언하여 일본인 최초로 노벨상을 수상한 유카와 히데키도 "과학이라는 것의 본질은 몰가치의 입장*에서 연구하

■경험 과학이 객관성을 지니기 위해서는 가치 판단으로부터 분리되어야 한다는 학문적 태도.

는 것이겠지요."[12]라고 힘주어 언급하고 있다.

8.2 과학자와 사회적 책임

과학에 종사하는 연구자는 과학을 이용하는 사람들의 도덕성에 무관심해서는 안 된다. 이것이 과학자가 가져야 하는 최소한의 사회적 책임이다. 이러한 자각이 없으면 연구자와 이용자가 서로 책임을 전가하는 상황이 되어 버린다. 과학적 발견이 악용되는 것을 회피하기 위해서 과학자 자신이 무엇을 해야 하는지 냉정하게 생각해 보았으면 한다.

과학자가 수행하는 연구 주제는 개인의 흥미뿐만 아니라 정치적인 압력에 의해서도 크게 바뀔 수 있다. 과학이 국가 간 분쟁에 이용되어 버린 전형적인 사례는 미국의 맨해튼 계획(Manhattan Project)으로 대표되는 핵무기 개발일 것이다. 이 계획은 제2차 세계대전 중에 진행되었으며, 원자폭탄을 개발하기 위해 이탈리아 태생의 미국 물리학자이며 노벨 물리학상 수상자인 엔리코 페르미(Enrico Fermi, 1901~1954), 독일 태생의 미국 물리학자이며 노벨 물리학상 수상자인 한스 알브레히트 베테(Hans Albrecht Bethe, 1906~2005), 아인슈타인과 함께 20세기 최고의 물리학자로 일컬어지며 노벨 물리학상을 수상한 미국의 리처드 필립스 파인만(Richard Phillips Feynman, 1918~1988) 등의 재능 있는 물리학자들이 참가하였다.

이 연구 프로젝트에 대한 그들의 반응은 매우 다양하고 복잡하였다. 베테처럼 원자폭탄 개발에 손을 댔던 것을 계속해서 후회했던 사람이 있는 반면에, 죄악감 등은 추호도 없고 자기 자신이 수행한 연구의 하나의 정점으로서 자랑스럽게 회상하는 사람도 있다.[13] 이 것은 과학자이기 이전에 인간성의 문제이다.

원자폭탄 개발의 대의명분은 나치스에 앞서서 원자폭탄을 제조하는 것이었다. 원자폭탄 제조를 건의하는 편지가 루스벨트 대통령 앞으로 보내졌고 이 편지에 아인슈타인이 서명을 했다는 것은 널리 알려진 사실인데, 실제로 기안한 사람은 헝가리 태생의 미국 물리학자인 리오 실러드(Leo Szilard, 1898~1964)였다.[14] 이 서명이 맨해튼 계획에 대한 아인슈타인의 유일한 '참가'였다. 퀴리 부부에 의한 방사능의 발견과 아인슈타인에 의한 에너지와 질량의 등가 법칙*의 발견은 핵 $E=mc^2$ 분열의 기본적 원리이기는 하지만, 원자폭탄 개발에 직접 결부되는 것은 아니다. 원자폭탄에 직접 관련된 발견은 실러드에 의한 핵분열의 연쇄반응이라는 개념(1933), 독일의 화학자로 노벨 화학상 수상자인 오토 한(Otto Hahn, 1879~1968) 및 독일의 화학자 프리드리히 빌헬름 프리츠 슈트라스만(Friedrich Wilhelm Fritz Strassmann, 1902~1980)에 의한 우라늄 핵분열의 발견이다(1933). 연쇄반응의 가능성은 1942년 페르미에 의해 실증되었다.

독일이 항복한 후에 원자폭탄 개발은 본래의 목적을 상실하였다. 그 시점에서 실러드 등은 일본에 원자폭탄을 투하하는 것을 반대했다고 한다. 그러나 진주만 공격에 대한 보복과 전쟁의 조기종결 등을 새로운 대의명분으로 하여 원자폭탄 개발은 계속하여 진행되었고, 결국에는 히로시마에 우라늄 폭탄이, 나가사키에는 플루토늄 폭탄이 투하되어 다수의 일반 시민이 한순간에 희생되었다. 전쟁 중이든 아니든 시민을 학살하는 것은 인간이 지켜야 할 도리에 명백히 어긋나는 행위이다. 지금도 방사선 장해와 마음의 상처로 괴로워하는 사람들이 있다는 것을 생각할 때, 과학자의 사회적 책임이 더없이 무겁게 느껴진다.

맨해튼 계획에 있어서 뛰어난 식견과 판단력이 있는 과학자 자신은 무엇을 해야만 했을까? 또는 무엇을 하지 말았어야 했을까? 미국의 로스앨러모스 국립연구소의 이론부장으로서 원자폭탄 개발의 핵심적 역할을 수행했던 베테는 나중에 다음과 같이 말하고 있다(1995).

각자의 과학자는 자신의 능력을 사용하지 않는 것에 의해 핵무기 개발에 영향을 줄 수가 있다. 모든 나라의 과학자는 더 이상의 핵무기 개발 및 대량파괴가 가능한 무기의 창조, 개발, 개량, 제조에 관련된 행위를 중지하라고 나는 호소한다. (고누마 미치지(小沼通二) 교수가 『아사히 신문』 (2005년 3월 9일) 에 기고한 「한스 베테 박사를 애도하며」에 인용된 베테의 말)

분쟁 해결을 위한 모든 외교 노력은 물론이고, 평화에 관한 교육까지 철저하게 실시하지 않으면 인류가 멸망을 회피하는 것 자체가 매우 어려운 것은 아닐까? 아이슈타인이 1946년에 남긴 다음 말은 간결하면서도 본질을 꿰뚫고 있다.

과학은 이처럼 위험을 초래하지만 진짜 문제가 되는 것은 사람들의 지성과 마음에 품은 생각 및 감정 중에 있습니다.[15]*52

아인슈타인은 사망하기 1주일 전에 핵전쟁의 회피를 호소하는 「러셀·아인슈타인 선언」에 서명하였다. 그러나 제2차 세계대전 후에도 일부의 과학자는 그만두지 않았다. 미국과 소련의 냉전을 배경으로 원자폭탄을 능가하는 파괴력을 가진 수소폭탄까지 만들어버린 것이다. 헝가리 태생의 유대계 미국 물리학자인 에드워드 텔러(Edward Teller, 1908~2003)는 수소폭탄 개발을 적극적으로 추진하였고 '죽음의 재'*를 일관되게 경시하였다. 반면에, 로스알라모스 국립연구소에서 원자폭탄 제조의 책임자였던 미국의 이론물리학자 줄리어스 로버트 오펜하이머(Julius Robert Oppenheimer, 1904~1967)는 전쟁이 끝난 후에 원자폭탄을 국제적으로 관리하기 위한 활동에 있는 힘을 다했고, 수소폭탄을 개발하는 것에는 지속적으로 반대하였다. 이 때문에 오펜하이머가 모든 공직에서 쫓겨나게 된 사건은 너무나도 유명하다.[16]

▌ 낙진(fallout)
핵무기가 폭발했을 때 발생하는 방사성 먼지 및 재를 일반적으로 가리키는 명칭.

그 후 21세기를 맞이하여 현대 과학은 생명윤리의 문제에 직면해 있으며, 우주개발 또한 지구 바깥에 있는 자원을 평화적으로 이용하는 것뿐만 아니라 국가 간의 군사적 패권 다툼의 장으로 될 수 있는 위험성을 충분히 내포하고 있다.

8.3 과학기술과 자연의 조화

피에르 퀴리의 말처럼 과연 현대인은 과학기술을 잘 이용할 수 있을 정도로 사려가 깊을까?

원자폭탄과 수소폭탄의 개발은 물론이며, 다양한 환경파괴에 관해 생각해보면 현대인이 과학기술을 사려 깊게 이용하고 있다고는 말할 수 없다. 눈앞의 단기적 이익을 쫓은 나머지 장기적인 환경파괴로 이어진 사례는 공업발전에 수반되는 대기오염이나 수질오염, 토지개발에 의한 삼림벌채, 산업폐기물, 원자력발전에 수반되는 '사용후핵연료'의 폐기 등 셀 수 없을 정도이다. 이것을 깊게 인식하지 않는 한 상황은 바뀌지 않을 것이다. 환경개발이 과학지식이나 과학기술을 습득한 인간의 권리인 것은 아니다.

'아름답고 푸른 도나우'로 유명한 빈의 근교에서도 도나우 강변에 원자력발전소와 수력발전소 건설이 계획된 적이 있다. 이 계획을 백지화시키는데 공헌한 사람은 오스트리아의 동물학자인 콘라트 차하리아스 로렌츠(Konrad Zacharias Lorenz, 1903~1989)였다. 전력 생산에 의해 시민의 삶을 편리하게 하는 것보다도 자연의 생태계를 보호하는 것이 얼마나 중요한지를 로렌츠는 지속적으로 호소했던 것이다. 이처럼 학문적인 신념에 바탕을 둔 과학자가 펼치는 사회운동은 정치적인 흥정이나 타협과는 무관하다는 것에 중대한 가치가 있다.

로렌츠에게 가장 깊은 영향을 준 것은 미국의 해양생물학자이자 작가인 레이첼 루이즈 카슨(Rachel Louise Carson, 1907~1964)이 1962년

에 저술한 『침묵의 봄』[17] 이었다고 한다.[18]

설령 인간이 충분히 똑똑하지 않다고 해도 그것은 아인슈타인이 남긴 다음 말과 같이 우리들 자신의 문제인 것이다.

우리들은 인간에게 절망할 수 없습니다. 왜냐하면 우리들 자신이 인간이기 때문입니다.[19]＊53

8.4 기초연구의 사명

일본 과학기술의 미래에 관한 지침이 되는 「과학기술 기본법」은 1995년에 공포되었다. 이 법의 제2조에는 '과학기술의 진흥에 관한 방침'으로서 다음과 같이 기재되어 있다.

1. 과학기술의 진흥은 과학기술이 우리나라 및 인류 사회의 미래가 발전하기 위한 기초이며, 과학기술과 관련된 지식의 축적이 인류에게 있어서 지적 자산이라는 것을 감안하고, 연구자 및 기술자(이하 「연구자 등」으로 호칭한다)의 창조성이 충분히 발휘되는 것을 취지로 하여 인간의 생활, 사회 및 자연과의 조화를 꾀하면서 적극적으로 시행해야 한다.
2. 과학기술이 진흥하기 위해서는 광범위한 분야에서 균형 잡힌 연구개발 능력이 함양되어야 하고, 기초연구, 응용연구 및 개발연구가 조화롭게 발전해야 한다. 아울러, 국립시험연구기관, 대학교(대학원을 포함. 이하 동일) 및 민간 등이 유기적으로 연계할 수 있도록 배려해야만 하며, 자연과학과 인문과학과의 상호 관련성이 과학기술의 진보에 있어서 중요하다는 것을 감안하여 양자가 조화롭게 발전하는 것이 필요하다는 점에 유념해야만 한다.

이처럼 연구자가 창조성을 발휘하는 것 이외에도 과학기술과 인간(또는 사회) 및 과학기술과 자연과의 조화를 꾀하는 것이 중요하다. 그리고 '기초연구, 응용연구 및 개발연구의 조화로운 발전'이야말로 바람직한 목표인 것이다. 최근에는 특허나 이익에 직결되기 쉬운 응용연구가 중시되는 경향이 있지만 기초연구가 경시된다면 과학의 건전한 발전은 기대할 수 없다.

예를 들면, '환자의 생명을 구한다'는 것은 의학의 분명한 목표이 지만 기초의학을 연구한다고 해서 곧바로 병이 낫는 것은 아니다. 그러나 기초적이며 착실한 연구가 임상의학을 지탱하고 있다는 것 은 분명하다.

패러데이가 새롭게 발견한 전기(電氣)에 대해서 당시의 영국 수상이 "그것은 무엇에 도움이 되는가?"라고 물었을 때, 패러데이는 "지금 막 태어난 아기는 무엇에 도움이 됩니까?"라고 대답했다고 한다.

갓난아이가 성장하여 어떤 훌륭한 인간이 될지를 예측하는 것은 매우 어렵다. 아니 불가능에 가깝다고 말해야 할 것이다. 그러나 갓 난아이가 없다면 새로운 세대가 탄생하지 않는다는 것은 분명하다. 과학의 미래에 희망과 꿈을 맡길 수 있는 연구에 정진해야만 한다. 이것이 기초연구의 사명이다.

8.5 대학의 연구비에 대한 인식

일본에서 연구비의 약 20%는 정부(특수법인·독립행정법인을 포함)가 부 담하고 있으며 그 중의 약 절반은 대학에서 사용되고 있다.[20] 그리 고 다시 그 연구비의 절반 이상은 연구 주제를 공모한 후 평가에 의 해 지원 대상을 결정하는 '경쟁적 자금'이다. 대학의 스태프가 되어 급여를 대학으로부터 받게 되어도 자동적으로 대학으로부터 연구비 가 지급되는 것은 아니다. 아울러, 기업의 상식으로는 생각할 수 없 는 일이겠지만 연구에 의한 시간외 수당이나 초과근무 수당은 없다. 대학은 어디까지나 교육기관이며 교육이 본분이라는 것에는 변함이 없다. 따라서 대학에서 첨단 연구를 수행하기 위해서는 연구 자금을 스스로 조달해야만 한다.

연구자가 응모할 수 있는 연구 자금의 하나로 문부과학성 및 일본 학술진흥회가 교부하는 과학연구비 지원금이 있다. 문부과학성의 홈페이지에서는 과학연구비를 「우리나라의 학문과 기술을 진흥하기 위해, 인문·사회과학으로부터 자연과학까지 모든 분야에서 독창적·선도적인 연구를 발전시키는 것을 목적으로 하는 연구지원금」이라고 정의하고 있다. 「문부과학성 연구자 사용규칙(지원 조건)」의 총칙에는 다음과 같이 분명하게 기록되어 있다.

> 연구책임자 및 참여연구자는 지원금이 국민으로부터 징수된 세금 등에서 조달된다는 것에 유의하여, 지원금을 교부하는 목적에 따라서 성실하게 연구 사업을 수행할 수 있도록 노력해야만 한다.

이처럼 대학의 연구비는 국민의 세금으로 유지되고 있다. 대학의 연구자가 그와 같은 자각을 가져야 하는 것은 물론이며 시민의 입장에서 연구에 대해 관심을 가지는 것이 중요하다. 그렇게 하면 적어도 의식 수준에 있어서는 대학이나 연구소가 '상아탑'으로서 일반 사회로부터 멀어지는 것을 피할 수 있지는 않을까.

8.6 사회에 열려진 과학으로

과학에서의 혁명적인 발견이나 가설은 일반적인 사회나 사상 그리고 종교관에도 방대한 영향을 끼쳐왔다. 코페르니쿠스의 지동설, 다윈의 진화론, 아인슈타인의 상대성이론, 촘스키의 언어생성설처럼, 과학이란 직접 관계가 없는 입장의 사람들로부터 열광적으로 지지를 받거나, 거꾸로 극단적인 반발이나 탄압까지도 초래해왔다. 예를 들면, 과학자에 대한 '종교재판(이단 심문)'처럼 어떤 학설이 교의에 반하는 것인지의 여부가 큰 문제가 되면서 학교 교육에까지 영향을 끼쳐온 역사가 있다.

과학이 사회에 열려진 것으로서 받아들여지기 위해서는, 시민 한 사람 한 사람이 과학기술의 가치나 위협을 올바르게 받아들인 후 자신의 식견에 따라 판단할 필요가 있다. 과학연구자뿐만 아니라 시민 역시 과학의 진보를 떠받치는 사람들이다. 그런 의미에서 연구자와 시민의 대화가 매우 중요하다 하겠다.

최근 일본에서도 '과학 카페'라고 하여 일반 참가자가 카페나 공공장소에서 과학자와 이야기를 주고받는 기회가 계속하여 증가하고 있다. 이것은 프랑스에서 시작된 '철학 카페'[20]를 모델로 한 것으로, 최신 과학지식을 공유할 뿐만 아니라 과학의 가치 등에 관해서도 함께 생각하는 귀중한 기회를 제공하기도 한다. 내가 약 1년에 걸쳐 참가했던 '과학 카페'에서는 언어생성설에서 시작하여 일본 수화나 쌍둥이를 대상으로 한 뇌의 연구 및 로봇의 미래까지 한걸음 더 들어간 활발하고도 뜻깊은 토론이 이루어졌다.

사회에서는 연구 이외의 것이 압도적으로 많으며 연구가 가진 힘은 놀랄 만큼 작다. 국가의 사회체제나 경제가 바뀌면 연구는 간단히 파괴되어 버리기도 한다. 자신이 하고 싶은 연구에 몰두하는 것은 정말로 행복한 것이다. 세계역사 속에서도 그와 같은 시대는 오히려 한정되어 있다고 말할 수 있을 것이다. 불과 수십 년 전에는 과학자도 조국에서 쫓겨나는 경우가 있었으며 연구하는 자유를 박탈당하기도 했었다.

과학자는 아무리 문명이 바뀌었다 해도 시대의 흐름에 휩쓸리지 않고 그렇다고 해서 시대에 뒤처지지도 않으며 계속하여 과학적으로 연구하고 싶은 법이다. 그러기 위해서는 '과학의 언어'로 쓰인 기록을 논문으로 써서 남겨야만 한다. 분명히 한 편 한 편의 논문은 과학 전체의 흐름에서 보면 하찮은 일부분에 불과할지도 모른다. 그러나 중요한 것은 늘 새로운 무엇인가를 조금이라도 보태려고 지속적으로 노력하는 것일 것이다. 이러한 인류의 뛰어난 지혜가 축적되면서 과학이 매력적인 모습으로 변모해온 것이다.

아인슈타인의 다음 말로 이 책을 끝맺고자 한다. 고등학교 시절에 처음 이 말을 접했는데, 그 이후로 이 말은 늘 내 삶의 지침이 되었다.

> 생명의 영속성이라는 신비, 존재세계의 놀랄만한 구조에 관하여 의식하며 예감하는 것, 그리고 자연계에 나타나있는 이성의 극히 일부분만이라도 이해하려고 아낌없이 노력하는 것 – 나에게는 그것으로 충분하다.[19]※54

참고문헌

1. M. Curie, Piere Carie, Nouvelle Édition, Éditions Odile Jacob (1996)

2. E. Curie (Translated by V. Sheean), Madame Curie, Doubleday (1937)

3. キュリー夫人 (渡辺慧訳)『ピエル・キュリー伝』白水社 (1939)

4. E. Curie, Madame Curie, Éditions Gallimard (1938)

5. E・キュリー (河野万里子訳)『キュリー夫人伝』白水社 (2006)

6. I. Joliot-Curie, "Marie Curie, ma mere", Europe, 108, 89-121 (1954)

7. I・キュリー (内山敏訳)「わが母マリー・キュリーの思い出」『世界ノンフィクション全集8』筑摩書房 (1960)

8. I Joliot-Curie, "La vie et l'oeuvre de Marie Sklodowska-Curie", La Pensée, 58, 19-30 (1934)

9. M・キュリー(木村彰一訳)「自伝」『世界ノンフィクション全集8』筑摩書房(1960)

10. I・アシモフ (皆川義雄訳)『科学技術人名辞典』共立出版(1971)

11. L. E. Denonn, Ed., Bertrand Russell's Dictionary of Mind Matter and Morals, Philosophical Library - (1952)

12. 湯川秀樹, 梅棹忠夫『人間にとって科学とはなにか』中公新書(1967)

13. J・ウィルソン (編)(中村誠太郎, 奥地幹雄訳)『原爆をつくった科学者たち』岩波書店 (1990)

14. NHK取材班『あの時, 世界は…〈I〉』日本放送出版協会 (1979)

15. A Calaprice, Ed., The New Quotable Einstein, Princeton University Press (2005)

16. 中沢志保『オッペンハイマー: 原爆の父はなぜ水爆開発に反対したか』中公新書 (1993)

17. R・カーソン (青樹簗一訳)『沈黙の春〈新装版〉』新潮社 (2001)

18. K・ローレンツ (谷口茂訳)『人間性の解体 第2版』新思索社 (1999)

19. A. Einstein (Herausgegeben von C. Seelig), Mein Weltbild, Ullstein Materialien (1984)

20. 文部科学省 (編)『平成7年版 科学技術白書』独立行政法人国立印刷局 (2005)

21. M・ソーテ (堀内ゆかり訳)『ソクラテスのカフェ』紀伊國屋書店 (1996)

인용 원문

※1 Das ewig Unbegreifliche an der Welt ist ihre Begreiflichkeit.

A. Einstein, Aus meinen späten Jahren, Ullstein Materialien, p. 65 (1986)

※2 One way, ⋯ in trying to understand nature, is to imagine that the gods are playing some great game like chess, ⋯ and from these observations you try to figure out what the rules of the game are, what the rules of the pieces moving are.

J. Robbins, Ed., The Pleasure of Finding Things Out—The Best Short Works of Richard P. Feynman, Penguin Books, pp. 13-14 (2001)

※3 Scientific research is based on the assumption that all events, including the actions of mankind, are determined by the laws of nature.

A. Calaprice, Ed., The New Quotable Einstein, Princeton University Press, p. 234 (2005)

※4 La pierre angulaire de la méthode scientifique est le postulat de l'objectivité de la Nature. C'est-à-dire le refus systématique de considérer comme pouvant conduire à une connaissance ≪vraie≫ toute interprétation des phénomènes donnée en termes de causes finales, c'est-à-dire de ≪projet≫.

J. Monod, Le hasard et la necessite–Essai sur la philosophie naturelle de la biologie moderne, Editions du Seuil, p. 37 (1970)

※5 That the fundamental aspects of heredity should have turned out to be so extraordinarily simple supports us in the hope that nature may, after all, be entirely approachable. Her much-advertised inscrutability has once more been found to be an illusion due to our ignorance.

T. H. Morgan, The Physical Basis of Heredity, J. B. Lippincott, p. 1 (1919)

※6 Do not worry about your difficulties in mathematics; I can assure you that mine are still greater.

H. Dukas and B. Hoffmann, Eds., Albert Einstein: The Human Side –New Glimpses from his Archives, Princeton University Press, p. 8 (1979)

※7 Science is sometimes viewed as impersonal: a method, a system, a technique for generating knowledge. But it is highly personal. The story of science is the story of the individuals who have discovered its truths.

R. Porter and M. Ogilvie, Eds., The Biographical Dictionary of Scientists, Third Edition, Oxford University Press, p. ix (2000)

※8 Scientific knowledge is the painfully gathered product of thousands of wonderful, but fallible, human minds.

I. Asimov, Asimov's Biographical Encyclopedia of Science and Technology–The Lives and Achievements of 1195 Great Scientists from Ancient Times to the Present Chronologically Arranged, New Revised Edition, Doubleday, p. xi (1972)

※9 I don't know what I may seem to the world, but, as to myself I seem to have been only like a boy playing on the sea shore, and diverting myself in now and then finding a smoother pebble or a prettier shell than ordinary, whilst the great ocean of truth lay all undiscovered before me.

R. S. Westfall, Ed., Never at Rest-A Biography of Isaac Newton, Cambridge University Press, p. 863 (1980)

※10 My Design in this Book is not to explain the Properties of Light by Hypotheses, but to propose and prove them by Reason and Experiments.

Sir I. Newton, Opticks: Or, A Treatise of the Reflections, Refractions, Inflections and Colours of Light, Based on the Forth Edition London, 1730, Dover Publications, p. 1 (1979)

※11 In one person he combined the experimenter, the theorist, the mechanic and, not least, the artist in exposition.

Sir I. Newton, Opticks: or, A Treatise of the Reflections, Refractions, Inflections and Colours of Light, Based on the Forth Edition London, 1730, Dover Publications, p. lix (1979)

※12 Newton[,] verzeih' mir; du fandst den einzigen Weg[,] der zu deiner Zeit fÜr einen Menschen von höchster Denk- und Gestaltungs-kraft eben noch möglich war. Die Begriffe, die du schufst, sind auch jetzt noch fÜhrend in unserem physikalischen Denken.

P. A. Schilpp, Ed., Albert Einstein: Philosopher-Scientist, Open Court, pp. 30-32 (1969)

※13 If you are too sloppy, then you never get reproducible results, and then you never can draw any conclusions; but if you are just a little sloppy, then when you see something startling you ··· nail it down.

E. P. Fischer and C. Lipson, Thinking about Science-Max Delbruck and the Origins of Molecular Biology, W. W. Norton, p. 184 (1988)

※14 Sie stellen es sich so vor, dass ich mit stiller Befriedigung auf ein Lebens-werk zuruckschaue. Aber es ist ganz anders von der Nähe gesehen. Da ist kein einziger Begriff, von dem ich Überzeugt wäre, dass er standhalten wird, und ich fÜhle mich unsicher, ob ich Überhaupt auf dem rechten Wege bin.

A. Einstein, Letters to Solovine, Citadel Press, p. 110 (1987)

※15 If you're alone and totally different from everybody in the world, you begin to think you must be crazy or something. It takes a big ego to withstand the fact that you're saying something different from everyone else.

N. Chomsky (Edited by C. P. Otero), Language and Politics, Expanded Second Edition, AK Press, p. 625 (2004)

※16 I work like a maniac. I mean, you can really learn a lot if you're fanatic enough. They don't make it easy for you, you have to really work hard.

N. Chomsky (Edited by C. P. Otero), Language and Politics, Expanded Second Edition, AK Press, p. 625 (2004)

※17 Autoritätsdusel ist der grösste Feind der Wahrheit.

A. Einstein, The Collected Papers of Albert Einstein, Vol. 1-The Early Years, 1879–1902, Princeton University Press, p. 310 (1987)

※18 Der wahre Wert eines Menschen ist in erster Linie dadurch bestimmt, in welchem Grad und in Welchem Sinn er zur Befreiung vom Ich gelangt ist.

A. Einstein (Herausgegeben von C. Seelig), Mein Weltbild, Ullstein Materialien, p. 10 (1984)

※19 [Mancher Wissenschaftler kommt mir] vor, als suche er in einem Brett den dÜnnsten Fleck und bohre dann durch diese ohnehin schon dunne Stelle möglichst viele Locher.

A. Calaprice, Ed. (Betreuung der deutschen Ausgabe und Ubersetzungen von A. Ehlers), Einstein sagt: Zitate, Einfalle, Gedanken, Piper Verlag, p. 154 (1999)

※20 Ich lebte in jener Einsamkeit, die in der Jugend schmerzlich, in den Jahren der Reife aber köstlich ist.

A. Einstein, Aus meinen spaten Jahren, Ullstein Materialien, p. 13 (1986)

※21 Das Schönste, was wir erleben können, ist das Geheimnisvolle. Es ist das GrundgefÜhl, das an der Wiege von wahrer Kunst und Wissenschaft steht.

A. Einstein (Herausgegeben von C. Seelig), Mein Weltbild, Ullstein Materialien, pp. 9-10 (1984)

※22 The important thing is not to stop questioning. Curiosity has its own reason for existing.

A. Calaprice, Ed., The New Quotable Einstein, Princeton University Press, p. 260 (2005)

※23 Es ist eigentlich wie ein Wunder, dass der moderne Lehrbetrieb die heilige Neugier des Forschens noch nicht ganz erdrosselt hat; denn dies delikate Pflänzchen bedarf neben Anregung hauptsachlich der Freiheit; ohne diese geht es unweigerlich zugrunde.

P. A. Schilpp, Ed., Albert Einstein: Philosopher-Scientist, Open Court, p. 16 (1969)

※24 Mathematics, rightly viewed, possesses not only truth, but supreme beauty- a beauty cold and austere, like that of sculpture, without appeal to any part of our weaker nature, without the gorgeous trappings of painting or music, yet sublimely pure, and capable of a stern perfection such as only the greatest art can show.

L. E. Denonn, Ed., Bertrand Russell's Dictionary of Mind, Matterand Morals, Philosophical Library, p. 143 (1952)

※25 Meine Ideale, die mir voranleuchteten und mich mit frohem Lebensmut immer wieder erfÜllten, waren GÜte, Schönheit und Wahrheit.

A. Einstein (Herausgegeben von C. Seelig), Mein Weltbild, Ullstein Materialien, p. 8 (1984)

※26 Dans les champs de l'observation le hasard ne favorise que les esprits prepares.

(http://en.wikiquote.org/wiki/Louis Pasteur)

※27

1. Can the problem be reduced to a simpler case?
2. Can the problem be transformed to an isomorphic one that is easier to solve?
3. Can you invent a simple algorithm for solving the problem?
4. Can you apply a theorem from another branch of mathematics?
5. Can you check the result with good examples and counterexamples ?
6. Are aspects of the problem given that are actually irrelevant for the solution, and whose presence in the story serves to misdirect you?

M. Gardner, aha! Insight, W. H. Freeman, pp. vii–viii (1978)

※28 Everything should be made as simple as possible, but not simpler.

A. Calaprice, Ed., The New Quotable Einstein, Princeton University Press, p. 290 (2005)

※29 Aber bald lernte ich es hier, dasjenige herauszuspÜren, was in die Tiefe fÜhren konnte, von allem Andern aber abzusehen, von dem Vielen, das den Geist ausfÜllt und von dem Wesentlichen ablenkt.

P. A. Schilpp, Ed., Albert Einstein: Philosopher-Scientist, Open Court, p. 16 (1969)

※30 The grand aim of all science is to cover the greatest number of empirical facts by logical deduction from the smallest number of hypotheses or axioms.

A. Calaprice, Ed., The New Quotable Einstein, Princeton University Press, p. 240 (2005)

※31 The lecturer should give the audience full reason to believe that all his powers have been exerted for their pleasure and instruction.

(http://en.wikiquote.org/wiki/Michael Faraday)

※32 My views have often been grossly misrepresented, bitterly opposed and ridiculed, but this has been generally done, as I believe, in good faith.

N. Barlow, Ed., The Autobiography of Charles Darwin, W. W. Norton, p. 125 (1993)

※33 I thought Mr Wallace might consider my doing so unjustifiable, for I did not then know how generous and noble was his disposition.

N. Barlow, Ed., The Autobiography of Charles Darwin, W. W. Norton, p. 121 (1993)

※34 I had, also, during many years, followed a golden rule, namely, that whenever a published fact, a new observation or thought came across me, which was opposed to my general results, to make a memorandum of it without fail and at once; for I had found by experience that such facts and thoughts were far more apt to escape from the memory than favourable ones.

N. Barlow, Ed., The Autobiography of Charles Darwin, W. W. Norton, p. 123 (1993)

※35 Of these (mental qualities and conditions] the most important have been- the love of science- unbounded patience in long reflecting over any subject – industry in observing and collecting facts and a fair share of invention as well as of common-sense.

N. Barlow, Ed., The Autobiography of Charles Darwin, W. W. Norton, p. 145 (1993)

※36 False facts are highly injurious to the progress of science, for they often long endure; but false views, if supported by some evidence, do little harm, as every one takes a salutary pleasure in proving their falseness; and when this is done, one path towards error is closed and the road to truth is often at the same time opened.

C. Darwin, The Descent of Man, and Selection in Relation to Sex, Princeton University Press, p. 385 (1981)

※37 In research on man, the interest of science and society should never take precedence over considerations related to the well-being of the subject.

World Medical Assembly, "Declaration of Helsinki (1964)", British Medical Journal, 313, p. 1449 (1996)

※38 La más pura gloria del maestro consiste, no en formar discípulos que le sigan, sino en formar sabios que le superen.

S. Ramón y Cajal, Reglas y Consejos sobre Investigación Científica: Los Tónicos de la Voluntad, Colección Austral, p. 158 (1999)

※39 Cuando el novel investigador pueda marchar por sí mismo, procrese imbuirle el gusto por la originalidad. Déjese, pues, sugerir en él la idea nueva con plena espontaneidad, aunque esta idea no concuerde con las teorías de la escuela. La más pura gloria del maestro consiste, no en formar discípulos que le sigan, sino en formar sabios que le superen. El ideal supremo fuera crear espíritus absolutamente nuevos, órganos nicos, a ser posible, en la máquina del progreso.

S. Ramón y Cajal, Reglas y Consejos sobre Investigación Cientifica: Los Tónicos de la Voluntad, Colección Austral, p. 158 (1999)

※40 Algunos consejos relativos a lo que debe saber, a la educación técnica que necesita recibir, a las pasiones elevadas que deben alentarle, a los apocamientos y preocupaciones que será forzoso descartar, opinamos que podrán serle harto más provechosos que todos los preceptos y cautelas de la lógica teórica.

S. Ramón y Cajal, Reglas y Consejos sobre Investigación Cientifica: Los Tónicos de la Voluntad, Colección Austral, p. 29 (1999)

※41 Sehet im Studium nie eine Pflicht sondern die beneidenswerte Gelegenheit, die befreiende Schönheit auf dem Gebiet des Geistes kennen zu lernen zu Eurer eigenen Freude und zugunsten der Gemeinschaft, der Euer späteres Wirken gehört.

A. Einstein (Aus dem Nachlass herausgegeben von H. Dukas und B. Hoffmann), Briefe, Diogenes, p. 54 (1979)

※42 If there is one common aim for most college teaching, it is to get students to think.

K. E. Eble, The Craft of Teaching-A Guide to Mastering the Professor's Art, Second Edition, Jossey-Bass Publishers, p. 28 (1988)

※43 Die meisten (Lehrer] vertrödeln die Zeit mit Fragen, und sie fragen, um herauszubekommen, was der SchÜler nicht weiss; während die wahre Fragekunst sich darauf richtet, zu ermitteln, was der andere weiss oder zu wissen fähig ist.

A. Calaprice, Ed. (Betreuung der deutschen Ausgabe und Übersetzungen von A. Ehlers),

Einstein sagt: Zitate, Einfälle, Gedanken, Piper Verlag, p. 63 (1999)

※44 Notre société, où règne un désir âpre de luxe et de richesse, ne comprend pas la valeur de la science. Elle ne réalise pas que celle-ci fait partie de son patrimoine moral le plus précieux, elle ne se rend pas non plus suffisamment compte que la science est à la base de tous les progrès qui allègent la vie humaine et en diminuent la souffrance.

M. Curie, Pierre Curie, Nouvelle Édition, Éditions Odile Jacob, pp. 124-125 (1996)

※45 Marie Curie is, of all celebrated beings, the only one whom fame has not corrupted.

E. Curie (Translated by V. Sheean), Madame Curie, Doubleday, p. xi (1937)

※46 Il était extrêmement soucieux de probité scientifique et d'une entière correction dans ses publications. Celles-ci, très parfaites dans leur forme, ne l'étaient pas moins en ce qui concerne l'esprit critique appliqué à soi-même, et la volonté de ne rien affirmer qui ne parût entièrement clair.

M. Curie, Pierre Curie, Nouvelle Édition, Éditions Odile Jacob, p. 113 (1996)

※47 Il avait la foi de ceux qui ouvrent des voies nouvelles; il savait qu'il avait une haute mission à remplir, et le rêve mystique de sa jeunesse le poussait invinciblement, en dehors du chemin usuel de la vie, dans une voie qu'il nommait antinaturelle, car elle signifiait le renoncement à la douceur de l'existence. Pourtant, résolument, il subordonna à ce rêve ses pensées et ses désirs; il s'y adapta et s'y identifia de manière de plus en plus complète. Ne croyant qu'à la puissance pacifique de la science et de la raison, il vécut pour la recherche de la vérité.

M. Curie, Pierre Curie, Nouvelle Édition, Éditions Odile Jacob, p. 123 (1996)

※48 La vie du grand savant dans son laboratoire n'est pas comme beaucoup peuvent le croire une idylle paisible; elle est plus souvent une lutte opiniâtre livrée aux choses, à l'entourage et surtout à soi-même. Une grande découverte ne jaillit pas du cerveau du savant tout achevée, comme Minerve surgit tout équipée de la tête de Jupiter; elle est le fruit d'un labeur préliminaire accumulé. Entre des journées de production féconde viennent s'intercaler des journées d' incertitude où rien ne semble réussir, où la matière elle-même semble hostile, et c'est alors qu'il faut résister au découragement.

M. Curie, Pierre Curie, Nouvelle Édition, Éditions Odile Jacob, p. 124 (1996)

※49 Je suis de ceux qui pensent que la science a une grande beauté. Un savant dans son laboratoire n'est pas seulement un technicien; c'est aussi un enfant placé en face de phénomènes naturels qui l'impressionnent comme un conte de fées. Nous devons avoir un moyen pour communiquer ce sentiment à l'extérieur; nous ne devons pas laisser croire que tout progrès scientifique se réduit à des mécanismes, des machines, des engrenages qui, d'ailleurs, ont également leur beauté propre.

M. Curie, Pierre Curie, Nouvelle Édition, Éditions Odile Jacob, p. 119 (1996)

※50 On peut concevoir que dans des mains criminelles le radium puisse devenir très dangereux, et ici on peut se demander si l'humanité a avantage à connaître les secrets de la nature, si elle est mûre pour en profiter ou si cette connaissance ne lui sera pas nuisible. L'exemple des découvertes de Nobel est caractéristique, les explosifs puissants ont permis aux hommes de faire des travaux admirables. Ils sont aussi un moyen terrible de destruction entre les mains des grands criminels qui entraînent les peuples vers la guerre. Je suis de ceux qui pensent avec Nobel que l'humanité tirera plus de bien que de mal des découvertes nouvelles.

M. Curie, Pierre Curie, Nouvelle Édition, Éditions Odile Jacob, p. 7 (1996)

※51 The sphere of values lies outside science, except in so far as science consists in the pursuit of knowledge. Science as the pursuit of power must not obtrude upon the sphere of values, and scientific technique, if it is to enrich human life, must not outweigh the ends which it should serve.

L. E. Denonn, Ed., Bertrand Russell's Dictionary of Mind, Matter and Morals, Philosophical Library, p. 228 (1952)

※52 Science has brought forth this danger, but the real problem is in the minds and hearts of men.

A. Calaprice, Ed., The New Quotable Einstein, Princeton University Press, p. 170 (2005)

※53 Wir können nicht an den Menschen verzweifeln, denn wir sind selbst Menschen.

A. Einstein (Herausgegeben von C. Seelig), Mein Weltbild, Ullstein Materialien, p. 53 (1984)

※54 Mir genÜgt das Mysterium der Ewigkeit des Lebens und das Bewusstsein und die Ahnung von dem wunderbaren Bau des Seienden sowie das ergebene Streben nach dem Begreifen eines noch so winzigen Teiles der in der Natur sich manifestierenden Vernunft.

A. Einstein (Herausgegeben von C. Seelig), Mein Weltbild, Ullstein Materialien, p. 10 (1984)

《부록》

노벨상

▋ 노벨상이란 무엇인가?

　　과학기술계의 상이라고 하면 누구든 간에 제일 먼저 노벨상을 떠올릴 것이다. 스웨덴의 과학자인 알프레드 베른하르드 노벨(Alfred Bernhard Nobel 1833~1896)은 다이너마이트와 관련된 355개의 특허와 전 세계 20개국에 90개의 다이너마이트 공장을 보유하고 있었는데, 이를 통해 거대한 부를 축적할 수가 있었다. 노벨은 결혼도 하지 않고 평생을 독신으로 살며 슬하에 사식이 없었기 때문에 자신이 가진 막대한 재산을 어떻게 처리하면 좋을지를 고민하고 있었다. 그러던 중, 오스트리아의 여성 작가인 베르타 폰 주트너(Bertha von Suttner, 1843~1914)로부터 강한 영향을 받아, 몇 번이고 유서를 다시 쓴 끝에 사망하기 약 1년 전인 1895년 2월에 최종적으로 유서에 서명을 하였다. 유서에는 재산을 기금의 형태로 관리하며 여기서 발생한 이자를 국적에 상관없이 전년도에 인류를 위해 가장 위대한 공헌을 한 사람에게 주라고 쓰여 있다.

화학상은 가장 중요한 발견을 한 사람이나 진보에 공헌한 사람에게, 물리학상은 가장 중요한 발견이나 발명을 한 사람에게, 생리학·의학상은 가장 중요한 발견을 한 사람에게 주라고 기술되어 있다. 노벨 재단은 노벨의 유서에 의해 창설되었고 유서에 의거하여 운영되고 있다. 노벨 재단의 정관에는 수상자는 각 분야 당 최대 3명까지로 한정하며 수상이 결정되는 날까지 생존하는 사람이어야 된다고 규정되어 있다. 아무리 위대한 업적을 남겼어도 사망한 사람에게는 수여하지 않는다. 그래서인지 과학자들 사이에는 노벨상을 받기 위해서는 오래 살아야 한다는 우스갯소리가 있을 정도이다. 단, 수상자로 지정된 후에 사망한 경우에는 유족이 대리로 수여하는 것이 가능하다. 아울러 수상자로 결정되고 나서 시상식까지 수상자가 사망한다고 해서 수상 결정이 취소되지는 않지만, 1년 이내에 상을 받지 않으면 수상을 거절한 걸로 간주한다. 그리고 수상자는 6개월 이내에 수락 강연을 해야 한다. 즉, 노벨상 시상일이 매년 12월 10일이므로 다음해 6월 10일까지 수락 강연을 하지 않으면 상금이 수여되지 않는다. 강연 형태는 정해진 게 없으므로 일반적인 형태의 강연은 물론이고, 연설, 동영상이나 녹음, 공연, 노래 등의 형태도 가능하다.

노벨상을 거부했거나 거부했다가 받은 사람들도 있다. 구소련의 시인이자 소설가인 보리스 레오니도비치 파스테르나크(Boris Leonidovich Pasternak, 1890~1960)는 1958년 노벨 문학상 수상자로 결정되었다. 그러나 그의 장편 소설 『닥터 지바고』에 러시아 혁명을 비판한 내용이 들어 있다고 하여 소련 정부와 소련 작가 동맹으로부터 압력을 받아 노벨상을 거부하였다. 그렇지만 1988년에 소련 정부가 그에 대한 사면 조치를 내리면서 소련에서 그의 문학 작품을 출간하는 것이 허용되었고, 1989년에 그의 아들이 스톡홀름에서 아버지의 노벨 문학상 메달을 대신 받았다.

프랑스의 실존주의 철학자로 대표적 실존주의 사상가이자 작가인 장폴 찰스 아이마드 사르트르(Jean-Paul Charles Aymard Sartre, 1905~1980)도 1964년의 노벨 문학상 수상자로 결정되었으나, 이념에 얽매이고 싶지 않기에 자본주의가 준 상을 받을 수 없다는 이유로 수상을 거부하였다.

베트남의 정치가 레득토(Le Duc Tho, 1911~1990)는 베트남 평화협정(1973년 1월 27일 파리에서 북베트남, 남베트남, 미국 사이에 조인된 베트남 전쟁 종결을 약속한 협정으로 파리 협정으로 불림)을 이끌어낸 공로로 1973년 노벨 평화상 수상자로 지명되었지만, 베트남에 평화가 오지 않았다는 이유로 거절하였다.

앞서 언급했지만 노벨상 수상식은 노벨의 기일인 12월 10일로 정해져 있다. 노벨 평화상만 노르웨이 오슬로에서 수여되며 그 이외의 상은 스웨덴의 스톡홀름에서 수여된다. 경제학상은 1968년 스웨덴 중앙은행에 의해 제정되었고 그 이외의 5개 분야 노벨상은 처음부터 있었다. 노벨 경제학상은 노벨 재단에서 수여하는 상이 아니므로 노벨 재단에서 상금을 주지는 않는다. 스웨덴 중앙은행 설립 300주년을 기념해 제정한 상으로서 상의 정식 명칭은 「알프레드 노벨을 기념하는 경제학 분야의 스웨덴 중앙은행상(The Sveriges Riksbank Prize in Economic Sciences in Memory of Alfred Nobel)」이다. 이 상 이외의 5개 분야 노벨상은 노벨의 유언에 의해 제정되었으며 정식 명칭이 'Nobel Prize'로 시작되는 데 반해, 노벨 경제학상은 'The Sveriges Riksbank Prize'로 시작된다는 점을 보아도, 노벨 경제학상은 노벨상이 아니라 스웨덴 중앙은행상인 것을 알 수 있다. 하지만 경제학상 수상자를 선정하는 스웨덴 왕립 고등과학원은 물리학상 및 화학상 수상자를 선정하는 곳이며, 수상식에도 다른 분야의 수상자들과 함께 참석하며 상금 또한 동일하다.

▌ 노벨상 수상자는 어떻게 선정되는가?

매년 진행되는 노벨상의 선정 작업은 우선 어떤 분야가 수상할 가치가 있는지를 논의하는 것에서 시작된다. 어떤 발명이나 발견이 있고 그것에 이어지는 다수의 논문이 발표되면서 그 분야가 큰 발전을 하고 있거나 또는 연구 성과가 산업적으로 응용되어 사회에 큰 영향을 주고 있을 때에 이때를 절정기로 판단한 후, 그와 같은 상황을 촉발시킨 최초의 연구가 누구에 의해 행해졌는지를 전 세계에서 샅샅이 찾게 된다.

그 연구자는 학계에서 그다지 알려져 있지 않은 사람일지도 모른다. 또한 그 연구자의 논문이 『NATURE』나 『SCIENCE』 등과 같은 저명한 학술지에 실려 있지 않을 수도 있다. 그런 것과는 상관없이 다른 사람에게 영향을 준 핵심적 계기가 되는 논문을 누가 최초로 (국제적으로 널리 통용되는 언어를 사용하여) 썼는지를 찾는 것이다.

세계적으로 일류라고 인정받는 학술지에 논문이 게재되기 위해서는 논문을 준비하고 제출하여 심사를 받는 단계에서 엄청난 고생을 각오해야만 한다. 『NATURE』나 『SCIENCE』와 같이 게재된 논문의 인용 빈도가 높고 영향력이 큰 학술지의 경우에는, 이 학술지에 몇 편의 논문을 게재했는지가 연구자 및 그가 수행한 연구를 평가하는 중요한 지표로 작용하며 그러한 학술지에 게재된 논문은 많은 사람들로부터 주목을 받기 때문이다. 그러나 연구의 우선권은 논문 제출일이 크게 작용하는 경우가 많다. 그렇기 때문에 치열한 경쟁이 펼쳐지고 있는 선구적 분야의 논문은 일류 학술지에 게재하기 위해 많은 시간을 소모하는 것보다도, 일단 어느 정도의 수준에 도달해 있는 국제학술지에 빨리 논문을 제출하는 것이 좋을 수도 있다.

노벨상을 선정하는 기관은 각 상에 따라 다르다. 물리학상과 화학상 및 경제학상은 스웨덴 왕립 고등과학원, 생리학·의학상은 카롤린스카 의학연구소, 문학상은 스웨덴 아카데미, 평화상은 노르웨이 국회에서 선정을 하고 있다. 이들 기관은 매년 가을이 되면 다음 해의 수상자를 선정하기 위한 첫 작업으로, 전 세계의 한정된 소수의 개인 및 대학총장 또는 단과대학장에게 추천장을 보내어 추천을 의뢰한다. 많은 사람에게 추천장을 보낸다 해도, 연구 분야가 달라 누구를 추천해야 좋을지 알 수가 없어서 결국 책상 서랍 속에 그대로 방치되는 경우도 많다고 한다.

▌ 노벨상은 누가 받는가?

노벨상은 1901년에 발족된 이후 초창기를 제외하고는 거의 대부분이 기초 연구 분야에서 큰 공헌을 한 연구자에게 수여되었다. 자연계에 감추어져 있는 원리(原理)를 발견하는 것을 중시해왔던 것이다. 즉, 어떤 현상의 실재(본질)가 무엇인지를 밝혀내는 것이 그 무엇보다도 가치 있는 일이라고 평가를 한 것이다. 이러한 기조는 계속하여 유지되고 있으나 최근에는 응용 연구 분야도 수상의 대상이 되고 있다.

노벨의 유서에는 「직전 년도에 인류에 가장 큰 공헌을 한 사람에 대하여」라고 쓰여 있는데, 최근에는 특정 연구 입직이 실제 수상으로 이어지기까지 15년 이상 걸리는 경우가 많다. 그만큼 과학적 성과의 파급에는 긴 시간이 필요하다는 것이다. 21세기 과학이 나아갈 방향을 확인하는 의미에서도 노벨상이 향후 어떤 연구자에게 주어지는지를 계속하여 주목할 필요가 있다고 하겠다.

연구는 개인이 하는 것이라는 것이 연구자의 전통적인 사고방식이지만 최근에는 집단연구와 같은 연구 형태가 증가하고 있어, 특정 연구 업적이 누구의 발상에 의한 것인지를 결정하는 것은 향후 더욱 어려워질 것이다. 일본의 생물학자인 쿠로다는 인간 게놈 프로젝트 (The Human Genome Project) 사례에서 그와 같은 어려움을 생각해볼 필요가 있다고 지적하고 있다.

인간이 가지고 있는 약 30억 개의 모든 염기 서열을 해독하고, 그에 포함된 유전자를 모두 찾아내는 것을 목적으로 하는 인간 게놈 프로젝트가 1984년에 제안되었고, 1991년부터 해독작업이 시작되었다. 천문학적인 비용과 시간을 소모할 것이라는 일부 회의적인 예측에도 불구하고 대규모의 국제 공동 연구 협력을 통해 진행된 이 프로젝트는 성공적으로 진행되었고, 2001년 2월 『NATURE』에 인간 게놈 염기 서열을 분석한 초안이 게재되었다. 이와 같은 연구 성과는 의료기술과 의약품을 개발하는 데 있어서 매우 중요한 정보이다. 또한 인간 게놈과 다양한 생물의 게놈 염기 배열을 비교하는 것에 의해 생물의 발생 및 인류와 동물이 어떻게 진화되었는지를 밝힐 수 있을지도 모른다. 이처럼 인간 게놈 염기 서열을 결정하는 것은 인류의 역사에 남을 위대한 업적임이 분명하다. 그렇지만 이 연구는 노벨상을 수상할 수 있을까? 이 연구 내용이 게재된 논문을 살펴보면 저자 이름과 소속을 기재하는 것만으로도 한 페이지 전체가 사용될 정도로 많은 연구자들이 이 연구에 참여하였다. 이 정도의 거대한 연구 프로젝트가 아니더라도 향후 집단연구에 의해 걸출한 연구업적이 창출된 가능성은 매우 높다고 하겠다. 그와 같은 상황에서 각 분야의 노벨상 수상자를 최대 3명으로 제한하고 있는 규정에 따르면서 노벨상 수상자를 선정하는 것은 쉽지 않을 것이다. 획기적인 연구 성과라고는 인정하면서 수상자 3명을 결정할 수 없다면, 그와 같은 연구 성과는 수상에서 제외할 수밖에 없을 것이다.

▌노벨 화학상

연도	수상자	출신대학	업적
1901	야코뷔스 헨리퀴스 반트 호프 (Jacobus Henricus van 't Hoff)	델프트 공과대학교 레이던 대학교 본 대학교 파리 대학교 위트레흐트 대학교	용액에서의 화학동역학 법칙 및 삼투압 발견
1902	헤르만 에밀 피셔 (Hermann Emil Fischer)	본 대학교 스트라스부르 대학교	당과 무린 합성에 관한 연구
1903	스반테 아우구스트 아레니우스 (Svante August Arrhenius)	웁살라 대학교 스톡홀름 대학교	해리에 관한 전해 이론
1904	윌리엄 램지 경 (Sir William Ramsay)	글래스고 대학교 에버하르트 카를 튀빙겐 대학교	공기 중 비활성 기체원소의 발견과 주기율표 내 위치 결정
1905	요한 프리드리히 빌헬름 아돌프 폰 바이어 (Johann Friedrich Wilhelm Adolf von Baeyer)	하이델베르크 대학	유기염료와 하이드로방향족 화합물에 관한 연구
1906	앙리 무아상 (Henri Moissan)	고등연구실습원	플루오린 원소의 분리와 무아상 전기로 개발
1907	에두아르트 부흐너 (Eduard Buchner)	뮌헨 대학교	생화학 연구와 무세포적 발효의 발견
1908	어니스트 러더퍼드 (Ernest Rutherford)	캔터베리 대학교 케임브리지 대학교 트리니티 칼리지	원소의 분열과 방사능 물질의 화학에 관한 연구
1909	빌헬름 오스트발트 (Wilhelm Ostwald)	타르투 대학교 리가 기술대학교 라이프치히 대학교	촉매 작용에 관한 연구와 화학평형 및 반응속도를 지배하는 근본 원리 규명
1910	오토 발라흐 (Otto Wallach)	괴팅겐 대학교 본 대학교	지방족 고리화합물에 관한 선구적 연구
1911	마리아 스크워도프스카 퀴리 (Marie Curie, nee Sklodowska)	파리 대학교	라듐 및 폴로늄 원소의 발견. 라듐의 분리 및 라듐의 성질과 라듐화합물에 관한 연구
1912	빅토르 그리냐르 (Victor Grignard)	리옹 대학교	그리냐르 시약의 발견
	폴 사바티에 (Paul Sabatier)	콜레주 드 프랑스	유기화합물의 수소화 방법 발견
1913	알프레트 베르너 (Alfred Werner)	취리히 연방 공과대학교 취리히 대학교	분자 내에서의 원자의 결합 연구로 무기화학의 새로운 분야 개척
1914	시어도어 윌리엄 리처즈 (Theodore William Richards)	하버드 대학교	많은 화학원소의 정확한 원자량 측정
1915	리하르트 빌슈테터 (Richard Martin Willstatter)	뮌헨 대학교	식물 색소, 특히 클로로필에 관한 연구
1916	수상자 없음		
1917			
1918	프리츠 하버 (Fritz Haber)	하이델베르크 대학교 베를린 대학교 베를린 공과대학교	원소로부터 암모니아 합성
1919	수상자 없음		
1920	발터 헤르만 네른스트 (Walther Hermann Nernst)	취리히 대학교 베를린 대학교 그라츠대학교 뷔르츠부르크 대학교	열화학 분야에 관한 연구

연도	수상자	출신대학	업적
1921	프레더릭 소디 (Frederick Soddy)	옥스퍼드 대학교	방사성 물질의 화학 및 동위원소의 기원과 성질에 관한 연구
1922	프랜시스 윌리엄 애스턴 (Francis William Aston)	버밍엄 대학교 케임브리지 대학교	질량분석기를 이용한 다수의 비방사성 원소에 대한 동위원소 발견 및 정수법칙 설명
1923	프리츠 프레글 (Fritz Pregl)	그라츠 대학교	유기 물질의 미량분석법 발명
1924	수상자 없음		
1925	리하르트 아돌프 지그몬디 (Richard Adolf Zsigmondy)	빈 공과대학교 뮌헨 대학교	콜로이드 용액의 불균일 특성 설명
1926	테오도르 스베드베리 (The (Theodor) Svedberg)	웁살라 대학교	분산계에 관한 연구
1927	하인리히 오토 빌란트 (Heinrich Otto Wieland)	뮌헨 대학교	담즙산 및 관련 물질의 조성에 관한 연구
1928	아돌프 오토 라인홀트 빈다우스 (Adolf Otto Reinhold Windaus)	베를린 훔볼트 대학교 프라이부르크 대학교	스테롤의 구조와 비타민과의 연관성에 관한 연구
1929	아서 하든 (Arthur Harden)	맨체스터 대학교 프리드리히 알렉산더 대학교	당의 발효와 발효효소에 관한 연구
	한스 칼 아우구스트 시몬 폰 오일러켈핀 (Hans Karl August Simon von Euler-Chelpin)	베를린 훔볼트 대학교	
1930	한스 피셔 (Hans Fischer)	로잔 대학교 마르부르크 대학교	헤민과 엽록소 구성성분 중 헤민 합성에 관한 연구
1931	카를 보슈 (Carl Bosch)	베를린 공과대학교	화학적 고압방법의 발명과 개발
	프리드리히 베르기우스 (Friedrich Bergius)	브로츠와프 대학교 라이프치히 대학교	
1932	어빙 랭뮤어 (Irving Langmuir)	컬럼비아 대학교 괴팅겐 대학교	표면화학에 관한 발견과 연구
1933	수상자 없음		
1934	해럴드 클레이턴 유리 (Harold Clayton Urey)	얼햄 대학교 몬태나 대학교 캘리포니아 대학교 버클리	중수소의 발견
1935	프레데리크 졸리오퀴리 (Frédéric Joliot-Curie)	파리 시립 공업물리화학 고등전문 대학교	새로운 방사성 원소 합성
	이렌 졸리오퀴리 (Irène Joliot-Curie)	파리 대학교	
1936	피터 조지프 윌리엄 디바이 (Peter Josephus Wilhelmus Debye)	아헨 공과대학교 뮌헨 대학교	기체 내의 쌍극자모멘트와 엑스선 및 전자의 회절 연구
1937	월터 노먼 하워스 경 (Sir Walter Norman Haworth)	맨체스터 대학교 괴팅겐 대학교	탄수화물 및 비타민 C에 관한 연구
	파울 카러 (Paul Karrer)	취리히 대학교	카로티노이드, 플라빈, 비타민 A 및 비타민 B2에 관한 연구
1938	리하르트 쿤 (Richard Kuhn)	빈 대학교 뮌헨 대학교	카로티노이드와 비타민에 관한 연구
1939	아돌프 프리드리히 요한 부테난트 (Adolf Friedrich Johann Butenandt)	괴팅겐 대학교	성 호르몬에 관한 연구
	레오폴트 루지치카 (Leopold Ruzicka)	칼스루에 공과대학교	폴리메틸렌 및 폴리터펜에 관한 연구

연도	수상자	출신대학	업적
1940			
1941	수상자 없음		
1942			
1943	조르주 드 헤베시 (George de Hevesy)	프라이부르크 대학교	화학적인 프로세스 연구에 방사성 동위원소를 추적자로 이용
1944	오토 한 (Otto Hahn)	마르부르크 대학교	중핵분열의 발견
1945	아르투리 일마리 비르타넨 (Artturi Ilmari Virtanen)	헬싱키 대학교	농업 및 영양 화학, 특히 사료보존법 연구 및 발명
1946	제임스 배첼러 섬너 (James Batcheller Sumner)	하버드 대학교	효소의 결정화 발견
1946	존 하워드 노스럽 (John Howard Northrop)	컬럼비아 대학교	순수 형태의 효소 및 바이러스 단백질 제조
1946	웬들 메러디스 스탠리 (Wendell Meredith Stanley)	록펠러 대학교 캘리포니아 대학교 버클리	
1947	로버트 로빈슨 경 (Sir Robert Robinson)	맨체스터 빅토리아 대학교	생물학적으로 중요한 식물 생성물, 특히 알칼로이드에 관한 연구
1948	아르네 빌헬름 카우린 티셀리우스 (Arne Wilhelm Kaurin Tiselius)	웁살라 대학교	전기영동 및 흡착분석에 관한 연구, 특히 혈청 단백질의 복잡한 성질에 관한 발견
1949	윌리엄 프랜시스 지오크 (William Francis Giauque)	캘리포니아 대학교 버클리	화학 열역학 분야, 특히 극저온에서의 물질 거동에 관한 연구
1950	오토 파울 헤르만 딜스 (Otto Paul Hermann Diels)	베를린 훔볼트 대학교	다이엔 합성의 발견 및 개발
1950	쿠르트 알더 (Kurt Alder)	베를린 훔볼트 대학교 킬 대학교	
1951	에드윈 매티슨 맥밀런 (Edwin Mattison McMillan)	캘리포니아 공과대학교 프린스턴 대학교	초우라늄 원소의 화학적 본질 발견
1951	글렌 시어도어 시보그 (Glenn Theodore Seaborg)	캘리포니아 대학교 로스앤젤레스	
1952	아처 존 포터 마틴 (Archer John Porter Martin)	케임브리지 대학교	분배 크로마토그래피의 발명
1952	리처드 로렌스 밀링턴 싱 (Richard Laurence Millington Synge)	원체스터 칼리지 트리니티 칼리지	
1953	헤르만 슈타우딩거 (Hermann Staudinger)	할레-비텐베르크 대학교	거대분자 화학 분야에서의 발견
1954	라이너스 칼 폴링 (Linus Carl Pauling)	오리건 주립 대학교 캘리포니아 공과대학교	화학결합의 본질에 관한 연구 및 복잡한 물질 구조 규명에 의 응용
1955	빈센트 뒤 비뇨 (Vincent du Vigneaud)	일리노이 대학교 어배너-섐페인 로체스터 대학교	생화학적으로 중요한 황 화합물에 관한 연구, 특히 폴리펩타이드 호르몬의 최초 합성
1956	시릴 노먼 힌셜우드 경 (Sir Cyril Norman Hinshelwood)	옥스퍼드 대학교	화학반응 메커니즘에 관한 연구
1956	니콜라이 니콜라예비치 세묘노프 (Nikolay Nikolaevich Semenov)	국립 상트페테르부르크 대학교	
1957	알렉산더 로베르토 토드 (Alexander Robertus Todd)	글래스고 대학교 프랑크푸르트 대학교 옥스퍼드 대학교	뉴클레오티드류와 뉴클레오티드 조효소에 관한 연구
1958	프레더릭 생어 (Frederick Sanger)	세인트존스 칼리지	단백질의 구조, 특히 인슐린 구조에 관한 연구

연도	수상자	출신대학	업적
1959	야로슬라프 헤이로프스키 (Jaroslav Heyrovsky)	프라하 카렐 대학교 유니버시티 칼리지 런던	폴라로그래피 분석법의 발견 및 개발
1960	윌러드 프랭크 리비 (Willard Frank Libby)	캘리포니아 대학교 버클리	고고학, 지질학, 지구 물리학 및 기타 과학 분야에서 연령 결정을 위해 탄소-14를 사용하는 방법
1961	멜빈 캘빈 (Melvin Calvin)	미네소타 대학교	식물의 탄소동화작용에 관한 연구
1962	맥스 퍼디난드 퍼루츠 (Max Ferdinand Perutz)	빈 대학교 피터 하우스	구형 단백질 구조에 관한 연구
	존 카우더리 켄드루 (John Cowdery Kendrew)	케임브리지 대학교	
1963	카를 치글러 (Karl Ziegler)	마르부르크 대학교	고분자 화학과 기술 분야 연구
	줄리오 나타 (Giulio Natta)	밀라노 공과대학교	
1964	도러시 크로프트 호지킨 (Dorothy Crowfoot Hodgkin)	옥스퍼드 대학교 케임브리지 대학교	엑스선 기술로 중요한 생화학 물질의 구조결정
1965	로버트 번스 우드워드 (Robert Burns Woodward)	매사추세츠 공과대학교	유기합성 기술의 뛰어난 연구
1966	로버트 샌더슨 멀리컨 (Robert Sanderson Mulliken)	매사추세츠 공과대학교 시카고 대학교	분자 오비탈 방법에 의한 분자의 화학결합 및 전기적 구조에 관한 연구
1967	만프레트 아이겐 (Manfred Eigen)	괴팅겐 대학교	매우 짧은 에너지 펄스로 평형을 교란시킴으로써 초래되는 초고속 화학 반응에 관한 연구
	로널드 조지 레이퍼드 노리시 (Ronald George Wreyford Norrish)	케임브리지 대학교	
	조지 포터 (George Porter)	리즈 대학교 케임브리지 대학교	
1968	라르스 온사게르 (Lars Onsager)	노르웨이 공과대학교 예일 대학교	비가역 과정의 열역학에 기초를 이루고 그의 이름을 딴 역관계 발견
1969	디릭 헤럴드 리처드 바턴 (Derek Harold Richard Barton)	임페리얼 칼리지 런던	입체 구조의 개념 개발과 화학 응용 분야에 기여
	오드 하셀 (Odd Hassel)	오슬로 대학교	
1970	루이스 페데리코 를루아르 (Luis Federico Leloir)	부에노스아이레스 대학교	당뉴클레오티드의 발견과 탄수화물 생합성에서의 역할에 관한 연구
1971	게르하르트 헤르츠베르크 (Gerhard Herzberg)	다름슈타트 공과대학교	분자, 특히 자유 라디칼의 전자적 구조 및 기하학적 형태에 관한 연구
1972	크리스천 보에머 앤핀선 주니어 (Christian Boehmer Anfinsen, Jr.)	스와스모어 대학교 펜실베이니아 대학교 하버드 의학대학원	아미노산 서열과 생체활성 형태의 연관성 연구
	스탠퍼드 무어 (Stanford Moore)	밴더빌트 대학교 위스콘신 대학교 매디슨	리보뉴클레아제 내 활성센터의 화학구조와 촉매활동 간의 연관성 연구
	윌리엄 하워드 스타인 (William Howard Stein)	하버드 대학교 컬럼비아 대학교	
1973	에른스트 오토 피셔 (Ernst Otto Fischer)	뮌헨 공과대학교	샌드위치 화합물로 불리는 유기금속의 화학에 관해 독립적으로 수행된 선구적 연구
	제프리 윌킨슨 (Geoffrey Wilkinson)	임페리얼 칼리지 런던	

연도	수상자	출신대학	업적
1974	폴 존 플로리 (Paul John Flory)	맨체스터 대학교(인디애나) 오하이오 주립 대학교	고분자 물리화학에 관한 이론적 성취 및 실험적 성취
1975	존 워컵 콘포스 (John Warcup Cornforth)	시드니 대학교 옥스퍼드 대학교	효소 – 촉매반응의 입체화학에 관한 연구
	블라디미르 프렐로그 (Vladimir Prelog)	프라하 체코 공과대학교	유기분자와 유기반응의 입체화학에 관한 연구
1976	윌리엄 넌 립스콤 (William Nunn Lipscomb)	켄터키 대학교 캘리포니아 공과대학교	화학적 결합 문제를 조명하는 보란의 구조에 관한 연구
1977	일리야 프리고진 (Ilya Prigogine)	브뤼셀 자유대학	비평형 열역학, 특히 소산 구조론에 관한 연구
1978	피터 데니스 미첼 (Peter Dennis Mitchell)	케임브리지 대학교	화학적 삼투압 이론의 공식화를 통한 생물학적 에너지 전달의 이해
1979	허버트 찰스 브라운 (Herbert Charles Brown)	시카고 대학교	유기 합성에 붕소 화합물 및 인 화합물의 도입
	게오르크 비티히 (Georg Wittig)	마르부르크 대학교	
1980	폴 버그 (Paul Berg)	펜실베이니아 주립 대학교 케이스 웨스턴 리저브 대학교	혼성 DNA와 관련된 핵산의 생화학에 관한 기초 연구
	월터 길버트 (Walter Gilbert)	하버드 대학교 케임브리지 대학교	핵산 염기서열 결정에 공헌
	프레더릭 생어 (Frederick Sanger)	세인트존스 칼리지	
1981	겐이치 후쿠이 (Kenichi Fukui)	교토 대학교	화학반응 경로에 관한 이론
	로알드 호프만 (Roald Hoffmann)	컬럼비아 대학교 하버드 대학교	
1982	에런 클루그 (Aaron Klug)	위트워터스랜드 대학교 케이프타운 대학교 케임브리지 대학교	결정학적 전자현미경 개발과 생물학적으로 중요한 핵산–단백질 복합체의 구조 규명
1983	헨리 토브 (Henry Taube)	서스캐처원 대학교 서스캐처원 대학교 캘리포니아 대학교 버클리	금속 착물의 전자전달 반응 메커니즘에 관한 연구
1984	로버트 브루스 메리필드 (Robert Bruce Merrifield)	캘리포니아 대학교 로스앤젤레스	고체기질 위에서의 화학합성 방법론 개발
1985	허버트 애런 하우프트먼 (Herbert Aaron Hauptman)	뉴욕 시립대학교 컬럼비아 대학교 메릴랜드 대학교	결정구조를 결정하는 직접적인 방법 개발
	제롬 칼 (Jerome Karle)	뉴욕 시립대학교 하버드 대학교 미시간 대학교	
1986	더들리 로버트 허시박 (Dudley Robert Herschbach)	하버드 대학교 스탠퍼드 대학교	화학의 기본과정 동역학에 대한 기여
	리위안저 (Yuan Tseh Lee)	국립 타이완 대학 국립 칭화 대학 캘리포니아 대학교 버클리	
	존 찰스 폴라니 (John Charles Polanyi)	맨체스터 대학교	

연도	수상자	출신대학	업적
1987	도널드 제임스 크램 (Donald James Cram)	롤린스 칼리지 네브래스카 대학교 링컨 하버드 대학교	높은 선택성의 구조-특이적 상호작용을 갖는 분자의 개발과 사용
1987	장마리 렌 (Jean-Marie Lehn)	스트라스부르 대학교	
1987	찰스 존 피더슨 (Charles John Pedersen)	데이턴 대학교 매사추세츠 공과대학교	
1988	요한 다이젠호퍼 (Johann Deisenhofer)	뮌헨 공과대학교	광합성 반응센터의 삼차원 구조 결정
1988	로베르트 후버 (Robert Huber)	뮌헨 공과대학교	
1988	하르트무트 미헬 (Hartmut Michel)	에버하르트 카를 튀빙겐 대학교	
1989	시드니 올트먼 (Sidney Altman)	매사추세츠 공과대학교 콜로라도 대학교 볼더	RNA가 촉매성질을 가짐을 발견
1989	토머스 로버트 체크 (Thomas Robert Cech)	캘리포니아 대학교 버클리 매사추세츠 공과대학교	
1990	일라이어스 제임스 코리 (Elias James Corey)	매사추세츠 공과대학교	유기합성에 관한 이론과 방법론 개발
1991	리하르트 로베르트 에른스트 (Richard Robert Ernst)	취리히 연방 공과대학교	고해상도의 NMR분광법의 개발에 대한 기여
1992	루돌프 아서 마커스 (Rudolph Arthur Marcus)	맥길 대학교	화학계에서의 전자전달 반응에 관한 이론 확립에 기여한 공로
1993	캐리 뱅크스 멀리스 (Kary Banks Mullis)	조지아 공과대학교 캘리포니아 대학교 버클리	DNA기반 화학방법론 개발에 대한 공로
1993	마이클 스미스 (Michael Smith)	맨체스터 대학교	
1994	조지 앤드루 올라 (George Andrew Olah)	부다페스트 기술경제대학교	탄소양이온 화학에 대한 공헌
1995	파울 요제프 크뤼천 (Paul Jozef Crutzen)	스톡홀름 대학교	대기화학, 특히 오존의 생성 및 분해에 관한 연구
1995	마리오 호세 몰리나 (Mario Jose Molina)	멕시코 국립 자치 대학교 프라이부르크 대학교 캘리포니아 대학교 버클리	
1995	프랭크 셔우드 롤런드 (Frank Sherwood Rowland)	오하이오 웨슬리언 대학교 시카고 대학교	
1996	로버트 플로이드 컬 주니어 (Robert Floyd Curl, Jr.)	라이스 대학교 하버드 대학교	풀러렌 발견
1996	해럴드 월터 크로토 경 (Sir Harold Walter Kroto)	셰필드 대학교	
1996	리처드 에레트 스몰리 (Richard Errett Smalley)	미시간 대학교 프린스턴 대학교	
1997	요한 프리드리히 빌헬름 아돌프 폰 바이어 (Johann Friedrich Wilhelm Adolf von Baeyer)	브리검영 대학교 위스콘신 대학교 매디슨	ATP 합성 반응의 기초를 이루는 효소 메커니즘 규명
1997	존 어니스트 워커 경 (Sir John Ernest Walker)	옥스퍼드 대학교	
1997	옌스 크리스티안 스코우 (Jens Christian Skou)	코펜하겐 대학교	이온 수송 효소인 Na^+, K^+ -ATPase의 첫 발견

연도	수상자	출신대학	업적
1998	월터 콘 (Walter Kohn)	토론토 대학교 하버드 대학교	밀도함수 이론의 개발
	존 포플 경 (Sir John Pople)	케임브리지 대학교	양자 화학의 계산방법론 개발
1999	아메드 하산 즈웨일 (Ahmed Hassan Zewail)	알렉산드리아 대학교 펜실베이니아 대학교	펨토 초 분광법을 이용한 화학반응의 전이단계에 관한 연구
2000	앨런 제이 히거 (Alan Jay Heeger)	네브래스카 대학교 링컨 캘리포니아 대학교 버클리	전도성 고분자의 발견 및 개발
	앨런 그레이엄 맥더미드 (Alan Graham MacDiarmid)	웰링턴 빅토리아 대학교 위스콘신 대학교 매디슨 케임브리지 대학교	
	히데키 시라카와 (Hideki Shirakawa)	도쿄 공업대학교	
2001	윌리엄 스탠디시 놀스 (William Standish Knowles)	하버드 대학교(B.S.) 컬럼비아 대학교	키랄 촉매에 의한 수소화 반응에 관한 연구
	료지 노요리 (Ryoji Noyori)	교토 대학교	
	칼 배리 샤플리스 (Karl Barry Sharpless)	다트머스 대학교 스탠퍼드 대학교 하버드 대학교	키랄 촉매에 의한 산화 반응에 관한 연구
2002	존 버넷 펜 (John Bennett Fenn)	베리아 칼리지 예일 대학교	생체 고분자의 질량 분석을 위한 연성 탈착 이온화법 개발
	고이치 다나카 (Koichi Tanaka)	도호쿠 대학	
	쿠르트 뷔트리히 (Kurt Wüthrich)	베른 대학교 바젤 대학교	용액 중에 있는 생체고분자의 3차원 구조 결정을 위한 핵자기 공명 분광법 개발
2003	피터 아그레 (Peter Agre)	아우크스부르크 대학교 존스 홉킨스 의학대학원	세포막의 물 통로 발견
	로더릭 매키넌 (Roderick MacKinnon)	브랜다이스 대학교	세포막 이온 통로의 구조 및 메커니즘 발견
2004	아론 치에하노베르 (Aaron Ciechanover)	예루살렘 히브리 대학교	유비퀴틴이 관여하는 단백질 분해의 발견
	아브람 헤르슈코 (Avram Hershko)	예루살렘 히브리 대학교	
	어윈 로즈 (Irwin Rose)	시카고 대학교	
2005	이브 쇼뱅 (Yves Chauvin)	리용 산업화학 대학교	유기합성에 있어서 복분해 방법 개발
	로버트 하워드 그럽스 (Robert Howard Grubbs)	플로리다 대학교 컬럼비아 대학교	
	리처드 로이스 슈록 (Richard Royce Schrock)	캘리포니아 대학교 리버사이드 하버드 대학교	
2006	로저 데이비드 콘버그 (Roger David Kornberg)	스탠퍼드 대학교 하버드 대학교	진핵전사의 분자적 기초 연구
2007	게르하르트 에르틀 (Gerhard Ertl)	슈투트가르트 대학 뮌헨 공과대학교	고체 표면에서 일어나는 화학 반응에 관한 연구

연도	수상자	출신대학	업적
2008	오사무 시모무라 (Osamu Shimomura)	나가사키 대학	특정 세포의 활동을 육안으로 볼 수 있는 도구로 사용되는 녹색형광단백질(GFP)을 발견하고 발전시킨 공로
	마틴 챌피 (Martin Chalfie)	하버드 대학교	
	로저 첸 티엔 (Roger Yonchien Tsien)	하버드 대학교 케임브리지 대학교	
2009	벤카트라만 라마크리슈난 (Venkatraman Ramakrishnan)	바로다 대학교 오하이오 대학교	리보솜의 구조와 기능에 관한 연구
	토마스 아서 스타이츠 (Thomas Arthur Steitz)	로렌스 대학교 하버드 대학교	
	아다 요나트 (Ada Yonath)	예루살렘 히브리 대학교	
2010	리처드 프레더릭 헥 (Richard Frederick Heck)	캘리포니아 대학교 로스앤젤레스	유기 합성에서 팔라듐 촉매 작용 교차 결합
	에이이치 네기시 (Ei-ichi Negishi)	도쿄 대학 펜실베이니아 대학교	
	아키라 스즈키 (Akira Suzuki)	홋카이도 대학	
2011	단 셰흐트만 (Dan Shechtman)	이스라엘 공과대학교	준결정 상태의 발견
2012	로버트 레프코위츠 (Robert Lefkowitz)	컬럼비아 대학교	G-단백질 연결 수용체에 관한 연구
	브라이언 켄트 코빌카 (Brian Kent Kobilka)	예일 대학교	
2013	마르틴 카르플루스 (Martin Karplus)	캘리포니아 공과대학교 하버드 대학교	복합 화학계 분석을 위한 다중척도 모델 개발
	마이클 레빗 (Michael Levitt)	프리토리아 대학교 킹스 칼리지 런던 케임브리지 대학교	
	아리에 와르셸 (Arieh Warshel)	이스라엘 공과대학교 바이츠만 과학 연구소	
2014	에릭 베치그 (Eric Betzig)	캘리포니아 공과대학교 코넬 대학교	나노 차원을 관찰할 수 있는 초고해상도의 단일분자 현미경 개발
	슈테판 월터 헬 (Stefan Walter Hell)	하이델베르크 대학교	
	윌리엄 에스코 머너 (William Esco Moerner)	워싱턴 대학교 세인트루이스 코넬 대학교	
2015	토마스 린달 (Tomas Lindahl)	카롤린스카 대학교	손상된 DNA 복구 과정에 관한 연구
	폴 로런스 모드리치 (Paul Lawrence Modrich)	매사추세츠 공과대학교 스탠퍼드 대학교	
	아지즈 산자르 (Aziz Sancar)	이스탄불 대학교 텍사스 대학교 달라스	

연도	수상자	출신대학	업적
2016	장피에르 소바주 (Jean-Pierre Sauvage)	스트라스부르 대학교	분자 기계를 고안하고 직접 만들어 화학의 새로운 영역을 개척
	제임스 프레이저 스토다트 경 (Sir James Fraser Stoddart)	에딘버러 대학교	
	베르나르드 뤼가스 페링하 (Bernard Lucas Feringa)	그로닝겐 대학교	
2017	자크 뒤보셰 (Jacques Dubochet)	로잔 대학교 제네바 대학교 바젤 대학교	생체 분자의 고해상도 구조 결정을 위한 저온 전자현미경 개발
	요아힘 프랑크 (Joachim Frank)	프라이부르크 대학교 뮌헨 대학교 뮌헨 공과대학교	
	리처드 헨더슨 (Richard Henderson)	에든버러 대학교 케임브리지 대학교	
2018	프랜시스 해밀턴 아널드 (Frances Hamilton Arnold)	프린스턴 대학교 캘리포니아 대학교 버클리	단백질 효소 유도 진화를 수행한 공로
	그레고리 폴 윈터 경 (Sir Gregory Paul Winter)	케임브리지 대학교	박테리아를 감염시키는 바이러스를 이용하여 새로운 단백질을 진화시키는 데 사용될 수 있는 '파지 전시'라는 과정을 개발
	조지 피어슨 스미스 (George Pearson Smith)	하버포드 칼리지 하버드 대학교	

▌ 노벨 물리학상

연도	수상자	출신대학	업적
1901	빌헬름 콘라트 뢴트겐 (Wilhelm Conrad Rontgen)	스트라스부르 대학 기센 대학 뷔르츠부르크 대학 뮌헨 대학교	X선의 발견
1902	헨드릭 안톤 로런츠 (Hendrik Antoon Lorentz)	레이던 대학교	복사 현상에 대한 자기의 영향에 관한 연구
	피터르 제이만 (Pieter Zeeman)	레이던 대학교	
1903	앙투안 앙리 베크렐 (Antoine Henri Becquerel)	에콜 폴리테크니크	방사선의 발견
	피에르 퀴리 (Pierre Curie)	파리 대학교	앙리 베크렐이 발견한 방사선에 대한 공동 연구
	마리아 스크워도프스카 퀴리 (Maria Skłodowska-Curie)	파리 대학교	
1904	존 윌리엄 스트럿 (John William Strutt Rayleigh)	케임브리지 대학교 트리니티 칼리지	기체의 밀도에 대한 연구와 아르곤의 발견
1905	필리프 에두아르트 안톤 폰 레나르트 (Philipp Eduard Anton von Lenard)	하이델베르크 대학교	음극선에 관한 연구
1906	조지프 존 톰슨 경 (Sir Joseph John Thomson)	맨체스터 대학교 케임브리지 대학교	기체의 전기 전도에 관한 연구 및 전자의 발견
1907	앨버트 에이브러햄 마이컬슨 (Albert Abraham Michelson)	미국해군병학교 베를린 훔볼트 대학교	정밀한 광학장치 개발과 분광학적 측정
1908	가브리엘 리프만 (Gabriel Lippmann)	에콜 노르말 쉬페리외르	간섭 현상에 기반한 컬러 사진 감광판 발명

연도	수상자	출신대학	업적
1909	굴리엘모 조반니 마리아 마르코니 (Guglielmo Giovanni Maria Marconi)	볼로냐 대학교	무선 전신의 발명
	카를 페르디난트 브라운 (Karl Ferdinand Braun)	마르부르크 대학교 베를린 훔볼트 대학교	
1910	요하너스 디데릭 판데르발스 (Johannes Diderik van der Waals)	레이던 대학교	기체와 액체의 상태방정식에 관한 연구
1911	빌헬름 카를 베르너 오토 프리츠 프란츠 빈 (Wilhelm Carl Werner Otto Fritz Franz Wien)	괴팅겐 대학교 베를린 훔볼트 대학교	열의 복사에 관한 법칙 발견
1912	닐스 구스타프 달렌 (Nils Gustaf Dalén)	찰머스 공과대학교 취리히 연방 공과대학교	등대용 가스 저장기에 쓰이는 자동조절기 발명
1913	헤이커 카메를링 오너스 (Heike Kamerlingh Onnes)	하이델베르크 대학교 흐로닝언 대학교	극저온에서의 물질의 성질에 관한 연구 및 액체 헬륨의 제조
1914	막스 테오도어 펠릭스 폰라우에 (Max Theodor Felix von Laue)	스트라스부르 대학교 괴팅겐 대학교 뮌헨 대학교 베를린 훔볼트 대학교	결정에 의한 X선의 회절 현상 발견
1915	윌리엄 헨리 브래그 경 (Sir William Henry Bragg)	케임브리지 대학교	X선을 사용한 결정의 구조 분석
	윌리엄 로런스 브래그 경 (Sir William Lawrence Bragg)	애들레이드 대학교 케임브리지 대학교	
1916	수상자 없음		
1917	찰스 글러버 바클라 (Charles Glover Barkla)	리버풀 대학교 케임브리지 대학교	원소의 특성 X선의 발견
1918	막스 카를 에른스트 루트비히 플랑크 (Max Karl Ernst Ludwig Planck)	뮌헨 대학교	양자화된 에너지의 발견
1919	요하네스 슈타르크 (Johannes Stark)	뮌헨 대학교	커낼선의 도플러 효과 발견과 전기장 안의 스펙트럼 선의 분리
1920	샤를 에두아르 기욤 (Charles Édouard Guillaume)	취리히 연방 공과대학교	니켈-강철 합금의 변칙적 성질 발견에 관한 정밀 측정
1921	알베르트 아인슈타인 (Albert Einstein)	취리히 연방 공과 대학교 취리히 대학교	광양자설을 통한 광전효과의 설명
1922	닐스 헨리크 다비드 보어 (Niels Henrik David Bohr)	케임브리지 대학 코펜하겐 대학	원자의 구조 및 복사에 관한 연구
1923	로버트 앤드루스 밀리컨 (Robert Andrews Millikan)	오벌린 대학교 컬럼비아 대학교	기본 전하 및 광전 효과에 관한 연구
1924	칼 만네 예오리 시그반 (Karl Manne Georg Siegbahn)	룬트 대학교	X선 분광학 분야의 발견과 연구
1925	제임스 프랑크 (James Franck)	하이델베르크 대학교 베를린 훔볼트 대학교	전자가 원자에 충돌하는 현상에 대한 법칙 발견
1926	장 바티스트 페랭 (Jean Baptiste Perrin)	에콜 노르말 쉬페리외르	물질의 불연속적 구조에 관한 연구와 침강 평형의 발견
1927	아서 홀리 콤프턴 (Arthur Holly Compton)	우스터 대학교 프린스턴 대학교	콤프턴 효과의 발견
	찰스 톰슨 리스 윌슨 (Charles Thomson Rees Wilson)	맨체스터 대학교 케임브리지 대학교	대전된 입자의 경로를 증기의 응축을 통해 볼 수 있는 방법의 개발
1928	오언 윌런스 리처드슨 경 (Sir Owen Willans Richardson)	케임브리지 대학교	열전자방출에 관한 연구와 리처드슨 법칙의 발견
1929	루이 빅토르 피에르 레몽 드 브로이 (Louis Victor Pierre Raymond de Broglie)	파리 대학교	전자의 파동 성질 발견
1930	찬드라세카라 벵카타 라만 경 (Sir Chandrasekhara Venkata Raman)	프레지던시 대학교 첸나이 마드라스 대학교	빛의 산란에 대한 연구와 라만효과의 발견
1931	수상자 없음		
1932	베르너 카를 하이젠베르크 (Werner Karl Heisenberg)	뮌헨 대학교	양자 역학의 개발과 수소의 동위체 발견

연도	수상자	출신대학	업적
1933	에르빈 루돌프 요제프 알렉산더 슈뢰딩거 (Erwin Rudolf Josef Alexander Schrödinger)	빈 대학교	새로운 원자론의 발견
	폴 디랙 (Paul Dirac)	브리스틀 대학교 케임브리지 대학교 세인트존스 칼리지	
1934	수상자 없음		
1935	제임스 채드윅 경 (Sir James Chadwick)	케임브리지 대학교 맨체스터 대학교	중성자의 발견
1936	빅토르 프란츠 헤스 (Victor Franz Hess)	그라츠 대학교	우주선의 발견
	칼 데이비드 앤더슨 (Carl David Anderson)	캘리포니아 공과대학교	양전자의 발견
1937	클린턴 조지프 데이비슨 (Clinton Joseph Davisson)	시카고 대학교 프린스턴 대학교	결정에 의한 전자의 회절 현상 발견
	조지 패짓 톰슨 경 (Sir George Paget Thomson)	케임브리지 대학교	
1938	엔리코 페르미 (Enrico Fermi)	피사 고등사범학교	중성자 조사에 의한 새로운 방사성원소의 발견과 느린 중성자에 의한 핵반응의 발견
1939	어니스트 올란도 로런스 (Ernest Orlando Lawrence)	사우스다코타 대학교 미네소타 대학교 예일 대학교	사이클로트론의 발명과 인공 방사성원소의 발견
1940 1941 1942	수상자 없음		
1943	오토 슈테른 (Otto Stern)	브로츠와프 대학교 프랑크푸르트 대학교	분자선 방법의 개발과 양성자의 자기모멘트 발견
1944	이지도어 아이작 라비 (Isidor Isaac Rabi)	코넬 대학교 컬럼비아 대학교	원자핵의 자기적 성질을 측정하는 공명법의 개발
1945	볼프강 에른스트 파울리 (Wolfgang Ernst Pauli)	뮌헨 대학교	파울리 배타 원리의 발견
1946	퍼시 윌리엄스 브리지먼 (Percy Williams Bridgman)	하버드 대학교	초고압력 생성 장치의 발명과 고압력 물리학 분야에서의 발견
1947	에드워드 빅터 애플턴 경 (Sir Edward Victor Appleton)	케임브리지 대학교	대기권 상층부의 연구와 애플턴 층의 발견
1948	패트릭 메이너드 스튜어트 블래킷 (Patrick Maynard Stuart Blackett)	영국해군사관학교 케임브리지 대학교	윌슨의 안개상자 방법의 개발과 핵물리학 및 우주선 분야에서의 발견
1949	히데키 유카와 (Hideki Yukawa)	교토 대학교	핵력에 관한 이론적 연구를 기반으로 한 중간자 존재의 예측
1950	세실 프랭크 파월 (Cecil Frank Powell)	케임브리지 대학교	핵반응 연구 방법 개발과 이 방법에 의한 중간자의 발견
1951	존 콕크로프트 경 (Sir John Douglas Cockcroft)	맨체스터 빅토리아 대학교 맨체스터 대학교 과학기술원 케임브리지 대학교	인공적으로 가속된 원자에 의한 원자핵의 변환에 관한 연구
	어니스트 토머스 신턴 월턴 (Ernest Thomas Sinton Walton)	메소디스트 대학교 케임브리지 대학교 트리니티 칼리지	
1952	펠릭스 블로흐 (Felix Bloch)	취리히 연방 공과대학교 라이프치히 대학교	핵의 자기적 성질에 대한 정밀 측정 방법 개발과 그 연관성 발견
	에드워드 밀스 퍼셀 (Edward Mills Purcell)	퍼듀 대학교 하버드 대학교	
1953	프리츠 제르니커 (Frits Zernike)	암스테르담 대학교	위상대비법의 개발과 위상차 현미경의 발명
1954	막스 보른 (Max Born)	괴팅겐 대학교	양자 역학에 관한 기초적 연구, 특히 파동함수의 통계적 해석
	발터 보테 (Walther Bothe)	베를린 대학교	동시계수법과 이를 통한 발견

연도	수상자	출신대학	업적
1955	윌리스 유진 램 (Willis Eugene Lamb)	캘리포니아 대학교 버클리	수소 스펙트럼의 미세구조 발견
	폴리카프 쿠시 (Polykarp Kusch)	일리노이 대학교 어배너-샘페인 케이스 웨스턴 리저브 대학교	전자 자기모멘트의 정밀한 측정
1956	윌리엄 브래드퍼드 쇼클리 (William Bradford Shockley)	캘리포니아 공과대학교 매사추세츠 공과대학교	반도체의 연구와 트랜지스터 효과의 발견
	존 바딘 (John Bardeen)	위스콘신 대학교 매디슨 프린스턴 대학교	
	월터 하우저 브래튼 (Walter Houser Brattain)	휘트먼 대학교 오리건 대학교 미네소타 대학교	
1957	양전닝 (Yang Zhenning)	시난연합대학교 시카고 대학교	기본입자의 발견을 이끈 홀짝성 비보존에 관한 연구
	정다오 리 (Tsung-Dao Lee)	저장 대학교 시난 연합대학교 시카고 대학교	
1958	파벨 알렉세예비치 체렌코프 (Pavel Alekseyevich Cherenkov)	보로네시 주립대학교	체렌코프-바빌로프 효과(체렌코프 효과)의 발견과 해석
	일리야 미하일로비치 프란크 (Ilya Mikhailovich Frank)	모스크바 대학교	
	이고리 예브게니예비치 탐 (Igor Yevgenyevich Tamm)	에딘버러 대학교 모스크바 대학교	
1959	에밀리오 지노 세그레 (Emilio Gino Segrè)	로마 라 사피엔차 대학교	반양성자의 발견
	오언 체임벌린 (Owen Chamberlain)	다트머스 대학교 캘리포니아 대학 버클리 시카고 대학교	
1960	도널드 아서 글레이저 (Donald Arthur Glaser)	케이스 공과대학교 캘리포니아 공과대학교	거품 상자의 발명
1961	로버트 호프스태터 (Robert Hofstadter)	뉴욕시립 대학교 펜실베이니아 대학교	원자핵 안에서의 전자산란에 관한 연구와 핵자의 구조 발견
	루돌프 루트비히 뫼스바워 (Rudolf Ludwig Mössbauer)	뮌헨 공과대학교	감마선의 공명흡수에 관한 연구와 뫼스바우어 효과의 발견
1962	레프 다비도비치 란다우 (Lev Davidovich Landau)	국립 상트페테르부르크 대학교 이오페 물리연구소	응집 물질, 특히 액체 헬륨에 관한 연구
1963	유진 폴 위그너 (Eugene Paul Wigner)	베를린 공과대학교	원자핵과 기본입자에 관한 이론과 기본 대칭입자의 발견
	마리아 괴퍼트메이어 (Maria Goeppert-Mayer)	괴팅겐 대학교	핵 껍질 구조의 발견
	요하네스 한스 다니엘 옌젠 (Johannes Hans Daniel Jensen)	함부르크 대학교	
1964	니콜라이 겐나디예비치 바소프 (Nikolay Gennadiyevich Basov)	모스크바 공학물리연구소	양자전기역학의 분야 개척과 메이저-레이저 원리에 기반한 진동기와 증폭기의 발명
	알렉산드르 미하일로비치 프로호로프 (Alexander Mikhailovich Prokhorov)	국립 상트페테르부르크 대학교	
	찰스 하드 타운스 (Charles Hard Townes)	푸르먼 대학교 듀크 대학교 캘리포니아 공과대학교	
1965	신이치로 도모나가 (Shinichiro Tomonaga)	교토 대학교	양자전기역학 분야의 개척과 기본입자들의 성질에 관한 연구
	줄리언 시모어 슈윙거 (Julian Seymour Schwinger)	뉴욕 시립 대학교 컬럼비아 대학교	
	리처드 필립스 파인만 (Richard Phillips Feynman)	매사추세츠 공과대학교 프린스턴 대학교	

연도	수상자	출신대학	업적
1966	알프레드 카스틀레르 (Alfred Kastler)	에콜 노르말 쉬페리외르	원자의 헤르츠공명 연구에 대한 광학적 방법의 발견과 개발
1967	한스 알브레히트 베테 (Hans Albrecht Bethe)	프랑크푸르트 대학교 뮌헨 대학교	핵반응 이론에 관한 연구와 항성의 에너지 생성 원리 발견
1968	루이스 월터 앨버레즈 (Luis Walter Alvarez)	시카고 대학교	수소 거품 상자 기술의 개발을 통한 기본입자물리학 연구와 공명 상태의 발견
1969	머리 겔만 (Murray Gell-Mann)	예일 대학교 매사추세츠 공과대학교	기본입자의 분류와 이들의 상호작용에 관한 연구
1970	한네스 올로프 예스타 알벤 (Hannes Olof Gösta Alfvén)	웁살라 대학교	자기유체역학의 발견과 플라스마 물리학의 연구
	루이 외젠 펠릭스 네엘 (Louis Eugène Félix Néel)	에콜 노르말 쉬페리외르 파리 대학교 스트라스부르 대학교	반강자성과 강자성에 관한 기초적 연구와 고체물리학에 대한 기여
1971	데니스 가보르 (Gábor Dénes)	베를린 공과대학교 부다페스트 기술경제대학	홀로그래피 기법의 발명
1972	존 바딘 (John Bardeen)	위스콘신 대학교 매디슨 프린스턴 대학교	초전도 현상에 대한 공동 연구와 BCS 이론의 개발
	리언 N 쿠퍼 (Leon N Cooper)	컬럼비아 대학교	
	존 로버트 슈리퍼 (John Robert Schrieffer)	매사추세츠 공과대학교 일리노이 대학교 어바나-샴페인	
1973	레오나 에사키 (Reona Esaki)	도쿄 대학교	반도체와 초전도체의 터널링 효과에 관한 연구
	이바르 예베르 (Ivar Giaever)	노르웨이 과학기술대학교	
	브라이언 데이비드 조지프슨 (Brian David Josephson)	케임브리지 대학교	터널 장벽을 지나는 초전도 전류의 특성에 대한 이론적 예측과 조지프슨 효과의 발견
1974	마틴 라일 경 (Sir Martin Ryle)	옥스퍼드 대학교	전파 천문학 분야의 개척(구경 합성의 관측과 연구)
	앤터니 휴이시 (Anthony Hewish)	옥스퍼드 대학교	전파 천문학 분야의 개척(펄서의 발견)
1975	오게 닐스 보어 (Aage Niels Bohr)	코펜하겐 대학교	원자핵 내의 집단운동과 입자운동의 연관성 발견과 이 연관성에 기반한 핵자 구조 이론에 관한 연구
	벤 로위 모텔손 (Ben Roy Mottelson)	퍼듀 대학교 하버드 대학교	
	레인워터 (Leo James Rainwater)	컬럼비아 대학교 캘리포니아 공과대학교	
1976	버턴 릭터 (Burton Richter)	매사추세츠 공과대학교	핵자와 같이 쿼크로 이루어진 새로운 중입자의 발견
	새뮤얼 차오 충 팅 (Samuel Chao Chung Ting)	미시간 대학교	
1977	필립 워런 앤더슨 (Philip Warren Anderson)	하버드 대학교	자기계 및 혼돈계의 전기적 구조에 관한 이론적 연구
	네빌 프랜시스 모트 경 (Sir Nevill Francis Mott)	케임브리지 대학교 세인트존스 칼리지	
	존 해즈브룩 밴블렉 (John Hasbrouck Van Vleck)	위스콘신 대학교 매디슨 하버드 대학교	
1978	표트르 레오니도비치 카피차 (Pyotr Leonidovich Kapitsa)	상트페테르부르크 공과 대학교	저온물리학 분야에서의 기본적 발명과 발견
	아노 앨런 펜지어스 (Arno Allan Penzias)	뉴욕 시립 대학교 컬럼비아 대학교	우주 마이크로파 배경 복사의 발견
	로버트 우드로 윌슨 (Robert Woodrow Wilson)	라이스 대학교 캘리포니아 공과대학교	

274

연도	수상자	출신대학	업적
1979	셸던 리 글래쇼 (Sheldon Lee Glashow)	코넬 대학교 하버드 대학교	기본입자 사이의 전자기력과 약한 상호작용의 통합에 관한 이론 연구와 약한 중성류의 예측
	무함마드 압두스 살람 (Mohammad Abdus Salam)	거번먼트 칼리지 대학교 펀자브 대학교 케임브리지 대학교	
	스티븐 와인버그 (Steven Weinberg)	코넬 대학교 프린스턴 대학교	
1980	제임스 왓슨 크로닌 (James Watson Cronin)	서던 메소디스트 대학교 시카고 대학교	중성 케이온의 붕괴 과정에서의 기본 대칭원리 위반 현상 발견
	밸 로그즈던 피치 (Val Logsdon Fitch)	맥길 대학교 컬럼비아 대학교	
1981	니콜라스 블룸베르헌 (Nicolaas Bloembergen)	레이던 대학교 위트레흐트 대학교	레이저 분광학의 연구
	아서 레너드 숄로 (Arthur Leonard Schawlow)	토론토 대학교	
	카이 만네 뵈리에 시그반 (Kai Manne Börje Siegbahn)	스톡홀름 대학교	고분해능 전자분광학의 연구
1982	케네스 게즈 윌슨 (Kenneth Geddes Wilson)	하버드 대학교 캘리포니아 공과대학교	상전이의 임계현상에 관한 이론 연구
1983	수브라마니안 찬드라세카르 (Subrahmanyan Chandrasekhar)	프레지던시 대학교 케임브리지 대학교 트리니티 칼리지	별의 구조와 진화의 물리적 과정에 관한 이론적 연구
	윌리엄 앨프리드 파울러 (William Alfred Fowler)	캘리포니아 공과대학교	우주의 화학적 원소가 생성되는 핵반응 과정에 관한 이론적 연구 및 실험적 연구
1984	카를로 루비아 (Carlo Rubbia)	피사고등사범학교 컬럼비아 대학교	약한 상호작용의 전달자 역할을 하는 장입자 W와 Z의 발견
	시몬 판 데르메이르 (Simon van der Meer)	델프트 공과대학교	
1985	클라우스 폰 클리칭 (Klaus von Klitzing)	브라운슈바이크 공과대학교 뷔르츠부르크 대학교	양자화된 홀 효과의 발견
1986	에른스트 아우구스트 프리드리히 루스카 (Ernst August Friedrich Ruska)	베를린 공과대학교 뮌헨 공과대학교	전자광학에 관한 기초 연구와 최초의 전자현미경 설계
	게르트 비니히 (Gerd Binnig)	프랑크푸르트 대학교	주사 터널링 현미경의 설계
	하인리히 로러 (Heinrich Rohrer)	취리히 연방 공과대학교	
1987	요하네스 게오르크 베드노르츠 (Johannes Georg Bednorz)	뮌스터 대학교	세라믹 물질의 초전도 현상 발견
	카를 알렉산더 뮐러 (Karl Alexander Müller)	취리히 연방 공과대학교	
1988	리언 맥스 레더먼 (Leon Max Lederman)	뉴욕 시립 대학교 컬럼비아 대학교	뮤온 중성미자의 발견을 통한 중성미자 빔 기법과 렙톤의 이중상태 구조 연구
	멜빈 슈워츠 (Melvin Schwartz)	컬럼비아 대학교	
	한스 야코프 "잭" 스타인버거 (Hans Jakob "Jack" Steinberger)	시카고 대학교	
1989	노먼 포스터 램지 주니어 (Norman Foster Ramsey, Jr.)	컬럼비아 대학교	분리 진동장의 발명과 수소 메이저 및 원자 시계의 연구
	한스 게오르크 데멜트 (Hans Georg Dehmelt)	괴팅겐 대학교	이온 트랩 기법의 개발
	볼프강 파울 (Wolfgang Paul)	뮌헨 공과대학교 베를린 공과대학교 괴팅겐 대학교	

연도	수상자	출신대학	업적
1990	제롬 아이작 프리드먼 (Jerome Isaac Friedman)	시카고 대학교	쿼크 모형과 관련된 양성자와 속박중성자에 대한 전자의 심층 비탄성산란에 관한 선구적 연구
	헨리 웨이 켄들 (Henry Way Kendall)	애머스트 칼리지 매사추세츠 공과대학교	
	리처드 에드워드 테일러 (Richard E. Taylor)	스탠퍼드 대학교 앨버타 대학교	
1991	피에르질 드 젠 (Pierre-Gilles de Gennes)	에콜 노르말 쉬페리외르	간단한 계의 질서 현상을 액정과 중합체와 같은 복잡한 형태로 일반화시키는 연구 방법의 발견
1992	조르주 샤르파크 (Georges Charpak)	파리국립공업학교 콜레주 드 프랑스	입자 검출기인 다중선 비례상자의 발명
1993	러셀 앨런 헐스 (Russell Alan Hulse)	쿠퍼 유니언 매사추세츠 대학교 애머스트	새로운 형태의 펄서 및 중력 연구의 새로운 가능성 발견
	조지프 후턴 테일러 주니어 (Joseph Hooton Taylor, Jr.)	하버포드 칼리지 하버드 대학교	
1994	버트럼 네빌 브록하우스 (Bertram Neville Brockhouse)	브리티시 컬럼비아 대학교 토론토 대학교	중성자 분광학의 연구와 응집물질 연구에서의 중성자 산란 기법의 개발
	클리퍼드 글렌우드 슐 (Clifford Glenwood Shull)	카네기 멜런 대학교 뉴욕 대학교	
1995	마틴 루이스 펄 (Martin Lewis Perl)	뉴욕 탠던 이공과대학교 컬럼비아 대학교	렙톤 물리학에 대한 선구적인 실험적 공헌 (타우 렙톤의 발견)
	프레더릭 라이너스 (Frederick Reines)	뉴욕 대학교 스티븐스 공과대학교	렙톤 물리학에 대한 선구적인 실험적 공헌 (뉴트리노의 검출)
1996	데이비드 모리스 리 (David Morris Lee)	하버드 대학교 코네티컷 대학교 예일 대학교	헬륨-3의 초유동성 발견
	더글러스 딘 오셔로프 (Douglas Dean Osheroff)	캘리포니아 공과대학교 코넬 대학교	
	로버트 콜먼 리처드슨 (Robert Coleman Richardson)	버지니아 폴리테크닉 주립 대학교 듀크 대학교	
1997	스티븐 추 (Steven Chu)	로체스터 대학교 캘리포니아 대학교 버클리	레이저로 원자를 냉각하고 가두는 기법의 개발
	클로드 코엔타누지 (Claude Cohen-Tannoudji)	에콜 노르말 쉬페리외르 파리 대학교	
	윌리엄 대니얼 필립스 (William Daniel Phillips)	주니아타 대학교 매사추세츠 공과대학교	
1998	로버트 베츠 로플린 (Robert Betts Laughlin)	캘리포니아 대학교 버클리 매사추세츠 공과대학교	분수 양자 홀 효과의 발견
	호르스트 루트비히 슈퇴르머 (Horst Ludwig Störmer)	슈투트가르트 대학교 프랑크푸르트 대학교	
	대니얼 치 추이 (Daniel Chee Tsui)	오거스태너 대학교 시카고 대학교	
1999	헤라르뒤스 엇호프트 (Gerardus't Hooft)	위트레흐트 대학교	약한 상호작용의 양자역학적 구조 발견
	마르티뉘스 위스티뉘스 호데프리뒤스 펠트만 (Martinus Justinus Godefridus Veltman)	위트레흐트 대학교	
2000	조레스 이바노비치 알표로프 (Zhores Ivanovich Alferov)	상트페테르부르크 전기기술 대학교	정보 및 통신기술에 관한 기초연구(고속 광전자 및 광전자 공학에 이용되는 반도체 이질 구조의 개발)
	허버트 크뢰머 (Herbert Kroemer)	예나 대학교 괴팅겐 대학교	
	잭 세인트 클레어 킬비 (Jack St. Clair Kilby)	일리노이 대학교 어배너-샘페인 위스콘신 대학교 밀워키	정보 및 통신기술에 관한 기초연구(집적 회로의 발명)

연도	수상자	출신대학	업적
2001	에릭 얼린 코넬 (Eric Allin Cornell)	매사추세츠 공과대학교 스탠퍼드 대학교	알칼리 원자의 희석 가스에서의 보스-아인슈타인 응축에 관한 공헌과 그 응축체의 속성에 관한 기초연구
	칼 에드윈 위먼 (Carl Edwin Wieman)	매사추세츠 공과대학교 스탠퍼드 대학교	
	볼프강 케털리 (Wolfgang Ketterle)	하이델베르크 대학교 뮌헨 공과대학교 뮌헨 대학교 막스플랑크 양자광학연구소	
2002	레이먼드 데이비스 주니어 (Raymond Davis, Jr)	메릴랜드 대학교 예일 대학교	천체물리학의 개척에 관한 공헌, 특히 우주 중성미자의 탐지에 관한 공헌
	마사토시 고시바 (Masatoshi Koshiba)	도쿄 대학교 로체스터 대학교	
	리카르도 자코니 (Riccardo Giacconi)	밀라노 대학교	우주 X선원의 발견을 이끈 천체물리학을 개척한 공로
2003	알렉세이 알렉세예비치 아브리코소프 (Alexei Alexeyevich Abrikosov)	국립 모스크바 대학교 러시아 과학 아카데미	초전도체와 초유체 이론의 개척에 관한 공헌
	비탈리 라자레비치 긴즈부르크 (Vitaly Lazarevich Ginzburg)	국립 모스크바 대학교	
	앤서니 레깃 경 (Sir Anthony James Leggett)	옥스퍼드 대학교	
2004	데이비드 조너선 그로스 (David Jonathan Gross)	예루살렘 히브리 대학교 캘리포니아 대학교 버클리	강한 상호작용 이론에서의 점근 자유성에 관한 공헌
	휴 데이비드 폴리처 (Hugh David Politzer)	미시간 대학교 하버드 대학교	
	프랭크 앤서니 윌첵 (Frank Anthony Wilczek)	시카고 대학교 프린스턴 대학교	
2005	로이 제이 글라우버 (Roy Jay Glauber)	하버드 대학교	광학 결맞음에 관한 양자론적 공헌
	존 루이스 홀 (John Lewis "Jan" Hall)	카네기 멜런 대학교	광학 주파수 빗 기술을 포함하여 레이저-기반의 정밀 분광학의 개발에 관한 공헌
	테오도어 볼프강 헨슈 (Theodor Wolfgang Hänsch)	하이델베르크 대학교	
2006	존 크롬웰 매더 (John Cromwell Mather)	스와스모어 대학교 캘리포니아 대학교 버클리	우주 마이크로파 배경 복사의 비등방성과 흑체 형태의 발견
	조지 피츠제럴드 스무트 3세 (George Fitzgerald Smoot III)	매사추세츠 공과대학교	
2007	알베르 페르 (Albert Fert)	에콜 노르말 쉬페리외르 파리 대학교	거대 자기저항(GMR)의 발견
	페터 그륀베르크 (Peter Grünberg)	다름슈타트 공과대학교	
2008	마코토 고바야시 (Makoto Kobayashi)	나고야 대학교	자연적 쿼크가 적어도 3개 이상 존재함을 예상하는 비대칭성의 기원을 발견
	도시히데 마스카와 (Toshihide Maskawa)	나고야 대학교	
	요이치로 난부 (Yoichiro Nambu)	됴쿄 대학교	아원자 물리학의 자발적 비대칭성에 관한 메커니즘 발견
2009	찰스 곤 고 경 (Sir Charles Kuen Kao)	그리니치 대학교 런던 대학교	광섬유 연구를 통해 광통신 발전에 기여
	윌러드 스털링 보일 (Willard Sterling Boyle)	맥길 대학교	영상 반도체 회로인 전하결합소자(CCD) 발명
	조지 엘우드 스미스 (George Elwood Smith)	펜실베이니아 대학교 시카고 대학교	

연도	수상자	출신대학	업적
2010	안드레 콘스탄틴 가임 경 (Sir Andre Konstantin Geim)	모스크바 물리 기술 대학	2차원적 물질 그래핀에 관한 획기적인 연구
	콘스탄틴 세르게예비치 노보셀로프 경 (Sir Konstantin Sergeevich Novoselov)	모스크바 물리 기술 대학 라드바우드 대학교 네이메헌	
2011	솔 펄머터 (Soul Porlmutter)	하버드 대학교 캘리포니아 대학교 버클리	초신성 관찰을 통해 우주 팽창 속도가 가속됨을 발견
	브라이언 슈밋 (Brian Schmidt)	애리조나 대학교 하버드 대학교	
	애덤 가이 리스 (Adam Guy Riess)	매사추세츠 공과대학교 하버드 대학교 캘리포니아 대학교 버클리	
2012	세르주 아로슈 (Serge Haroche)	에콜 노르말 쉬페리외르 콜레주 드 프랑스	개별 양자계의 측정 및 조작을 가능하게 하는 획기적인 실험 방법 개발
	데이비드 제프리 와인랜드 (David Jeffrey Wineland)	캘리포니아 대학교 버클리 하버드 대학교	
2013	프랑수아 앙글레르 (François Englert)	브뤼셀 자유 대학교	CERN의 거대 강입자가속기 실험으로 드러난 근원적입자인 아원자입자 질량의 근원에 대한 이해를 높여준 예견적 이론 메커니즘
	피터 웨어 힉스 (Peter Ware Higgs)	킹스 칼리지 런던	
2014	이사무 아카사키 (Isamu Akasaki)	교토 대학교 나고야 대학교	밝고 에너지 절감이 가능한 백색광을 가능하게 하는 고효율 청색 발광 다이오드의 개발
	히로시 아마노 (Hiroshi Amano)	나고야 대학교	
	슈지 나카무라 (Shuji Nakamura)	도쿠시마 대학	
2015	다카아키 가지타 (Takaaki Kajita)	사이타마 대학교 도쿄 대학교	소립자 '중성미자'가 질량이 있다는 것을 나타내는 중성미자 진동의 발견
	아서 브루스 맥도널드 (Arthur "Art" Bruce McDonald)	댈하우지 대학교 캘리포니아 공과대학교	
2016	데이비드 제임스 사울레스 (David James Thouless)	케임브리지 대학교 트리니티 홀 코넬 대학교	위상적 상전이와 위상학적 상태를 발견한 공로
	프레더릭 덩컨 마이클 홀데인 (Frederick Duncan Michael Haldane)	케임브리지 대학교	
	존 마이클 코스털리츠 (John Michael Kosterlitz)	케임브리지 대학교 옥스퍼드 대학교	
2017	라이너 "라이" 바이스 (Rainer "Rai" Weiss)	매사추세츠 공과대학교	LIGO를 통한 중력파가 존재한다는 것을 실험적으로 입증
	킵 스티븐 손 (Kip Stephen Thorne)	캘리포니아 공과대학교 프린스턴 대학교	
	배리 클라크 배리시 (Barry Clark Barish)	캘리포니아 대학교 버클리	
2018	아서 애슈킨 (Arthur Ashkin)	컬럼비아 대학교 코넬 대학교	레이저물리학 분야에서의 획기적 발명(광학 집게의 발명 및 생물학적 계에 대한 광학 집게의 적용)
	제라르 무루 (Gérard Mourou)	그르노블 대학교 그르노블대학교 피에르에마리퀴리 대학교	레이저물리학 분야에서의 획기적 발명(고밀도의 초단 광펄스 생성 방법)
	도나 시어 스트리클런드 (Donna Theo Strickland)	맥마스터 대학교 로체스터 대학교	

▌노벨 생리학·의학상

연도	수상자	출신대학	업적
1901	에밀 아돌프 폰 베링 (Emil Adolf von Behring)	베를린 육군의학학교	혈청을 이용한 디프테리아 치료법의 발견 및 연구
1902	로널드 로스 경 (Sir Ronald Ross)	바츠와 런던 의과대학교와 치과대학교	말라리아의 인체 침투 경로에 관한 연구
1903	닐스 뤼베르 핀센 (Niels Ryberg Finsen)	코펜하겐 대학교	광선치료법을 이용한 심상성 낭창 치료 방법 개발
1904	이반 페트로비치 파블로프 (Ivan Petrovich Pavlov)	국립 상트페테르부르크 대학교	소화 기관의 생리학적 작동 원리에 관한 연구
1905	하인리히 헤르만 로베르트 코흐 (Robert Heinrich Hermann Koch)	괴팅겐 대학교	결핵균의 발견
1906	카밀로 골지 (Camillo Golgi)	파비아 대학교	신경계의 구조에 관한 연구
	산티아고 라몬 이 카할 (Santiago Ramón y Cajal)	사라고사 대학교	
1907	샤를 루이 알퐁스 라브랑 (Charles Louis Alphonse Laveran)	스트라스부르 대학교	질병 유발 원생동물에 관한 연구
1908	일리야 일리치 메치니코프 (Ilya Ilyich Mechnikov)	하르키우 대학교 기센 대학교 괴팅겐 대학교 뮌헨 미술원 국립 상트페테르부르크 대학교	면역계에 관한 연구
	파울 에를리히 (Paul Ehrlich)	브레슬라우 대학교 스트라스부르 대학교 프라이부르크 대학교 라이프치히 대학교	
1909	에밀 테오도어 코허 (Emil Theodor Kocher)	베른 대학교	갑상선에 관한 연구
1910	루트비히 카를 마르틴 레온하르트 알브레히트 코셀 (Ludwig Karl Martin Leonhard Albrecht Kossel)	스트라스부르 대학교 로스토크 대학교	세포화학, 특히 단백질과 핵산에 관한 연구
1911	알바르 굴스트란트 (Allvar Gullstrand)	웁살라 대학교 스톡홀름 대학교	수정체의 굴절광학에 관한 연구
1912	알렉시 카렐 (Alexis Carrel)	리옹 대학교	혈관 문합술과 장기 이식에 관한 연구
1913	샤를 로베르 리셰 (Charles Robert Richet)	파리 대학교	과민증에 관한 연구
1914	로베르트 바라니 (Robert Bárány)	빈 대학교	전정 기관의 생리학적 및 병리학에 관한 연구
1915			
1916	수상자 없음		
1917			
1918			
1919	쥘 장 밥티스트 빈센 보르데 (Jules Jean Baptiste Vincent Bordet)	브뤼셀 자유 대학교	면역계에서의 보체에 관한 연구
1920	샤크 아우구스트 스텐베르 크로그 (Schack August Steenberg Krogh)	코펜하겐 대학교	모세혈관의 운동 조절 메커니즘에 관한 연구
1921	수상자 없음		
1922	아치볼드 비비언 힐 (Archibald Vivian Hill)	케임브리지 대학교	근육의 열 생산에 관한 연구
	오토 프리츠 마이어호프 (Otto Fritz Meyerhof)	스트라스부르 대학교 하이델베르크 대학교	근육의 젖산대사와 산소 소비의 관계에 관한 연구

연도	수상자	출신대학	업적
1923	프레더릭 그랜트 밴팅 경 (Sir Frederick Grant Banting)	토론토 대학교	인슐린의 발견
	존 제임스 리카드 매클라우드 (John James Rickard Macleod)	애버딘 대학교 라이프치히 대학교	
1924	빌럼 에인트호벤 (Willom Einthovcn)	위트레흐트 대학교	심전도 메커니즘을 발견한 공로
1925	수상자 없음		
1926	요하네스 안드레아스 그리브 피비게르 (Johannes Andreas Grib Fibiger)	코펜하겐 대학교	생쥐에게 유두종성 위종양을 유발하는 선충인 스파이롭테라 칼시노마의 발견
1927	율리우스 바그너 야우레크 (Julius Wagner-Jauregg)	빈 대학교	마비성 치매의 치료를 위한 말라리아 접종법의 가치에 관한 연구
1928	샤를 쥘 앙리 니콜 (Charles Jules Henry Nicolle)	파리 대학교	티푸스에 관한 연구
1929	크리스티안 에이크만 (Christiaan Eijkman)	암스테르담 대학교	항신경염성 비타민의 발견
	프레더릭 가울랜드 홉킨스 경 (Sir Frederick Gowland Hopkins)	킹스 칼리지 런던 가이 병원	성장 촉진 비타민의 발견
1930	카를 란트슈타이너 (Karl Landsteiner)	빈 대학교	인간의 혈액형 발견
1931	오토 하인리히 바르부르크 (Otto Heinrich Warburg)	베를린 훔볼트 대학교 하이델베르크 대학교	세포내 호흡효소인 시토크롬의 성질과 작용 방식에 관한 연구
1932	찰스 스콧 셰링턴 경 (Sir Charles Scott Sherrington)	잉글랜드 왕립 외과의학원 케임브리지 대학교	신경 세포의 기능 발견
	에드거 더글러스 에이드리언 (Edgar Douglas Adrian)	케임브리지 대학교	
1933	토머스 헌트 모건 (Thomas Hunt Morgan)	켄터키 대학교 존스 홉킨스 대학교	유전 현상에서 염색체의 역할 규명
1934	조지 호이트 휘플 (George Hoyt Whipple)	존스 홉킨스 의학대학원 예일 대학교	빈혈에 대한 간(肝) 치료법 발견
	조지 리처드 마이넛 (George Richards Minot)	하버드 대학교	
	윌리엄 패리 머피 (William Parry Murphy)	오리건 대학교 하버드 의학대학원	
1935	한스 슈페만 (Hans Spemann)	하이델베르크 대학교 뷔르츠부르크 대학교	개체의 초기 발생시기에서 형성체 효과 발견
1936	헨리 핼릿 데일 경 (Sir Henry Hallett Dale)	케임브리지 대학교 트리니티 칼리지	신경충격의 화학적 전달에 관한 연구
	오토 뢰비 (Otto Loewi)	스트라스부르 대학교	
1937	센트죄르지 얼베르트 (Szent-Györgyi Albert)	제멜바이스 의과대학교 케임브리지 대학교	생물학적 연소 과정에 관한 연구
1938	코르네유 장 프랑수아 하이만스 (Corneille Jean François Heymans)	헨트 대학교	동(sinus)과 대동맥의 호흡 조절 메커니즘에 관한 연구
1939	게르하르트 요하네스 파울 도마크 (Gerhard Johannes Paul Domagk)	킬 대학교	프론토질(Prontosil)의 항균 효과 발견
1940	수상자 없음		
1941			
1942			
1943	칼 페테르 헨리크 담 (Carl Peter Henrik Dam)	덴마크 공과대학교	비타민 K의 발견
	에드워드 애들버트 도이지 (Edward Adelbert Doisy)	일리노이 대학교 어배너-샘페인 하버드 대학교	비타민 K의 화학적 본질에 관한 연구
1944	조지프 얼랭어 (Joseph Erlanger)	존스 홉킨스 대학교	단일신경섬유의 고도로 분화된 기능에 관한 연구
	허버트 스펜서 개서 (Herbert Spencer Gasser)	위스콘신 대학교 매디슨 존스 홉킨스 대학교	

연도	수상자	출신대학	업적
1945	알렉산더 플레밍 경 (Sir Alexander Fleming)	임페리얼 칼리지 런던	감염성 질환에 대한 페니실린의 효과에 관한 연구
	언스트 보리스 체인 경 (Sir Ernst Boris Chain)	베를린 훔볼트 대학교	
	하워드 월터 플로리 남작 (Howard Walter Florey)	애들레이드 대학교 모들린 칼리지 (옥스퍼드) 곤빌 앤 키스 칼리지 (케임브리지)	
1946	허먼 조지프 멀러 (Hermann Joseph Muller)	컬럼비아 대학교	엑스선에 의한 돌연변이 발생의 발견
1947	칼 퍼디낸드 코리 (Carl Ferdinand Cori)	프라하 카렐 대학교	글리코겐의 촉매 전환 과정에 관한 연구
	거티 테레사 코리 (Gerty Theresa Cori)	프라하 카를 페르디난트 대학교	
	베르나르도 알베르토 우사이 (Bernardo Alberto Houssay)	부에노스아이레스 대학교	당 대사과정에서의 뇌하수체 전엽 호르몬의 역할 발견
1948	파울 헤르만 뮐러 (Paul Hermann Muller)	바젤 대학교	살충제 DDT의 발견
1949	발터 루돌프 헤스 (Walter Rudolf Hess)	취리히 대학교 킬 대학교 베를린 훔볼트 대학교	중뇌의 기능 발견
	안토니우 카에타누 드 아브레우 프레이르 에가스 모니스(António Caetano de Abreu Freire Egas Moniz)	코임브라 대학교	정신병 치료에 있어 백질 절제술의 가치에 관한 연구
1950	필립 쇼월터 헨치 (Philip Showalter Hench)	라피엣 칼리지 피츠버그 대학교	부신피질 호르몬의 발견 및 부신피질 호르몬의 구조와 생물학적 효과 연구
	에드워드 캘빈 켄들 (Edward Calvin Kendall)	컬럼비아 대학교	
	타데우시 라이히슈타인 (Tadeusz Reichstein)	취리히 연방 공과대학교	
1951	막스 타일러 (Max Theiler)	케이프타운 대학교	황열병에 관한 연구
1952	셀먼 에이브러햄 왁스먼 (Selman Abraham Waksman)	럿거스 대학교 캘리포니아 대학교 버클리	최초의 결핵치료제인 스트렙토마이신의 발견
1953	핸스 애돌프 크레브스 경 (Sir Hans Adolf Krebs)	괴팅겐 대학교 프라이부르크 대학교 베를린 훔볼트 대학교 함부르크 대학교	시트르산 회로의 발견
	프리츠 앨버트 리프만 (Fritz Albert Lipmann)	쾨니히스베르크 대학교 베를린 훔볼트 대학교 뮌헨 대학교 빌헬름 카이저 협회	조효소 A의 발견
1954	존 프랭클린 엔더스 (John Franklin Enders)	예일 대학교 하버드 대학교	척추성 소아마비 바이러스의 배양 방법 발견
	토머스 허클 웰러 (Thomas Huckle Weller)	미시간 대학교 하버드 의학대학원	
	프레더릭 채프먼 로빈스 (Frederick Chapman Robbins)	미주리 대학교 하버드 대학교	
1955	악셀 후고 테오도르 테오렐 (Axel Hugo Theodor Theorell)	카롤린스카 대학교	산화 효소의 작용 방식과 성질에 관한 연구
1956	앙드레 프레데릭 쿠르낭 (André Frédéric Cournand)	파리 대학교	심장도관술과 순환계의 병리학적 변화에 관한 연구
	베르너 테오도르 오토 포르스만 (Werner Theodor Otto Forssmann)	베를린 훔볼트 대학교	
	디킨슨 우드러프 리처즈 주니어 (Dickinson Woodruff Richards, Jr.)	예일 대학교 컬럼비아 대학교 의학대학원	

연도	수상자	출신대학	업적
1957	다니엘 보베 (Daniel Bovet)	제네바 대학교	혈관계와 골격근의 작용을 저해하는 합성 물질에 관한 연구
1958	조지 웰스 비들 (George Wells Beadle)	네브래스카 대학교 링컨 코넬 대학교	물질대사를 조절하는 유전자에 관한 연구
	에드워드 로리 테이텀 (Edward Lawrie Tatum)	시카고 대학교 위스콘신 대학교 매디슨	
	조슈아 레더버그 (Joshua Lederberg)	컬럼비아 대학교 예일 대학교	세균의 유전물질 구조 및 유전자 재조합에 관한 연구
1959	세베로 오초아 드 알보르노즈 (Severo Ochoa de Albornoz)	마드리드 콤플루텐세 대학교	DNA와 RNA의 생물학적 합성 메커니즘에 관한 연구
	아서 콘버그 (Arthur Kornberg)	뉴욕 시립 대학교 시티 칼리지 로체스터 대학교	
1960	프랭크 맥팔레인 버넷 경 (Sir Frank Macfarlane Burnet)	멜버른 대학교	후천성 면역 내성의 발견
	피터 메더워 경 (Sir Peter Brian Medawar)	옥스퍼드 대학교	
1961	게오르크 폰 베케시 (Georg von Békésy)	외트뵈시 로란드 대학교	포유류의 청력 기관에서 달팽이관의 기능에 관한 연구
1962	제임스 듀이 왓슨 (James Dewey Watson)	시카고 대학교 인디애나 대학교	핵산의 분자 구조 및 생체 내 기능에 대한 발견
	프랜시스 해리 콤프톤 크릭 (Francis Harry Compton Crick)	유니버시티 칼리지 런던 곤빌 앤 키스 칼리지 (케임브리지)	
	모리스 허프 프레드릭 윌킨스 (Maurice Hugh Frederick Wilkins)	케임브리지 대학교 버밍엄 대학교	
1963	존 커루 에클스 경 (Sir John Carew Eccles)	멜버른 대학교 모들린 칼리지 (옥스퍼드)	신경세포막의 말초 및 중심부의 흥분과 억제에서 나타나는 이온 전달 메커니즘에 대한 발견
	앨런 로이드 호지킨 경 (Sir Alan Lloyd Hodgkin)	케임브리지 대학교 트리니티 칼리지	
	앤드루 헉슬리 경 (Sir Andrew Huxley)	케임브리지 대학교 트리니티 칼리지	
1964	콘라트 에밀 블로흐 (Konrad Emil Bloch)	뮌헨 공과대학교 컬럼비아 대학교	콜레스테롤과 지방산 대사 조절 메커니즘에 관한 발견
	페오드르 펠릭스 콘라트 리넨 (Feodor Felix Konrad Lynen)	뮌헨 대학교	
1965	프랑수아 자코브 (François Jacob)	파리 대학교	효소의 유전적 조절 작용과 바이러스 합성에 관한 연구
	앙드레 미셸 르보프 (André Michel Lwoff)	파스퇴르 연구소	
	자크 뤼시앵 모노 (Jacques Lucien Monod)	파리 대학교	
1966	프랜시스 페이턴 라우스 (Francis Peyton Rous)	존스 홉킨스 대학교 존스 홉킨스 의학대학원	종양을 일으키는 바이러스의 발견
	찰스 브렌턴 허긴스 (Charles Brenton Huggins)	아카디아 대학교 하버드 대학교	호르몬을 이용한 전립선암의 치료 방법 개발
1967	랑나르 아르투르 그라니트 (Ragnar Arthur Granit)	헬싱키 대학교	시각의 생리·화학적 과정 발견
	핼던 케퍼 하틀라인 (Haldan Keffer Hartline)	라파예트 칼리지 존스 홉킨스 의학대학원	
	조지 데이비드 월드 (George David Wald)	뉴욕 대학교 컬럼비아 대학교	

연도	수상자	출신대학	업적
1968	로버트 윌리엄 홀리 (Robert William Holley)	일리노이 대학교 어배너–샘페인 코넬 대학교	단백질 합성에 있어서의 유전 암호 해독과 그 기능에 관한 연구
	하르 고빈드 코라나 (Har Gobind Khorana)	거번먼트 칼리지 대학교 펀자브 대학교 리버풀 대학교 취리히 연방 공과대학교	
	마셜 워런 니런버그 (Marshall Warren Nirenberg)	플로리다 대학교 미시간 대학교	
1969	막스 루트비히 헤닝 델브뤽 (Max Ludwig Henning Delbrück)	괴팅겐 대학교	바이러스의 복제 메커니즘과 유전적 구조 발견
	앨프리드 데이 허시 (Alfred Day Hershey)	미시간 주립 대학교	
	살바도르 에드워드 루리아 (Salvador Edward Luria)	토리노 대학교	
1970	줄리어스 액설로드 (Julius Axelrod)	뉴욕 시립 대학교 시티 칼리지 조지 워싱턴 의과대학	신경전달물질에 관한 연구
	울프 스반테 폰 오일러 (Ulf Svante von Euler)	카롤린스카 대학교	
	버나드 카츠 경 (Sir Bernard Katz)	라이프치히 대학교	
1971	얼 윌버 서덜랜드 주니어 (Earl Wilbur Sutherland Jr)	위시번 대학 워싱턴 대학교 세인트루이스	호르몬의 작용 메커니즘 발견
1972	제럴드 모리스 에덜먼 (Gerald Maurice Edelman)	얼시너스 대학교 펜실베이니아 대학교 의학대학원	항체의 화학적 구조 발견
	로드니 로버트 포터 (Rodney Robert Porter)	리버풀 대학교 케임브리지 대학교	
1973	카를 폰 프리슈 (Karl von Frisch)	뮌헨 대학교	동물의 행동 유형에 관한 연구
	콘라트 차하리아스 로렌츠 (Konrad Zacharias Lorenz)	컬럼비아 대학교 빈 대학교	
	니콜라스 "니코" 틴베르헌 (Nikolaas "Niko" Tinbergen)	레이던 대학교	
1974	알베르 클로드 (Albert Claude)	리에주 시립 대학교	세포의 구조 및 기능에 관한 연구
	크리스티앙 르네 마리 조제프 드뒤브 (Christian René Marie Joseph de Duve)	루뱅 가톨릭 대학	
	조지 에밀 펄레이드 (George Emil Palade)	부쿠레슈티 대학교	
1975	데이비드 볼티모어 (David Baltimore)	스와스모어 칼리지 록펠러 대학교	종양 바이러스와 세포 유전물질의 상호작용 발견
	레나토 둘베코 (Renato Dulbecco)	토리노 대학교	
	하워드 마틴 테민 (Howard Martin Temin)	스와스모어 칼리지 캘리포니아 공과대학교	
1976	바루크 새뮤얼 블럼버그 (Baruch Samuel Blumberg)	유니언 칼리지 옥스퍼드 대학교 베일리얼 칼리지 컬럼비아 대학교	감염성 질병의 기원과 전파에 대한 새로운 메커니즘 발견
	대니얼 칼턴 가이듀섹 (Daniel Carleton Gajdusek)	로체스터 대학교 하버드 의학대학원	
1977	로제 샤를 루이 기유맹 (Roger Charles Louis Guillemin)	몬트리올 대학교 버건디 대학교	뇌하수체 호르몬의 발견
	안제이 빅토르 "앤드루" 샬리 (Andrzej Viktor "Andrew" Schally)	맥길 대학교	
	로절린 서스먼 앨로 (Rosalyn Sussman Yalow)	헌터 칼리지 일리노이 대학교 어배너–샘페인	펩티드 호르몬의 방사성 면역 측정법(Radioimmunoassay) 개발

연도	수상자	출신대학	업적
1978	베르너 아르버 (Werner Arber)	취리히 연방 공과대학교	제한효소의 발견과 그 응용에 관한 연구
	다니엘 네이선스 (Daniel Nathans)	델라웨어 대학교 워싱턴 대학교 세인트루이스	
	해밀턴 오서널 스미스 (Hamilton Othanel Smith)	캘리포니아 대학교 버클리 존스 홉킨스 의과대학	
1979	앨런 맥러드 코맥 (Allan McLeod Cormack)	케이프타운 대학교 케임브리지 세인트 존스 칼리지	컴퓨터 단층 촬영술의 개발
	고드프리 뉴볼드 하운스필드 경 (Sir Godfrey Newbold Hounsfield)	패러데이 하우스 전기 공과대학교	
1980	바루 베나세라프 (Baruj Benacerraf)	컬럼비아 대학교 버지니아 커먼웰스 대학교	면역 반응을 조절하는 세포 표면의 유전적 구조체 발견
	장밥티스트가브리엘요아킴 도세 (Jean-Baptiste-Gabriel-Joachim Dausset)	파리 대학교	
	조지 데이비스 스넬 (George Davis Snell)	다트머스 대학교 하버드 대학교	
1981	로저 울컷 스페리 (Roger Wolcott Sperry)	오벌린 칼리지 시카고 대학교	대뇌 반구에 관한 연구
	데이비드 헌터 허블 (David Hunter Hubel)	맥길 대학교	뇌에 의한 시각의 정보화 과정에 관한 연구
	토르스텐 닐스 비셀 (Torsten Nils Wiesel)	카롤린스카 대학교	
1982	수네 칼 베리스트룀 (Sune Karl Bergström)	룬드 대학교 카롤린스카 대학교	프로스타글란딘 및 이와 관련된 생물학적 활성 물질에 관한 연구
	벵트 잉에마르 사무엘손 (Bengt Ingemar Samuelsson)	스톡홀름 대학교	
	존 로버트 베인 경 (Sir John Robert Vane)	버밍엄 대학교 옥스퍼드 대학교	
1983	바버라 매클린톡 (Barbara McClintock)	코넬 대학교	전이성 유전인자의 발견
1984	닐스 카이 예르네 (Niels Kaj Jerne)	레이던 대학교 코펜하겐 대학교	면역체계의 특이적 발달과 조절 이론, 그리고 단일클론항체 생산 원리에 관한 연구
	게오르게스 잔 프란츠 쾰러 (Georges Jean Franz Köhler)	프라이부르크 대학교	
	세사르 밀스테인 (César Milstein)	부에노스아이레스 대학교 케임브리지 대학교	
1985	마이클 스튜어트 브라운 (Michael Stuart Brown)	펜실베이니아 대학교	콜레스테롤 대사 조절에 관한 연구
	조지프 레너드 골드스타인 (Joseph Leonard Goldstein)	워싱턴 앤 리 대학교 텍시스 대학교 사우스웨스턴 병원	
1986	스탠리 코헨 (Stanley Cohen)	미시간 대학교 오벌린 칼리지 브루클린 칼리지	세포 성장을 촉진하는 성장 인자의 발견
	리타 레비몬탈치니 (Rita Levi-Montalcini)	토리노 대학교	
1987	스스무 도네가와 (Susumu Tonegawa)	교토 대학교 캘리포니아 대학교 샌디에이고	다양한 항체를 생성하는 유전학적 원리 규명
1988	제임스 화이트 블랙 경 (Sir James Whyte Black)	세인트앤드루스 대학교	약물 치료의 중요한 원칙 발견
	거트루드 벨 엘리언 (Gertrude Belle Elion)	헌터 칼리지 뉴욕 대학교	
	조지 허버트 히칭스 (George Herbert Hitchings)	워싱턴 대학교 하버드 대학교	

연도	수상자	출신대학	업적
1989	존 마이클 비숍 (John Michael Bishop)	하버드 대학교	발암성 레트로바이러스에 관한 연구
	해럴드 엘리엇 바머스 (Harold Eliot Varmus)	애머스트 칼리지 하버드 대학교 컬럼비아 대학교	
1990	조지프 에드워드 머리 (Joseph Edward Murray)	홀리 크로스 칼리지 하버드 의학대학원	생체기관과 질병 치료를 위한 세포 이식에 관한 발견
	에드워드 도널 "돈" 토머스 (Edward Donnall "Don" Thomas)	텍사스 대학교 오스틴 하버드 의학대학원	
1991	에르빈 네어 (Erwin Neher)	뮌헨 공과대학교 위스콘신 대학교 매디슨	세포의 단일이온채널의 기능 발견
	베르트 자크만 (Bert Sakmann)	에버하르트 카를 튀빙겐 대학교 프라이부르크 대학교 베를린 대학교 파리 대학교 뮌헨 대학교 괴팅겐 대학교	
1992	에드먼드 헨리 피셔 (Edmond Henri Fischer)	제네바 대학교	생체 조절 메커니즘에서 나타나는 가역적인 단백질 인산화에 관한 연구
	에드윈 게르하르트 크레브스 (Edwin Gerhard Krebs)	일리노이 대학교 어배너–샘페인 워싱턴 대학교 세인트루이스	
1993	리처드 존 로버츠 경 (Sir Richard John Roberts)	셰필드 대학교	절단유전자의 발견
	필립 앨런 샤프 (Phillip Allen Sharp)	유니언 칼리지 일리노이 대학교 어배너–샘페인	
1994	알프레드 굿맨 길먼 (Alfred Goodman Gilman)	예일 대학교 케이스 웨스턴 리저브 대학교	G-단백질의 발견과 세포 내 신호전달 체계에서의 기능 연구
	마틴 로드벨 (Martin Rodbell)	존스 홉킨스 대학교 워싱턴 대학교	
1995	에드워드 버트 루이스 (Edward Butts Lewis)	미네소타 대학교 캘리포니아 공과대학교	초기 배아 분화를 조절하는 유전자 무리인 호메오박스 발견
	크리스티아네 뉘슬라인 폴하르트 (Christiane Nüsslein-Volhard)	에버하르트 카를 튀빙겐 대학교	
	에릭 프랜시스 위샤우스 (Eric Francis Wieschaus)	노터데임 대학교 예일 대학교	
1996	피터 찰스 도허티 (Peter Charles Doherty)	퀸즐랜드 대학교 에든버러 대학교	세포에 의한 면역방어체계의 특이성에 관한 발견
	롤프 마르틴 칭커나겔 (Rolf Martin Zinkernagel)	바젤 대학교 오스트레일리아 국립 대학교	
1997	스탠리 벤저민 프루시너 (Stanley Benjamin Prusiner)	펜실베이니아 대학교	새로운 생물학적 감염을 일으키는 단백질 분자인 프리온의 발견
1998	로버트 프랜시스 퍼치고트 (Robert Francis Furchgott)	노스캐롤라이나 대학교 채플힐 노스웨스턴 대학교	심혈관 시스템에서 신경전달물질로서 기능하는 일산화질소에 관한 연구
	루이스 이그나로 (Louis J. Ignarro)	컬럼비아 대학교 미네소타 대학교	
	페리드 뮤라드 (Ferid Murad)	드퍼 대학교 케이스 웨스턴 리저브 대학교	
1999	귄터 블로벨 (Günter Blobel)	킬 대학교 에버하르트 카를 튀빙겐 대학교	세포 내 단백질 이동 경로를 규정하는 고유한 신호전달 체계의 발견
2000	아르비드 칼손 (Arvid Carlsson)	룬드 대학교	신경계의 신호 전달에 대한 발견
	폴 그린가드 (Paul Greengard)	해밀턴 칼리지 존스 홉킨스 대학교	
	에릭 리처드 캔들 (Eric Richard Kandel)	뉴욕 대학교 의과대학 하버드 대학교	

연도	수상자	출신대학	업적
2001	릴런드 해리슨 하트웰 (Leland Harrison Hartwell)	캘리포니아 공과대학교 매사추세츠 공과대학교	세포주기의 핵심 조절 인자 발견
	팀 헌트 경 (Sir Tim Hunt)	케임브리지 대학교	
	폴 너스 경 (Sir Paul Nurse)	버밍엄 대학교 이스트 앵글리아 대학교	
2002	시드니 브레너 (Sydney Brenner)	위트워터스랜드 대학교 옥스퍼드 대학교 엑서터 칼리지	생체기관의 발생과 세포예정사의 유전학적 조절에 대한 발견
	하워드 로버트 호비츠 (Howard Robert Horvitz)	매사추세츠 공과대학교 하버드 대학교	
	존 설스턴 경 (Sir John Sulston)	케임브리지 대학교 팸브로크 칼리지	
2003	폴 크리스천 라우터버 (Paul Christian Lauterbur)	케이스 웨스턴 리저브 대학교 피츠버그 대학교	자기공명영상에 관한 연구
	피터 맨스필드 경 (Sir Peter Mansfield)	퀸메리 대학교	
2004	리처드 액설 (Richard Axel)	컬럼비아 대학교 존스 홉킨스 의학대학원	냄새 수용체와 후각 시스템의 구조에 대한 발견
	린다 브라운 벅 (Linda Brown Buck)	워싱턴 대학교 텍사스 대학교 사우스웨스트 병원	
2005	배리 제임스 마셜 (Barry James Marshall)	웨스턴 오스트레일리아 대학교	위궤양과 위염을 초래하는 헬리코박터 파일로리균의 발견
	존 로빈 워런 (John Robin Warren)	애들레이드 대학교	
2006	앤드루 재커리 파이어 (Andrew Zachary Fire)	캘리포니아 대학교 버클리 매사추세츠 공과대학교	이중나선 RNA에 의한 RNA 간섭현상 발견
	크레이그 캐머런 멜로 (Craig Cameron Mello)	브라운 대학교 하버드 대학교	
2007	마리오 레나토 카페키 (Mario Renato Capecchi)	안티오크 칼리지 하버드 대학교	배아줄기세포를 이용하여 특정 유전자를 생쥐에 주입하는 원리 발견
	마틴 존 에번스 경 (Sir Martin John Evans)	케임브리지 대학교 유니버시티 칼리지 런던	
	올리버 스미시스 (Oliver Smithies)	옥스퍼드 대학교	
2008	하랄트 추어 하우젠 (Harald zur Hausen)	본 대학교 함부르크 대학교 뒤셀도르프 대학교	자궁경부암을 유발하는 인간 유두종바이러스(HPV)의 발견
	프랑수아즈 바레시누시 (Françoise Barré-Sinoussi)	파리 대학교	후천성 면역 결핍 증후군(AIDS)를 유발하는 인간 면역 결핍 바이러스(HIV)의 발견
	뤼크 몽타니에 (Luc Montagnier)	파리 대학교	
2009	엘리자베스 헬렌 블랙번 (Elizabeth Helen Blackburn)	멜번 대학교, 케임브리지 대학교	염색체가 말단소립(텔로미어, Telomere) 및 말단소립 복제효소(Telomerase)에 의해 보호되는 원리 발견
	캐럴 위드니 그라이더 (Carol Widney Greider)	캘리포니아 대학교 산타바바라 캘리포니아 대학교 버클리	
	잭 윌리암 쇼스택 (Jack William Szostak)	맥길 대학교 코넬 대학교	
2010	로버트 에드워즈 경 (Sir Robert Edwards)	뱅거 대학교 에든버러 대학교	체외수정(IVF) 기술을 통한 최초 시험관 아기의 탄생
2011	브루스 보이틀러 (Bruce Beutler)	시카고 대학교 캘리포니아 대학교 샌디에이고	면역체계 활성화를 위한 핵심 원칙 발견
	율레스 호프만 (Jules A. Hoffmann)	스트라스부르 대학교	
	랄프 마빈 스타인먼 (Ralph Marvin Steinman)	맥길 대학교 하버드 대학교	

연도	수상자	출신대학	업적
2012	존 거든 경 (Sir John Bertrand Gurdon)	크라이스트 처치 (옥스퍼드)	성숙하고 특화된 세포들이 인체의 세포 조직에서 자라날 수 있는 미성숙 세포로 재프로그램할 수 있다는 것을 발견
2012	신야 야마나카 (Shinya Yamanaka)	고베 대학 오사카 시립 대학	
2013	제임스 에드워드 로스먼 (James Edward Rothman)	예일 대학교 하버드 대학교	우리 몸 세포의 주요 운반 시스템인, 소포체 운반 조절 메커니즘 발견
2013	랜디 웨인 셰크먼 (Randy Wayne Schekman)	캘리포니아 대학교 로스앤젤레스 스탠퍼드 대학교	
2013	토마스 크리스티안 쥐트호프 (Thomas Christian Südhof)	아헨 공과대학교 괴팅겐 대학교	
2014	존 오키프 (John O'Keefe)	시티 칼리지 오브 뉴욕 맥길 대학교	뇌에 있어서의 공간인지시스템을 구성하는 세포의 발견
2014	마이브리트 모세르 (May-Britt Moser)	오슬로 대학교	
2014	에드바르 모세르 (Edvard Moser)	오슬로 대학교	
2015	윌리엄 세실 캠벨 (William Cecil Campbell)	트리니티 칼리지 (더블린) 위스콘신 대학교 매디슨	회충·구충·폐충·사상충 등의 기생충에 치료 효과를 발휘하는 아버멕틴 개발
2015	사토시 오무라 (Satoshi Ōmura)	야마나시 대학교 도쿄 이과대학교	
2015	투 유유 (Tu Youyou)	베이징 대학	
2016	요시노리 오스미 (Yoshinori Ohsumi)	도쿄 대학	개똥쑥에서 말라리아 치료의 특효 성분인 아르테미시닌 개발
2017	제프리 코너 홀 (Jeffrey Connor Hall)	애머스트 칼리지 워싱턴 대학교	오토파지(자가소화작용)의 메커니즘 발견
2017	마이클 모리스 로스배시 (Michael Morris Rosbash)	캘리포니아 공과대학교 매사추세츠 공과대학교 에든버러 대학교	
2017	마이클 워런 영 (Michael Warren Young)	텍사스 대학교 오스틴	
2018	제임스 패트릭 앨리슨 (James Patrick Allison)	텍사스 대학교 오스틴	생체시계를 통제하는 분자 메커니즘 발견
2018	다스쿠 혼조 (Tasuku Honjo)	교토 대학교	

사카이 구니요시(酒井邦嘉)

1964년 도쿄에서 출생
1987년 도쿄대학교 이학부 물리학과 졸업
1992년 도쿄대학교에서 이학박사 취득 후 도쿄대학교 의학부 조교수로 취임
1995년 하버드대학교 의학부 리서치펠로 및 MIT 언어·철학 방문연구원을 거쳐
　　　 2018년 현재 도쿄대학교 대학원 종합문화연구과 교수로 재직 중
저서　 『마음에 도전하는 인시 뇌과학』, 『언어의 뇌과학』, 『뇌를 안다·만든다·
　　　 지킨다·키운다 - 제7권』, 『16세부터의 동경대 모험 강좌 - [3] 문학/뇌와
　　　 마음/수리』, 『철학의 역사』, 『뇌의 언어 지도』, 『생각하는 교실』 등

정순기

1994. 2.	한양대학교 공업화학과 공학사
1996. 8.	한양대학교 공업화학과 공학석사
2002. 3.	Kyoto University 물질에너지화학과 공학박사
1996. 9. ~ 1997. 9	효성생활산업 연구원
2002. 4. ~ 2003. 10	Kyoto University 박사후연구원
2003.12. ~ 2005. 2	Lawrence Berkeley National Laboratory 박사후연구원
2005. 3. ~ 현재	순천향대학교 교수

저서　 『전기화학』, 『리튬이차전지』, 『공학도를 위한 무기재료과학』, 『데이비드
　　　 볼의 물리화학-13장, 14장』 등

직업으로서의 과학자

독창성은 어떻게 탄생하는가?

초판2쇄 2019년 8월 23일
지은이 사카이 구니요시
옮긴이 정순기
펴낸이 최민서
기획 추연민
책임 편집 신지항
펴낸곳 (주)북페리타
등록 315-2013-000034호
주소 서울시 강서구 양천로 551-24 한화비즈메트로 2차 807호
대표전화 02-332-3923
팩시밀리 02-332-3928
이메일 editor@bookpelita.com
값 15,000원
ISBN 979-11-86355-04-6 (93400)

이 도서의 국립중앙도서관 출판예정도서목록(CIP)은 서지정보유통지원시스템 홈페이지
(http://seoji.nl.go.kr)와 국가자료종합목록시스템(http://www.nl.go.kr/kolisnet)에서 이용하실
수 있습니다. (CIP제어번호 : CIP2018041380)